Man weiß, dass der indische Elefant zuweilen weint.
Charles Darwin

Mein Dank geht an alle, die mich zu und bei diesem Projekt inspirierten und ermunterten mit ihrer Meinung und ihrem Wort. Da ist zum Beispiel Aljoscha, mein Sohn, als er mit neun Jahren Ameisen beobachtete und es kommentierte mit den Worten: „Ich sehe genau, wer von denen die lieben Ameisen sind und wer einen schlechten Charakter hat." Da sind aber auch Kathrin, Otto, Marille, Reinhold, Sabine, Norbert, Roberta, Uwe, Gertrude und meine Eltern, deren Interesse mir Mut machte, das Projekt voranzutreiben und durch gelegentliche Schaffenkrisen hindurch half.

Dankbar bin ich auch all denen, die mich lehrten, dass Artzugehörigkeit nichts bedeutet, wenn es um tiefes Fühlen und um kluges Denken geht - vor allem die Katzen, Kaninchen und der Hund, mit denen ich zusammengelebt habe und noch lebe.

Insbesondere gilt mein großer Dank meiner Geist&Seelenschwester Nicole Huber, die mit Engelsgeduld sich immer wieder und ungezählte Tage durch die Fehlerberge in den Manuskripten durchgekämpft hat. Du bist unbezahlbar, auch deshalb widme ich Dir dieses Buch.

Die Autorin.

Silke Ruthenberg, geboren 1967 in München, studierte nach dem Abitur Politik und Rechtswissenschaften, bevor sie sich der neugegründeten Organisation ANIMAL PEACE anschloss und diese seit 1993 als Vorsitzende und mit spektakulären Aktionen für das Recht der Tiere zu internationalem Erfolg führte. „Lieber nackt als Pelzetragen" ging um die Welt.

Im Rahmen der Öffentlichkeitsarbeit vertrat sie das Tierrecht in Talksendungen und Reportagen auf nahezu allen Kanälen. Der Spiegel porträtierte sie auf fünf Seiten, Joy übernahm sie in die Rubrik „Schön, reich, berühmt". Sie erwarb sich den Ruf einer engagierten, glaubwürdigen und kompetenten Vertreterin des Tierrechts. Die „Jeanne d`Arc der Tiere" erreichte sogar bei kritischen Medien Achtungserfolge.

Silke Ruthenberg ist Autorin mehrerer Bücher und zahlreicher Reportagen und Artikel zum Thema Tierrecht. Sie lebt mit Sohn und zwei fühlenden und denkenden Katzen in München.

SILKE RUTHENBERG

WER BIST DU?

ÜBER DIE GEFÜHLE UND GEDANKEN DER TIERE

Bibliografische Information der Deutschen Nationalbibliothek:
Die Deutsche Nationalbibliothek verzeichnet diese Publikation in der Deutschen
Nationalbibliografie; detaillierte bibliografische Daten sind im Internet über www.dnb.de abrufbar.

1. Auflage Mai 2018

Herstellung und Verlag:
BoD – Books on Demand, Norderstedt

ISBN 978-3-7528-5842-6

INHALT

FISCHE

REPTILIEN UND AMPHIBIEN

VÖGEL

SÄUGETIERE

Fast einhundert Jahre lang und damit nahezu über die gesamte Geschichte der Verhaltensbiologie hinweg wurde diese von einem Wissenschaftskonzept dominiert, das man mit Fug und Recht als erkenntnisunterdrückend bezeichnen kann: Der Behaviorismus.

Dieses wissenschaftstheoretische Konzept untersucht und erklärt das Verhalten von Tieren mit naturwissenschaftlichen Methoden ohne jegliche Introspektion oder Einfühlung. Begründet durch John B. Watson zu Beginn des 20. Jahrhunderts wurde der Behaviorismus in den 1950er Jahren vor allem durch Burrhus Frederic Skinner und Iwan Petrowitsch Pawlow populär. Generationen von Schülern sind seither mit einer Vorstellung vom Tier als „Black Box" und Begriffen wie Reiz-Reaktions-Kette und Konditionierung aufgewachsen, die ihr Bild von Tieren geprägt hat. Das wissenschaftliche Dogma über viele Jahrzehnte lautete: Alles, was wir bei Tieren als Gefühle und Gedanken wahrnehmen, sei nichts anderes als Reflex, Reaktion, Instinkt und habe mit den höheren geistigen Leistungen des Menschen nichts zu tun. Ein Innenleben wird geleugnet, weil man es streng empirisch auch nicht beweisen kann.

Die interessanten Fragen zum Leben der Tiere hat der Behaviorismus weder gestellt noch beantwortet. Er hat uns das Tier als Ding vermittelt und bildete damit den ideologischen Unterbau für die selbstverständliche Ausbeutung der Tierheit durch eine einzige Gattung. Immerhin ist die Leugnung des seelischen Innenlebens der Tiere die ideologische Wurzel ihrer systematischen Unterdrückung und Ausnutzung bis zum Tode. Alle menschlichen Kulturen leben auf den Knochen der anderen Tierarten und verweigern allen anderen Tieren alle Rechte, die sie für sich selbstverständlich in Anspruch nehmen. Dies widerspricht freilich unserem angeborenen Konzept von Gerechtigkeit grundlegend und funktioniert deshalb nur mit der großen Lüge von der Gefühls- und Gedankenlosigkeit der Opfer.

Jahrzehntelang waren die Verfechter des Behaviorismus die einflussreichsten Verhaltensforscher an den Universitäten. In der Einflusssphäre dieser Ideologie konnte die seit den 1930er Jahren in Europa aus der Tierpsychologie entstandene vergleichende Verhaltensforschung keinen Fuß fassen.

Doch Wahrheiten lassen sich nicht auf Dauer unterdrücken. In den vergangenen Jahrzehnten verlor der Behaviorismus zunehmend an Einfluss und man begegnete den Tieren mit einer neuen Einstellung. Dieser Wandel hat bereits bis heute eine überwältigende und nicht endende Flut an Einblicken in das geistige und seelische Innenleben der anderen Tiere erbracht, die man zweifelsohne als die dritte große narzisstische Kränkung der Menschheit bezeichnen kann - nach der Erkenntnis, dass wir weder der Mittelpunkt der Welt sind (Kopernikus) noch „Herr im eigenen Haus" (Freud).

Es mag manche Exemplare der eitelsten Spezies des bekannten Universums zutiefst beleidigen, aber es ist einfach nicht mehr zu leugnen: Die sorgfältig konstruierte Grenze zwischen Menschen und allen anderen Tierarten ist kein tiefer Graben. Marienkäfer und Meisen, Mäuse und Menschen stehen sich mit ihrem Innenleben ganz nah. Uns verbindet eine gemeinsame Struktur, die uns alle durch das Leben leitet: die der Gefühle und Gedanken. Unaufhaltsam setzt sich die Erkenntnis durch, dass Tiere in ihren Empfindungen überaus menschlich sind. Mehr und mehr Forscher wagen es, darüber zu berichten, und sie müssen mittlerweile auch nicht mehr fürchten, als Wissenschaftler erledigt zu sein, wenn sie nicht mehr rigoros leugnen, was so offensichtlich ist. Sie erzählen uns Anekdoten aus der Welt der Tiere, die uns unsere nahen und fernen Verwandten unendlich vertraut werden lassen. Seriöse Meldungen über die geistigen und emotionalen Fähigkeiten der Tiere füllen seit mehr als eineinhalb Jahrzehnten die Wissenschaftsseiten der Zeitungen und bieten die Grundlage für Einsichten in die Tierwelt, die noch vor kurzem als völlig unwissenschaftlich und sentimental unterdrückt worden wären. Bücher zum Thema schaffen es in die Bestsellerlisten.

Tiere lieben und hassen, sie können traurig sein, Mitleid empfinden, sie können wütend sein und rachsüchtig, hilfsbereit und freundschaftlich. Sie haben einen Schönheitssinn und bringen begabte Künstler hervor. Tiere können wahrnehmen, bewerten, entscheiden und handeln. Sie wissen, was sie tun. Sie denken. Und ihre Verstandesleistungen übertreffen die unseren teilweise um Längen.

Ausgerechnet die Wissenschaft hat dem Tierschutz und insbesondere der Tierrechtsbewegung ein argumentatives Fundament geliefert, das kraftvoller kaum sein könnte. Umso verwunderlicher, dass die Fürsprecher der Tiere auf diesen Schatz bisher kaum zurückgreifen und es vorziehen, die Tiere als Opfer zu präsentieren und ihre Mitmenschen mit Realitäten zu traktieren, die jeden mitfühlenden Menschen hilflos und erschüttert und mit nichts Besserem als dem schlechten Gefühl seiner eigenen Schuld zurücklassen, das zur Verdrängung geradezu ermuntert: Die realen Folgen für die rechtlosen – entrechteten – Tiere in der Gewalt des ausnutzenden Menschen, eine Welt von Entwürdigung und Quälerei, von Gefangenschaft und Folter und blutiger Vernichtung. Milliardenfach. Wer sich damit nicht das Leben vergällen will, wendet den Blick ab - und damit auch den Blick von den Tieren.

Dabei ist das menschenverursachte Leid und Elend der Tiere infolge ihrer Rechtlosigkeit nicht unbedingt das stärkste Argument dafür, den Tieren ihre Rechte zurückzugeben, die ihnen nur durch die Macht des Tyrannen vorenthalten werden. Das stärkere Argument liegt in ihrem Sein begründet. Sie selbst in ihrer Schönheit, ihrer Sensibilität und Klugheit sind es wert, den gleichen Schutz zu erfahren wie wir ihn für uns selbst in Anspruch nehmen.

Viel zu wenig wurde die Kraft, die in den Tieren selbst liegt, gewürdigt und ins Zentrum der Aufmerksamkeit gestellt, um sie aus ihrem Opfersein herauszuholen. Dabei ist die Wertschätzung seit jeher der beste Schutz vor Gewalt gewesen. Kulturen, die Tiere zu Göttern erklärten, ihnen einen heiligen Status zusprachen, waren die besseren für sie. Heute braucht es dafür keine Religion mehr. Die Wissenschaft hat dafür 1000 Gründe geliefert, den Tieren mit Respekt zu begegnen – im allgemeinen Bewusstsein sind sie jedoch noch nicht wirklich angekommen.

Ich habe deshalb bewegende Geschichten und wissenschaftliche Erkenntnisse über das Fühlen und Denken der Tiere zusammengetragen. Sie eröffnen uns die Welt der Gefühle und Gedanken, die uns selbst so vertraut sind. Dieses Wissen schafft - so hoffe ich - ein neues Wir-Gefühl, das die Artschranke durchbricht. Die gesammelten Informationen bilden dabei nur einen winzigen Ausschnitt dessen, was uns die Tiere tagtäglich über sich erzählen, aber sie sind bezeichnend. Und sie lassen ein Gefühl von Vertrautheit entstehen, der Gewalt und Missbrauch entgegenstehen.

Werden wir weiterhin nicht hören wollen und die Welt der Tiere mit Folter, Tyrannei und Tod überziehen, wenn wir erkennen, *wen* wir da vor uns haben, *wen* wir hier misshandeln und vernichten? Vielleicht lassen uns diese Einblicke in das Innenleben der Tiere das Ausmaß der Schuld viel stärker spüren, die wir auf uns laden, wenn wir den Tieren nicht mit Respekt begegnen, sondern mit Dünkel und Gewalt. Und damit auch den Wunsch wachsen, diesem destruktiven Wahnsinn ein Ende zu setzen. Soviel ist sicher: Der Weg der Befreiung der Tiere aus der Tyrannei des Menschen führt über das Verstehen ihrer Gefühle und Gedanken.

Und damit hat dies Buch einen anderen Anspruch als andere Bücher mit ähnlichem Inhalt, die schlicht mit diesem neuen Wissen unterhalten möchten und sich teilweise auf geradezu groteske Weise vor den moralischen Folgen dieser Erkenntnisse drücken. Voll allem aber stehen die Tiere im Mittelpunkt und nicht die Fähigkeiten. Letztere sind nur Vehikel, unsere nahen und fernen Verwandten vertraut werden zu lassen.

Fakt ist: Mit dem gesicherten Wissen über unsere nahen und ferneren Verwandten können wir nicht einfach zur Tagesordnung übergehen. Dieses Wissen verpflichtet. Deshalb verbinde ich dieses Buch mit einer Forderung: Wer fühlen und denken kann, hat auch ein Grundrecht auf sein Leben und einen Anspruch auf eine selbstbestimmte und unversehrte Existenz. Elementare Menschenrechte über Artgrenzen hinweg stehen auch den anderen Tieren zu.

Ich wünsche viel Freude beim Kennenlernen der Familie!

Silke Ruthenberg

Wenn sich die Muschel mies fühlt

Muscheln leben noch, wenn sie im heißen Buttersud geschwenkt oder mit Zitronensaft beträufelt aus der Schale geschlürft werden. Aber fühlt die Muschel dabei auch, was ihr geschieht?

Muscheln zählen zum Stamm der Weichtiere. Sie verfügen über ein einfaches Nervensystem, das zwei Nervenzellhäufungen besitzt: das Pedal- und das Viszeralganglion, eine Art Muschelgehirn. Es gibt einige Indizien, dass Muscheln und andere Tiere mit diesem einfachen zentralen Nervensystem bereits leidensfähig sind.

1993 hat eine italienische Arbeitsgruppe um G.B. Stefano erforscht, dass viele Körperbereiche der Miesmuschel Mytilus edulis hormonartige, schmerzlindernde Stoffe erkennen. Ist die Muschel gestresst, so findet man in ihr wenige freie Anti-Stress-Moleküle. Ist sie hingegen entspannt, so steigt der Spiegel dieser Substanzen.

Die untersuchten Stoffe sind nicht irgendwelche Substanzen, sondern sogenannte Endorphine. Sie stammen aus derselben Chemikaliengruppe wie die Schmerzstiller Heroin und Morphium. Der menschliche Körper verfügt über ähnliche Stoffe, die er bei Stress und Schmerz zur Linderung ausschüttet. Stefano und Mitarbeiter haben in den vergangenen Jahren immer mehr Hinweise darauf gefunden, dass sich Muschel und Mensch in hormoneller Hinsicht teilweise ähneln. „Kurz gesagt", schreiben die Nervenforscher, „zeigen unsere Versuche, dass Morphin auf Zellen eines wirbellosen Tieres (dieselben Auswirkungen) hat wie auf Menschen, obwohl sich beide seit 500 Millionen Jahren auf verschiedenen Zweigen der Evolution weiterentwickeln". [1]

Und da Hormone messbare Spuren von Gefühlen sind, könnte man jetzt den Umkehrschluss wagen: wo Hormone zu messen sind, existieren auch Gefühle. Rezeptoren auf der Schale signalisieren zudem der Muschel Gewaltanwendungen an der Schale. Die Muschel reagiert daraufhin mit extremer Ausschüttung von Stresshormonen. [2]

Man hat außerdem festgestellt, dass sich die Herzfrequenz bei Muscheln erhöht, wenn sie von Fressfeinden bedroht werden. [3] Einige Muscheln besitzen auch Augen. Es ist naheliegend, dass ein Lebewesen mit Augen über eine Empfindung des Sehens verfügt. [4]

Muscheln können sogar von einer Gefahrenquelle „weglaufen", auf Youtube kann man beobachten, wie eine Muschel ihren Fuß aus der Schale schiebt, um sich von für sie gefährlichem, austrocknendem Salz wegzubewegen. [5] Womöglich ist es Miesmuscheln und Austern also ganz und gar nicht egal, wenn sie verputzt werden.

Schnecken haben unterschiedliche Talente

Spitzschlammschnecken (Lymnaea stagnalis) haben beim Lernen ganz unterschiedliche Begabungen, fand ein Forschungsteam um Sarah Dalesman von der Aberysthwyth University heraus. Gedächtnisexperimente der Forscher aus England und Wales zeigten, dass sich einzelne Schnecken entweder gut an Informationen über Nahrung oder aber an Dinge rund um ihre Fressfeinde erinnerten – nicht aber an beides gleichzeitig. Die Arbeitsgruppe unterzog die Schnecken einem Trainingsprogramm, in dem sie lernen sollten, dass zum Beispiel Futter mit Karottenduft bitter schmeckt oder dass sie an der Wasseroberfläche mit Stöckchen gepikst werden, was auf einen Fressfeind hindeutete.

Dabei zeigte sich, dass Schnecken, die einen Typ von Aufgabe gut lernten, sich bei dem anderen ausnehmend unbegabt anstellten. Individualisten sind sie also auch noch. [6]

Was merken sich Schnecken?

Schnecken gelten nicht unbedingt als Intelligenzbestien, aber ihre Gedächtnisleistung reicht immerhin aus, dem österreichischen Neurobiologen Eric Kandel im Jahr 2000 den Nobelpreis einzubringen.

Als dieser die Mechanismen von Lernen und Gedächtnis ausgerechnet an der Meeresschnecke Aplysia erforschen wollte, zweifelten Kandels Kollegen am Verstand des Wissenschaftlers. Die, auch als Seehase bekannte, bis zu 16 kg schwere Schnecke hat gerade mal 20.000 Nervenzellen, wo beim Menschen 100.000 sitzen. Ihre Neuronen sind aber teilweise so dick, dass man sie mit bloßem Auge erkennen kann. Unter dem Mikroskop kann man gut beobachten, wie Erlerntes seine Spuren hinterlässt.

Aplysia besitzt bereits ein Kurz- und ein Langzeitgedächtnis. Erhält sie nur eine Trainingseinheit, vergisst sie das Erlernte bereits nach einer Viertelstunde. Büffelt Aplysia jedoch über vier Tage, auf einen bestimmten Reiz hin ihren Sipho einzuziehen, dann bleibt die Erinnerung wochenlang gespeichert. Auch das Umfeld hat Auswirkungen auf den Intellekt der Schnecke: Langeweile macht den Seehasen dumm, eine anregende Umgebung hingegen treibt den Schnecken-IQ nach oben. [7]

Im Internet findet man auch anrührende Videos von schmusenden Schnecken. Hier kann man mit eigenen Augen beobachten, dass auch Schnecken echte Genießer sind und dem Lustprinzip folgen.
https://www.youtube.com/watch?v=0UT6rmrr9a4
http://www.t-online.de/tv/webclips/lustige-videos/id_71686686/schnecke-geniesst-streicheleinheit-in-vollen-zuegen.html

Aus den Augen, aus dem Sinn

Kraken gehören nicht zu den Wirbeltieren, aber sie sind alles andere als dumm oder gefühllos. Wie überaus menschlich ihr Gefühlsleben ist, bewies ein Krake den Wissenschaftlern der Meeresstation von Banuyls:

Der Arme hatte sich schon dreimal die Zähne an einem Einsiedlerkrebs ausgebissen. Der Krebs war einfach zu kräftig: Bei Gefahr zog er sich in sein Schneckenhaus zurück und schirmte den Eingang mit den gepanzerten Scheren ab. Er war nicht herauszubekommen. Jedes Mal musste der Oktopus das Gehäuse wieder freigeben und unverrichteter Dinge abziehen.

Der Einsiedlerkrebs dagegen war nach kurzer Zeit wieder munter und spazierte erneut provozierend am Höhleneingang des Oktopus vorbei. Der konnte nicht widerstehen, und das Spiel wiederholte sich. Doch irgendwann war die Geduld des Kraken erschöpft. Er schleppte kurzerhand einen großen Stein heran und platzierte ihn als Sichtschutz zwischen sich und die Lockspeise. Diese Tantalusqualen musste er sich nun wirklich nicht länger antun. Oktopus hatte seine innere Ruhe wiedergefunden. [8]

Schaffe, schaffe, Häusle baue

Auch wirbellose Tiere gehören zum Club der schlauen Werkzeugnutzer: im Meer vor Indonesien sammeln Tintenfische weggeworfene Kokosnussschalen, um sich daraus eine Schutzhütte zu bauen. Die Weichtiere stapeln dazu Kokosnussschalenhälften wie Müslischalen auf dem Meeresboden und tragen sie weg, berichten Julian Finn vom Museum von Victoria in Melbourne (Australien) und seine Kollegen. Damit demonstriert der Oktopus eine Leistung, die lange als Privileg von Menschen und anderen Primaten galt: Das Sammeln eines Werkzeugs, das nicht direkt, sondern erst in der Zukunft einmal von Nutzen sein könnte.

Der Ader-Oktopus ist bereits bekannt dafür, dass er die reichlich vorhandenen Nussschalen vor den indonesischen Inseln als Versteck nutzt. Die neue Erkenntnis ist, dass die Tiere die Schalen für die spätere Nutzung sammeln, sich also vorausschauend verhalten. Damit verbunden ist freilich damit auch eine Vorstellung von der Zukunft.

Die gesammelten Schalen sind nämlich erstmal nicht nur nutzlos, sondern eine echte Last für den Ader-Oktopus. Um sie von der Stelle zu bekommen, setzt sich das Tier in die oberste Schale, lässt seine acht Arme seitlich herunter, versteift sie und geht schließlich unbeholfen wie auf Stelzen. Dabei ist der Tintenfisch nicht nur langsamer als gewöhnlich, sondern auch schutzlos und offen sichtbar. Bei Gefahr kann der Oktopus allerdings die Schalen schnell zusammensetzen und sich in der hohlen Kugel verstecken. [9]

Tintenfische:
Die Denker der Meere

Der Biologe Martin Moynihan vom Smithsonian Institute beobachtet seit vielen Jahren Tintenfische. Schon lange ist bekannt, dass Tintenfische ihr Farbkleid ändern können, und sie machen das zweifellos als Ausdruck ihrer Stimmung. Wenn sie aufgeregt sind, bekommen sie einen roten Kopf, entspannte Tiere nehmen den Farbton des Untergrunds an. Der flirtende Tintenfisch vermittelt sein Interesse über besondere Muster und Farbwellen auf dem ganzen Körper.

Moynihan äußert den zwingenden Verdacht, dass Tintenfische bewusst Botschaften übermitteln. Er hat eine differenzierte Kommunikation zwischen den Tieren untereinander mittels komplexer Farbspiele festgestellt, der eine Art Grammatik zugrunde liegt.

Der Kognitionsforscher Michael Kuba vom Konrad-Lorenz-Institut im österreichischen Altenberg ist besonders am emotionalen Verhalten der Tiere interessiert und hat herausgefunden, dass sie auch spielen. Um dies zu untersuchen, wurde das Aquarium eines Kraken abgeschottet, sonst würde die neugierige Krake vermutlich viel lieber an der Scheibe kleben und die Umgebung beobachten. Anschließend wurde ein Spielzeug, ein Würfel aus Legosteinen, in dem Bassin platziert. Sofort betastete und erkundete der Oktopus den Legostein. Ein erstaunliches Verhalten, denn freilebende Tiere spielen nicht. Offenbar aber, so die Erklärung des Wissenschaftlers, langweilt sich das blitzgescheite Tier im Glaskasten und beschäftigt sich in seiner Not eben mit diesem Objekt. [10]

Very tricky: Tintenfische täuschen Rivalen mit Farbtrick

Auch Tintenfischmänner schätzen es gar nicht, wenn ihnen beim Werben um die Angebetete ein Nebenbuhler im Genick sitzt, der ihnen den Schatz ausspannen könnte. Um sich die Konkurrenz vom Leib zu halten, haben sich Tintenfische deshalb einen ganz besonderen Trick ausgedacht: Auf der zum Nebenbuhler hingewandten Seite färben sie ihre Haut so, dass sie wie die braun-weiß gefleckten Tintenfischfrauen aussehen. Auf der Seite, die ihre Auserwählte im Blickfeld hat, stellen sie hingegen ihre gestreifte Balztracht zur Schau. Das berichten australische Forscher im Fachmagazin „Biology Letters", nachdem sie Sepia-Populationen über Jahre hinweg in verschiedenen Lebensräumen beobachtet haben.

Dass Tintenfische ihre Hautfarbe verändern, um sich vor Fressfeinden oder ihrer Beute zu verstecken, ist nicht neu. Auch Farbspiele bei der Balz wurden bereits bei Riesentintenfischen beobachtet. Einige Kopffüßer passen während der Balz den hinteren Teil ihres Körpers der Umgebung an, um unsichtbar für Fressfeinde zu werden. „Unsere Studie zeigt jedoch zum ersten Mal, dass Tintenfische beide Geschlechter gleichzeitig bei der Balz nachahmen können", schreiben Column Brown und seine Kollegen von der Macquartie University in Sydney in ihrer Veröffentlichung.

Für ihre Studie hatten die Meeresbiologen Tintenfische im Hafen von Sydney untersucht. Wie die Forscher berichten, wandten die Sepia-Männer ihre Flirtstrategie in rund 40 Prozent aller Fälle an, in denen sich eine Gruppe aus zwei Single-Männern und einer Frau zusammenfand. Auf der dem Rivalen zugekehrten Seite zeigte der balzende Mann dabei die gefleckte Hautmusterung einer Frau. Auf der, der Dame zugewandten, Seite nahm er dagegen die typische gestreifte Balzfärbung an. Sah sich der Tintenfisch aber zwei Damen und einem männlichen Rivalen gegenüber, nutzte er diese Strategie nicht. „Vielleicht ist das Männchen dann zu abgelenkt und hat Schwierigkeiten, sich auf eines der Weibchen zu konzentrieren", mutmaßen die Wissenschaftler.

Die raffinierte, nur in passenden Konstellationen eingesetzte Täuschungsstrategie zeigt, dass die geistige Entwicklung dieser Meerestiere weit fortgeschritten ist. Denn würden sie ihre Taktik immer anwenden, wenn eine Dame in der Nähe ist, könnten sie leicht enttarnt und angegriffen werden, wenn mehrere rivalisierende Männer um die Tintenfischfrau herum postiert sind. Schließlich wäre dann für einige der Konkurrenten der Blick frei auf Seite mit der Balztracht. Damit das Farbenspiel überhaupt funktioniere, müssten sich die Männer zudem genau zwischen den Nebenbuhler und das Subjekt der Begierde positionieren. [11]

1,2,3... : Tintenfische können zählen

Dass Tintenfische besonders kluge Tiere sind, ist schon länger bekannt. Jetzt haben zwei Forscher von der Universität Taiwan herausgefunden, dass sie auch zählen können, und zwar ganz ähnlich wie Menschen.

Dazu ließen die Wissenschaftler Tintenfische der Art Sepia pharaonis zwischen zwei durchsichtigen Behältern mit einer unterschiedlichen Anzahl von Garnelen wählen. Die Sepien wählten in jedem Fall den Behälter, der mehr Krebstiere enthielt, und das unabhängig davon, wie groß der zahlenmäßige Unterschied der Beutetiere war.

Wie Menschen erfassen Tintenfische bei bis zu fünf Beutetieren offenbar auf einen Blick, ob die Zahl größer oder kleiner ist. Das schaffen Kleinkinder erst ab einem Alter von einem Jahr. Bei mehr als fünf Garnelen zählen die Tintenfische dann in Ruhe nach und wählen schließlich - wen wundert´s? - die größere Anzahl.

Ihr Zahlensinn ist damit mindestens so gut wie der von Primaten. [12]

Tintenfische:
Persönlichkeiten mit Tagesform

Um zu testen, ob Kraken eine Persönlichkeit haben und individuell unterschiedliche Reaktionen auf ihre Umwelt zeigen, fing eine Forschergruppe um Renata Pronk von der Macquarie University Kraken im Hafen von Sydney, setzte sie in Aquarien und führte ihnen einen selbst gedrehten Film vor. Dieser zeigte eine Krabbe, ein Konservenglas und einen fremden Artgenossen.

Zunächst scheiterte das Experiment an den minderwertigen Filmaufnahmen, die man den Kraken anbot. Also fertigte Prink neue Aufnahmen in HDTV-Auflösung. Nun konnten die Kraken in bester Filmqualität sehen, wie die Krabbe auf sie zu marschierte.

Die Reaktion folgte prompt. Der Oktopus eilte auf den Bildschirm zu und versuchte, die Krabbe zu fangen und zu essen. Um nun herauszufinden, ob die Tintenfische eine Persönlichkeit haben, spielten die Forscher den Film mehrmals an verschiedenen Tagen ab. Das Verhalten eines jeden Oktopus blieb innerhalb eines Tages konstant, die einen reagierten voller Enthusiasmus, andere eher zurückhaltend. Über verschiedene Tage hinweg allerdings veränderte sich die Reaktion der Tintenfische: Zeigte sich ein Individuum anfangs sehr enthusiastisch, so blieb es am darauffolgenden Tag eher scheu. Pronk schloss daraus, dass die Tiere „episodische Persönlichkeiten" haben. Kurzum: Sie sind launisch. [13]

Wenn Spinnen ihre Kinder lieben

Weibliche Wolfsspinnen bewachen ihre Eier und tragen die ausgeschlüpften Jungen mit sich herum. Was sie motiviert, ihre Jungen zu beschützen, ein simpler Mechanismus oder das Gefühl von Liebe und Fürsorgebereitschaft, ist freilich schwer zu erfassen. Folgende Geschichte könnte uns zu denken geben:

Der Wissenschaftler J.T. Moggridge berichtet von einer Falldeckelspinne, die er seiner Sammlung einverleiben und in Alkohol aufbewahren wollte. Er wusste, dass sich Spinnen noch eine ganze Zeitlang bewegen, nachdem man sie in Alkohol eingelegt hatte; er hielt dies aber für eine reine Reflexhandlung.

Moggridge entfernte die kleinen Spinnen von der Mutter und ließ diese in ein Gefäß mit Alkohol fallen. Als er glaubte, dass sie gestorben war, schickte er die 24 Babyspinnen hinterher. Zu seinem Schrecken streckte die Mutter ihre Beine aus, zog die Kinder an ihre Seite und hielt sie umschlossen, bis sie wirklich tot war. Nach dieser Erfahrung gebrauchte der erschrockene Moggridge Chloroform.

Ein unbewusster Reflex oder so etwas wie Mutterliebe? Vor dem Hintergrund, dass schon das Weben eines Spinnennetzes eine Leistung von außerordentlicher Komplexität darstellt, sind durchaus auch vielschichtige Gefühle bei einer Spinne vorstellbar. Die Spinne weiß wohl, was sie treibt. Wir nicht. [14]

Das lass mal mich machen:
Arbeitsteilung in der Spinnen-WG

Vertreter der Art Anelosimus studiosus gehören zu den sogenannten sozialen Spinnen, Sie leben in einer Art WG mit mehreren Artgenossen zusammen - und halten dort strikte Arbeitsteilung ein. Dabei verteilen die Spinnenfrauen die anfallenden Arbeiten wie Beute fangen, das Netz verteidigen oder sich um den Nachwuchs kümmern je nach ihren individuellen Neigungen und Vorlieben. Spinnen, die sich in Verhaltensexperimenten aggressiver gebärden, übernehmen dabei häufiger Aufgaben, für die ein forsches Auftreten nützlich sein kann. Wie die Biologen um Colin Wright von der University of Pittsburgh beobachtet haben, engagierten sich aggressive Spinnen dreimal so häufig bei der Jagd auf Beute und der Abwehr von Feinden wie ihre gutmütigen Mitbewohnerinnen. Diese hingegen kümmerten sich dreimal so oft um den Nachwuchs.

Und das macht Sinn: Während aggressive Spinnen angesichts eines Angreifers oder einer Beute nicht lange fackeln, ehe sie ihrerseits einen Angriff starten, verharren gutmütige Spinnenfrauen lange regungslos - bis es zu spät ist. Umgekehrt gehen die aggressiven Spinnen ziemlich rücksichtslos mit dem eigenen Nachwuchs um und töten ihn häufig, sollten sie sich doch einmal um ihn kümmern. So kommt es der gesamten Kolonie zugute, wenn jede Spinne eine Arbeit entsprechend ihrer Persönlichkeit wählt. [15]

Umgang prägt: Im Miteinander bilden Spinnen ihre Persönlichkeit aus

Schon länger ist bekannt, dass selbst einzelne Spinnen unterschiedliche Charakterzüge haben. Die Individuen in sozialen Verbänden hausenden Spinne Stegodyphus dumicola haben zum Beispiel dauerhaft und nicht situationsabhängig mehr oder weniger furchtsame Persönlichkeiten. Eine Forschergruppe um Andreas Modlmeier von der University of Pittsburgh ist nun der Frage nachgegangen, wie es zur Ausbildung solcher Charaktere in der Spinnengemeinschaft gekommen ist. Dazu werteten sie aus, wie lange einzelne Spinnen in einer Gruppe mit anderen zusammenlebten, und ermittelten zudem, ob diese Spinnen allmählich bei einem Beutefangversuch zu besonders mutigem oder ängstlichem Verhalten neigten oder schlicht durchschnittlich blieben. Tatsächlich zeigten sich immer deutlichere individuelle Unterschiede bei immer längerer Gruppenzugehörigkeit. Soziale Interaktion fördert also die Ausbildung von Persönlichkeit, so die Forscher. [16]

Spinnengesellschaft ganz menschlich: Ein schlechter Führer ist der Untergang

Offenbar ist der Mensch nicht die einzige Art, die schlechter Führung zum Opfer fällt. Eine Forschergruppe um Jonathan Pruitt von der University of California in Santa Barbara lehrte zunächst einzelnen Spinnen, dass andauernde leichte Vibrationen ihres Netzes einen Motten-Happen versprachen, während kurze, heftige Ausschläge vor Ameisen warnten. Dann wurden diese Spinnen in eine Kolonie untrainierter, furchtsamer Artgenossen gebracht. Nun ließen die Forscher das gemeinschaftliche Netz vibrieren und so lernten auch die anderen Tiere, die Signale richtig zu interpretieren. Bei manchen Kolonien vertauschten die Forscher dann die Signale. Erwartete die trainierte Spinne eine Motte, geriet sie beim Lospreschen an eine Ameise; versteckte sie sich vor dem Feind, entging ihr das Futter.

Wenn nun die Neue eine schüchterne Spinne war, ließ sich die Kolonie von deren Fehleinschätzungen nicht lange beeindrucken. Bei einer falsch gepolten Führungskraft jedoch geriet die ganze Gemeinschaft in Gefahr. Manche Kolonien verhungerten trotz reichhaltiger Nahrung, andere wurden immer wieder von Ameisen angegriffen. „Offenbar sind die Kolonien gegenüber ihren Anführern einigermaßen geduldig und lassen einige Fehler durchgehen", sagt Kate Laskowski vom Berliner Leibniz-Institut für Gewässerökologie und Binnenfischerei, die Erfahrung mit der Erforschung sozialer Spinnen hat. „Schlüssel-Individuen verbreiten falsche Informationen sehr effektiv, aber korrekte kaum", schließt Pruitt aus dem Experiment. „Das war überraschend, um es vorsichtig auszudrücken." Und vor allem ziemlich menschlich... [17]

Schon geil –
Spinnenmänner haben Spaß am Sex

Lange dachten Forscher, dass Spinnen-Männer beim Sex nichts fühlen können. Doch das Liebesspiel von Spinnen ist offenbar aufregender als bisher vermutet. Ein deutsches Forscherteam hat Nervenzellen in den Geschlechtsteilen der männlichen Tasmanischen Höhlenspinne Hickmania troglodytes nachgewiesen. Biologen der Universitäten Greifswald und Jena schreiben im Fachmagazin Biology Letters: „Das männliche Geschlechtsorgan dieser Spezies ist nicht bloß eine gefühllose Struktur, sondern vermutlich in der Lage, Sinneseindrücke während der Spermienübertragung zu übermitteln."

Mikroskop- und Röntgenaufnahmen sowie ein dreidimensionales Computer-Modell eines Pedipalpus zeigten zwei verschiedene Arten von Nervengewebe im Geschlechtsteil der Höhlenspinne: Einen Nerv, der bis zur Spitze des Organs läuft, und Ansammlungen von Neuronen in der Nähe einer Drüse, die für die Spermienübertragung zuständig ist.

Auf diese Weise erhielten die Tiere während der Paarung möglicherweise Informationen darüber, wie fortpflanzungsfähig die Dame ist, so die Forscher. Die Tiere könnten dann den Ausstoß ihres Ejakulats entsprechend anpassen. Aber Hauptsache doch, sie haben Spaß dabei. [18]

Spinnen denken kausal

Spinnen verfügen über Fähigkeiten, die man bisher nur Wirbeltieren zugestanden hatte und die nicht als instinktives Reagieren abgetan werden können. In seinem Buch „Die Spinne" schildert John Crompton eine Beobachtung mit einer Aranea sex punctata. Diese hatte den Ankerfaden ihres Netzes mit einem Stein beschwert und, als Cromptons das Netz zerstörte, es so erneuert, dass der Ankerfaden mit *zwei* Steinchen beschwert war. Wenn man nicht bloßen Zufall unterstellen will, so bleibt eigentlich nur die Deutung, dass das Gedächtnis der Spinne über den unmittelbaren Zweckzusammenhang hinaus kausales Denken einsetzen kann, so, als hätte die Spinne sich gesagt: „Das Netz ist zerrissen, weil der Ankerfaden zu wenig beschwert war. Ich muss ihn also das nächste Mal stärker beschweren." Und als Crompton dann auch das neue Netz zerstörte, zog die Aranea eine neue Konsequenz: sie gab den Platz auf. [19]

Forscher entdecken den Schmerz bei Garnelen

Hummer und Garnelen können Schmerzen empfinden. Das stellten Biologen um Robert Elwood von der Queen's-Universität in Belfast nach Tests an Garnelen fest. Sie reizten die Fühler der Tiere und beobachteten charakteristische Reaktionen, wie sie auch bei Wirbeltieren vorkommen. Daher liege es nahe, auch den Krustentieren ein eigenes Nervensystem für die Schmerzempfindung zu attestieren, so die Forscher.

Im Rahmen ihrer Studie betupften die Wissenschaftler jeweils bei Felsengarnelen einen von zwei Fühlern mit Essigsäure. Die Garnelen krümmten daraufhin ihren Hinterkörper und begannen sofort, längere Zeit den betroffenen Fühler zu putzen und an der Aquariumwand zu reiben. Später träufelten die Wissenschaftler ein lokal wirkendes Schmerzmittel auf den Fühler, worauf die Garnelen aufhörten, die Antennen zu reiben. Dieses Verhalten führen die Biologen um Elwood Schmerzempfinden zurück. [20]

Und auch den Krabben tut es weh

In Sachen Schmerzempfindung unterscheidet man wissenschaftlich zwischen der Schmerzwahrnehmung per Schmerzrezeptor – eine rein physiologische Reaktion – und dem Gefühlskonzept Schmerz. Dass Wirbellose über ersteres verfügten, wurde mit der zuvor beschriebenen Studie soweit bewiesen. Die zweite Kategorie ist schwieriger nachzuweisen.

Nun liefert eine neue Studie der Universität von Belfast weitere Hinweise auf die Leidensfähigkeit von wirbellosen Tieren. Elwood und viele seiner Kollegen setzen dazu auf das Konzept des Lernens. Erlebter Schmerz ist eine negative Erfahrung, die schützende und physiologische Reaktionen auslöst und aus der ein erlerntes Vermeidungsverhalten resultiert. Mit anderen Worten: Wenn ein Tier Situationen oder Objekte gezielt meidet, die ihm zuvor einmal Schmerzen bereitet haben, kann es mit einer hohen Wahrscheinlichkeit tatsächlich Schmerzen spüren und auch darunter leiden.

Bei Garnelen und auch bei Einsiedlerkrebsen hat Elwood bereits gezeigt, dass diese Art des Lernens stattfindet. In seiner neuen Studie konzentrierte er sich nun auf Strandkrabben. Dabei stellte er sich die Frage, ob die Tiere so stark unter den Schmerzen leiden, dass sie sogar auf eine wertvolle Ressource verzichten, nur um die Schmerzen zu vermeiden. Er legte seinen Testkrabben dazu dünne Drähte um jeweils ein Bein, mit denen er ihnen leichte, aber mutmaßlich schmerzhafte Stromschläge zufügen konnte. Dann setzte er sie in ein hell erleuchtetes Aquarium, in dem es auf jeder Seite einen dunklen Unterschlupf gab – eindeutig der bevorzugte Aufenthaltsort der Krebse.

In der Studie selbst bekamen einige Krabben im Abstand von jeweils fünf Sekunden Stromschläge, sobald sie sich in einen der abgedunkelten Bereiche zurückzogen, andere wurden dagegen in Ruhe gelassen. Die Folge: Die meisten der geschockten Krebse lernten mit der Zeit, den Unterschlupf zu meiden, in dem sie die Stromschläge bekommen hatten – sie

zogen sich entweder in den anderen zurück oder blieben sogar gleich in der hell erleuchteten Mitte des Aquariums. Dieses Verhalten entspreche fast exakt dem, das in Studien bei Wirbeltieren beobachtet worden sei, konstatiert Elwood.

Übrigens: Obwohl es gesetzlich für Wirbellose nicht gefordert wird, hat Elwood seinen Artikel mit einer „ethical note" versehen, in der er versichert, seinen Versuchstieren so wenig Schmerz wie möglich zugefügt zu haben. Nach der Studie habe er zudem alle Tiere wieder freigelassen – an einem geeigneten Strand in der Nähe der Stelle, an der sie eingefangen worden waren. Immerhin. Wobei das Ergebnis der Studie genau das aussagt: dass es generell Unrecht ist, Strandkrabben einzufangen und mit Elektroschocks zu traktieren. [21]

Schau mal meinen Dicken an

Winkerkrabben leben entlang der Küsten in Mangroven oder auf Schlammfeldern. Eine Forschergruppe um Simon Lailvaux von der University of South Wales in Sydney (Australien) hat nun beobachtet, dass männliche Winkerkrabben ihre Rivalen zuweilen mit einer großen Prachtschere täuschen, die stärker aussieht, als sie ist. Damit demonstrieren die Krabben eine Überlegenheit, die sie in Wirklichkeit nicht haben.

Verlieren die Tiere ihre Schere im Kampf, können sie eine nachbilden. Manche Männer verzichten dabei jedoch auf eine solide Bauweise. Die Gliedmaßen sehen dann zwar groß und stark aus, sind aber schwächer als die ursprünglichen Scheren.

Die Schere – sie ist mitunter größer als der Körper – spielt beim Werben um die Damenwelt eine wichtige Rolle. Auf der Suche nach Frauen „winken" die Männer, indem sie die Prachtschere in die Luft heben und wieder senken.

Hier beobachteten Lailvaux und seine Kollegen, dass die regenerierte Prachtschere oftmals größer ist als die ursprüngliche. Außerdem stellten sie fest, dass das Verhältnis von Stärke und Größe bei den ursprünglichen Scheren viel besser übereinstimmte als bei den nachgewachsenen. Daraus schließen die Forscher, dass männliche Winkerkrabben ihre Konkurrenten täuschen.

Sobald die Winkerkrabben eigene Territorien haben, fliegt der Schwindel jedoch auf. Denn dann müssen sie ihr eigenes Revier verteidigen und den Kampf mit jedem Eindringling aufnehmen. Dabei bemerken die anderen Männer dann den Bluff. [22]

Suche: Sicherheit
Biete: Sex

In einer großen Krabbenkolonie herrscht Konkurrenzkampf, es gilt ständig, das eigene Revier zu verteidigen. Die Natur hat die Damen und die Herren dabei unterschiedlich gut für den Kampf gerüstet: Die Männer besitzen eine große Schere zur Verteidigung, die den Frauen fehlt. Trotzdem können sich diese mittels einer besonderen Art der Nachbarschaftshilfe behaupten.

Richard Milner und seine Kollegen von der Universität in Canberra beobachteten eine Winkerkrabbenkolonie vor der Ostküste Südafrikas. Wie sich zeigte, treten die Herren gegenüber benachbarten Damen als Beschützer auf: Will ein Rivale eine Nachbarin aus ihrem Bau verjagen, durchkreuzen sie dessen Plan. Auf weibliche Eindringlinge hingegen reagierten die Männer nur schwach.

Dabei fiel den Forschern auf, dass in Sachen Liebe die Wahl der Frauen auffallend häufig auf einen ihrer einsatzbereiten Nachbarn fiel: Bei 44 von 52 untersuchten Verhältnissen kamen die Herren aus der direkten Umgebung zum Zug. Die Wissenschaftler gehen davon aus, dass die Krabbenfrauen den Sex tatsächlich abhängig vom Leibwächterdienst und nicht als „Vorschuss" gewähren. Mit dem außergewöhnlichen Belohnungssystem lasse sich auch das Verteidigungsverhalten der Winkerkrabben erklären: Sie bekämpfen nur Angreifer, die kleiner sind als sie selbst – im anderen Fall würde die Belohnung das Risiko nicht aufwiegen. [23]

Krabben bilden Bürgerwehren – aus reiner Berechnung

Der Immobilienmarkt der Krabben ist hart umkämpft, die begehrten netten Plätzchen im Schlamm sind knapp, und nur Grund- und Bodenbesitzer haben später dann auch Erfolg bei den Frauen. Der Rest der Krabben wandert heimatlos durch die Kolonie und attackiert hin und wieder schwächlich scheinende Grundbesitzer in der Hoffnung, diese vielleicht zu vertreiben. Dabei beobachteten Patricia Backwell und Michael Jennions von der National University in Canberra Merkwürdiges: Häufiger kämpfen nicht zwei, sondern gleich drei Krabben miteinander und stets sind es zwei Grundbesitzer, die sich gegen einen herumstreunenden Landräuber zusammentun. Bilden Krabben Bürgerwehren? Und wenn ja – warum?

Nähere Untersuchungen in den Kolonien der australischen Krabbe Uca mjoebergi brachten dann ans Licht, dass stets nur größere Männer schmächtigen Herren unter die Scheren greifen, sobald diese von einem Streuner attackiert werden, und das auch nur, wenn dieser unterlegen schien. Soviel Selbstschutz wirkt erklärbar. Aber wenn man irgendetwas scheinbar grundlos für den anderen tut, macht man sich immer irgendwie verdächtig. Auch als Krabbe. Warum sollten die starken Kerle überhaupt hilfsbereit gegenüber ihren schwächlichen Nachbarn sein?

In den beobachteten Kolonien griff eine große Krabbe fast immer nur dann ein, wenn ein nebenan attackierender Eindringling größer war als ihr bisheriger Nachbar. Offenbar beugen die Kraftprotze also der Gefahr zukünftiger Nachbarschaftsstreitigkeiten vor: Schwache Tiere haben weniger Möglichkeiten, dem Nachbarn irgendwann einmal lästig zu werden – etwa, wenn sie doch einmal die Grenzen ihres Territoriums auf Kosten des Grundstücks daneben zu verschieben versuchen. Die großen Krabben investieren also in eine möglichst ruhige Zukunft, den Schwachen wird geholfen, ein Grundstück zu verteidigen, welches sie alleine kaum auf Dauer unterhalten könnten. [24]

Drum prüfe, wer sich ewig bindet, ob sich nicht etwas bessres findet

Bei der Partnersuche gehören die Damen der Winkerkrabbe Uca crenulata zu den wählerischsten Frauen überhaupt. In vielen Fällen nehmen sie erst einmal mehr als 100 Männer und deren Höhlen in Augenschein, bevor sie einen zum Partner wählen. „Soweit ich weiß, hat man bisher keine andere Tierart gefunden, die so viele Kandidaten prüft wie die kalifornische Winkerkrabbe", erklärt Catherine de Rivera von der Universität von Kalifornien in San Diego, die die Studie gemeinsam mit Kollegen durchführte. Diese Krabbendamen prüfen männliche Bewerber und ihre Junggesellenwohnungen im Durchschnitt 23 Mal, bis sie sich letztendlich entscheiden. Eine Krabbendame besuchte sogar 106 Höhlen und brauchte dazu insgesamt mehr als eine Stunde.

Männliche Winkerkrabben locken zunächst die Frauen an, indem sie vor ihren Höhlen stehen und ihre vergrößerten Scheren schwenken – „wie ein Mensch, der ‚komm her' winkt", erklärt deRivera. Interessierte Damen begutachten zunächst den Mann hinsichtlich seiner Körperausstattung und bei Gefallen betreten sie ganz oder nur teilweise die Höhle zu einer „Inspektion".

Wenn Frau Krabbe einen passenden Partner mit ansprechender Immobilie gefunden hat, verschließen sie oder der Auserwählte die Öffnung der Höhle. Beide lieben sich und bebrüten die befruchteten Eier. Aus diesen schlüpfen anschließend die Larven, die mit der nächtlichen Gezeitenströmung hinaus ins Meer gespült werden. So romantisch. [25]

Winkerkrabben betreiben Schul-Trigonometrie – Sie berechnen Wege

Michael Walls und John Layne von der Universität von Cincinnati in Ohio (USA) haben herausgefunden, dass Winkerkrabben Trigonometrie beherrschen, also den Umgang mit Winkeln und Längen in Dreiecken. Demnach erkennen die Krebstiere, wie weit ein künstliches Hindernis den Rückweg zu ihrer Wohnhöhle verlängert - und korrigieren ihren Weg entsprechend.

Die Forscher hockten sich zunächst an der Küste des US-Staates North Carolina lange in den Schlick und warteten, dass die Krebse ihre Höhle verließen. Sobald die vorsichtigen Tiere auf einer im Schlick verborgenen Plane standen, zog das Team vorsichtig an einer verborgenen Schnur und entfernte die Tiere damit sachte von ihrem Zuhause. Daraufhin rannten die Krebse los und legten dabei in der genau passenden Richtung auf ebener Fläche genau die nötige Entfernung bis zum kaum erkennbaren Höhleneingang zurück. Nun errichteten die Forscher einen Berg aus einer mit Sand beklebten, aufblasbaren Plastikblase, die Walls und Layne auf Wunsch genau zwischen der Krabbe und ihrer Behausung aufpusteten. Die Krabben zeigten sich schlauer als von den US-Forschern gedacht: Die Krebse erkannten genau, wie lang der Umweg über das Hindernis war, korrigierten ihre interne Karte um diesen Betrag und stoppten wieder genau vor ihrem Loch im Schlick.

Offenbar messen die Tiere Geschwindigkeit und die Neigung ihres Körpers, wenn sie den künstlichen Berg herauf und wieder herab rennen. Daraus ermitteln sie die Position in Bezug auf den Horizont und damit den nötigen Verlängerungsfaktor. „Sie treiben Schul-Trigonometrie", urteilt Layne. [26]

Einsiedlerkrebse
nutzen social networking

Einsiedlerkrebse gelten als Einzelgänger. Sie besitzen keinen festen Panzer und sind daher auf "Fremdgehäuse" angewiesen. Mit ihrem weichen, ungeschützten Rumpf wären sie sonst leichte Beute. Im Laufe ihres Lebens müssen die Einsiedler immer wieder nach neuen Häusern suchen, in denen sie ihren wachsenden Körper unterbringen können, meist leere Schneckenschalen.

Oft jedoch gibt es nicht genügend geeignete Behausungen für alle Anwärter, die Konkurrenz ist entsprechend groß. „Ich habe schon Einsiedler gesehen, die in Flaschenverschlüssen oder sogar den Kappen von Stiften herumliefen", erklärt Sara Lewis, Professorin für Biologie an der Tufts-Universität. Wie also stellen es die Krebse an, trotz Konkurrenz an ihre schützenden Häuser zu gelangen?

In vielen Fällen bildet sich an einer geeigneten Schale eine so genannte „synchrone Vakanz-Kette": Die Krebse versammeln sich um die Schale und reihen sich schließlich der Größe nach auf, der größte Krebs am nächsten an der leeren Schale. Sobald dieser seine alte Schale abwirft und die neue bezieht, greift sich der nächste in der Reihe die gerade freigewordene alte Schale seines Vorgängers und tauscht nun seinerseits die Hüllen. Dieses Verhalten setzt sich durch die gesamte Reihe fort, bis am Ende alle Einsiedlerkrebse ein neues Haus besitzen. Dabei entern die Krebse trotz Konkurrenz und vermeintlichem Einzelgängertum keineswegs die erstbeste Schale, sondern bevorzugen den sozialen Ringtausch. Wenn ein Einsiedlerkrebs auf eine leere Schale stößt, die eigentlich zu groß für ihn ist, nimmt er sie nicht als Gehäuse an, geht aber auch nicht weg. Stattdessen postiert er sich in ihrer unmittelbaren Nähe und wartet auf eine Gelegenheit, sie einem Artgenossen zu übergeben, dem sie optimal passt. [27]

Mit Dir werd´ ich fertig: Einsiedlerkrebse wissen, wann sich zu kämpfen lohnt

Einsiedlerkrebse wägen ihr Kampfverhalten ab, wenn sie von Artgenossen angegriffen werden. Falls es ihnen günstig erscheint, verhalten sie sich dabei entgegen jede Gewohnheit, wie Forscher um Robert Elwood von der Königlichen Universität in Belfast herausgefunden haben.

Die Wissenschaftler statteten kleinere Einsiedlerkrebse (Pagurus bernhardus) mit sandigen Schalen der Stumpfen Strandschnecke (Littorina obtusata) aus, eine Kontrollgruppe erhielt saubere Gehäuse. Dann brachten die Forscher die Krebse zusammen.

Normalerweise versuchen diese, ihre eigenen Gehäuse zu verteidigen und die anderer Artgenossen zu erobern, falls diese begehrenswerter erscheinen. Doch bei den Kämpfen waren alle Einsiedlerkrebse mit sandigen Schalen bestrebt, ihr schmutziges Gehäuse los zu werden. Sie griffen beispielsweise wesentlich aggressiver an, befanden sie sich dagegen in der Rolle des Verteidigers, verzichteten sie oft darauf, ihre geringe Körpergröße vor größeren Angreifern zu verbergen.

Offensichtlich hofften die defensiven Einsiedlerkrebse, das Schneckenhaus ihres Gegners nach dessen Sieg übernehmen zu können – falls dieser sein Gehäuse tatsächlich wechseln sollte. Gegenüber ihren Rivalen hatten die Krebse mit den sandigen Schalen nämlich eine Information voraus: Für ihre Artgenossen war es nicht einsichtig, dass die Krebse in verschmutzten Schalen lebten. Dass ihre Rivalen nichts von den verschmutzten Schalen wussten, machte sich Pagurus bernhardus demnach gezielt zu Nutze. Die Untersuchung liefert damit ein weiteres Beispiel für die Auswirkungen ungleicher Hintergrundinformationen bei Kampfhandlungen. [28]

Einsiedlerkrebse sind Charakterschädel

In Versuchen mit Einsiedlerkrebsen konnten der Meeresbiologe Mark Briffa und seine Mitarbeiter von der Universität Plymouth in Südengland erstmals Hinweise auf Persönlichkeiten bei Einsiedlerkrebsen feststellen.

Die Wissenschaftler hatten die kleinen Schalentiere an drei verschiedenen britischen Stränden einem Verhaltenstest unterzogen: Die Tiere, die in der Regel leere Schneckenhäuser bewohnen, wurden kurz aus dem Wasser gehoben und durch den imitierten Angriff eines Vogels erschreckt, sodass sie sich in ihren schützenden Kalkbau zurückzogen. Dann legten die Forscher die Krebse zurück auf den Sand und maßen die Zeit, bis diese sich wieder hervorwagten. Im Labor wurden die Tierchen nach einigen Tagen erneut dem Test unterzogen.

Bestimmte Krebse brauchten weniger Zeit, um sich nach einer Schrecksituation wieder aus ihrem Versteck zu wagen als andere, eher schüchterne Artgenossen. Diese Eigenschaften behielten die Tiere auch in unterschiedlichen Situationen bei – zum Beispiel dann, wenn Feinde im Anmarsch waren. Die Wissenschaftler legten die Einsiedlerkrebse in Wasser, das chemische Spuren einer feindlichen Krebsart enthielt. Grundsätzlich verhielten sich in dieser Situation alle Tiere vorsichtiger. Trotzdem brauchten die Mutigen unter ihnen weniger Zeit, ihr Haus zu verlassen als ihre zurückhaltenderen Artgenossen. [29]

Der freie Wille der Fruchtfliegen

Klein, aber oho: Selbst die stecknadelkopfkleinen Fliegen-Gehirne sind mehr als reine Input-Output-Systeme. Hamburger Forscher haben herausgefunden, dass Fruchtfliegen in der Lage sind, spontane Entscheidungen zu treffen, denen kein einfacher Ursache-Wirkungs-Mechanismus zu Grunde liegt.

Forscher um Björn Brembs von der Freien Universität Berlin zeichneten jeweils eine halbe Stunde lang die Flugmanöver von insgesamt 40 Fruchtfliegen auf. Dazu hatten sie die winzigen Fliegen in weißen Boxen an dünnen Fäden aufgehängt, damit sie nicht von äußeren Faktoren beeinflusst werden konnten. Die Aufzeichnungen wurden dann mit einem ausgeklügelten Rechenprogramm analysiert.

Statt der erwarteten zufälligen Verteilung ließen die Flugprotokolle eine klare Struktur erkennen. Das Gehirn der Fliegen muss also eine Funktion beinhalten, die es ihnen ermöglicht, spontan und ohne äußere Ursache ihren Flug zu variieren. Die Fruchtfliegen treffen also Entscheidungen aus dem Inneren heraus.

„Tiere und vor allem Insekten werden für gewöhnlich als komplexe Roboter angesehen, die lediglich auf äußere Reize reagieren", so Björn Brembs . Doch das ist offenbar ein Irrtum.

Der nun entdeckte Mechanismus ist wahrscheinlich auch bei anderen Tieren zu finden und kann die Basis dessen sein, was die Menschheit allgemein als „freien Willen" bezeichnet. [30]

Fruchtfliegen beherrschen Selbstmedikation

Fruchtfliegen (Drosophila malanogaster) ernähren sich unter anderem von reifem Obst, das oft bereits in Gärung übergegangen ist und daher Alkohol enthält. Fruchtfliegen sind dabei ziemlich trinkfest, erst bei einem Gehalt von mehr als vier Volumenprozent schadet der berauschende Stoff den Insekten.

Eine Forschergruppe um Todd Schlenke von der Emory University in Atlanta (USA) hat nun herausgefunden, dass Fliegen gezielt Alkohol zu sich nehmen, um innere Schmarotzer zu bekämpfen.

Die Larven der Fliegen sind attraktive Ziele für Schlupfwespen, die ihre Eier in ihnen ablegen. Die geschlüpften Nachkommen essen die Larven von innen heraus auf. Infizierten und nicht infizierten Drosophila-Larven wurde in einer Versuchsreihe Nahrung mit und ohne Alkohol präsentiert. Die Infizierte Larven zogen eindeutig Promille-Nahrung vor. Sie fanden sich in etwa 80 Prozent der Fälle im alkoholischen Bereich der Nahrungsschale. Nicht infizierte Larven suchten diese Speise nur zu etwa 40 Prozent auf. Nicht infizierte Larven suchten diese Speise nur zu etwa 40 Prozent auf. Außerdem überlebten in angetrunkenen Drosophila-Larven weniger Wespenlarven, und die Wespen wurden auch davon abgeschreckt, ihre Eier in den Betrunkenen zu deponieren. „Überraschenderweise suchten infizierte Larven Nahrung mit Ethanol darin, was uns zeigt, dass sie Alkohol als Anti-Wespen-Medizin nutzen", bewertete Schenk das Ergebnis der Studie. [31]

Sie hat mich nicht rangelassen!
Sexuell frustrierte Fliegen betrinken sich

Das ist doch nur im Suff zu ertragen: Forscher um Galit Shohat-Ophir von der University of California (San Francisco/US-Staat Kalifornien) haben herausgefunden, dass sexuell frustrierte Fruchtfliegenmänner Trost im Alkohol suchen, indem sie im Labor Fruchtfliegenmänner mit gerade sexuell befriedigten Frauen zusammenbrachten, die folglich kein Interesse mehr an Sex hatten und die Männer zurückwiesen. Ließen die Wissenschaftler den sexuell frustrierten Fliegen-Männer anschließend die Wahl zwischen normalem und ethanolhaltigem Essen, stürzten sie sich auf die Mahlzeiten mit Alkohol. Sowohl Sex als auch Alkohol erhöht nämlich den Gehalt eines kleinen Moleküls namens Neuropeptid F im Gehirn der Fliegen. Nach dem Sex werde mehr von dem genannten Molekül gebildet, und in der Folge lasse das Verlangen nach Alkohol nach. Bei zurückgewiesenen Fliegen-Männer hingegen sei der Neuropeptid F-Wert sehr niedrig. Die Fliegen erhöhten ihn durch den Verzehr von Alkohol.

Beim Menschen ist das genauso: bei ihnen gibt es ein ganz ähnliches Molekül, das Neuropeptid Y. So verfügen depressive oder traumatisierte Menschen – also Menschen mit Erkrankungen, die häufiger mit Alkohol- und Drogenmissbrauch einhergehen – über geringe Neuropeptid Y-Werte. [32]

Es ist so schön,
wenn der Schmerz nachlässt

Auch für Fliegen ist es schön, wenn der Schmerz nachlässt. Das haben Forscher beobachtet, die Taufliegen leichte Elektroschocks verpasst und davor oder danach einem bestimmten Duft ausgesetzt hatten.

Die Ergebnisse zeigten, dass Fliegen lernen können, den Duftreiz sowohl als Strafe als auch als Belohnung zu empfinden, sagte Bertram Gerber von Biozentrum der Uni Würzburg. Wie Gerber und seine Kollegen Hiromu Tanimoto und Martin Heisenberg im Fachjournal „Nature" berichten, bekamen einigen Fruchtfliegen den Elektroschock direkt nach dem Kontakt mit einem bestimmten Duft. Nach mehreren Versuchen gingen die Fliegen dem Duft aus dem Weg, weil sie sich an die darauffolgende Bestrafung erinnerten.

In einem zweiten Experiment wurde derselbe Duft erst nach dem Schock zugesetzt. Dieser Duft sei dann für Fliegen ein Symbol für die Rettung gewesen. Auch ohne Elektroschock fühlten sich die Tiere von dem Duft angezogen. [33]

Der (Alb)- Traum der Fliegen

In einem winzigen Labor am Neurosciences Institute in La Jolla, Kalifornien, erforschen Ralph Greenspan und Bruno von Swinderen mit den Methoden der Neurobiologie die Intelligenz der Fliegen. Die Tierchen müssen in verstöpselten Reagenzgläsern existieren, eine nahrhafte Paste am Boden hält sie am Leben. Unterm Mikroskop wird dabei den Insekten ein mikrofeiner Draht ins Gehirn gebohrt, der die Erregungsmuster aufzeichnet und die Gedanken der Fliegen via Bildschirm sichtbar macht.

Die Wissenschaftler fanden so heraus, dass Menschen und Insekten ihre Aufmerksamkeit auf dieselbe Weise fokussieren, obwohl ein Fliegengehirn nur 250.000 Nervenzellen beinhaltet, das des Menschen hingegen 100 Milliarden. „Die Anatomie des Fliegenhirns unterscheidet sich grundlegend von der eines Wirbeltiers", meint Greenspan dazu. „Der funktionale Aufbau scheint sich dagegen sehr zu ähneln." Womöglich wurde also das Fundament für Geist bereits beim Wurm angelegt, der der letzte gemeinsame Vorfahre von Mensch und Fliege ist.

Jetzt von Fliegenbewusstsein zu reden gilt allerdings (noch) als Tabubruch. Der Direktor des Neurosciences Institute, der Medizin-Nobelpreisträger Gerald Edelman, mahnt zur Vorsicht: „Im Zusammenhang mit seinen Forschungen das Wort „Bewusstsein" überhaupt nur in den Mund zu nehmen, könnte zu einem drastischen Karriereende führen", meint er.

Bereits 1999 entdeckte Ralph Greenspan, dass bei Fliegen dieselben Gene für den Schlafrhythmus zuständig sind wie beim Menschen. Greenspan und Swinderen hatten herausgefunden, dass die Fliege vor dem Einschlafen mit den Beinen strampelt, was sich aber kaum in der Neuronentätigkeit widerspiegelt. Das Gehirn ist gleichzeitig äußerst rege, nur weiß niemand, was diese Aktivität bedeutet. Greenspan nennt die unruhige Beinarbeit „Rapid Leg Movement" - als Gegenstück zum „Rapid Eye Movement", das Träume beim Menschen begleitet. Träumen Fliegen? „Ausschließen lässt es sich nicht", meint Swinderen. „Nur leider müsste uns eine Fliege das wahrscheinlich selbst sagen, damit wir es glauben. [34]

Ich hab so Angst!

Wissenschaftler des California Institute of Technology haben nachgewiesen, dass Drosophila-Fliegen in einen Zustand geraten können, der analog zu Angst bei Säugetieren sein könnte.

Ein Team um William T. Gibson setzte Drosophila-Fliegen zunächst in eine verschlossene Glasschale, um eine Flucht zu verhindern. Dann ließen die Forscher eine motorbetriebene Scheibe über der Schale kreisen, die immer wieder das Licht über der Schale verdunkelte. Sobald es finster wurde, fühlten sich die Fliegen augenscheinlich unwohl. Sie hüpften umher und bewegten sich schnell.

Um auszuschließen, dass es sich bei dieser Reaktion um eine Ausnahme handelt, veränderten Gibson und seine Kollegen den Versuch mehrmals. Mal setzen sie nur eine einzelne Fliege in die Schale, um zu zeigen, dass die Reaktion kein Schwarmphänomen ist. Mal ließen sie ausgehungerte Fliegen auf dem Essen sitzen und erschreckten sie dann mit dem Schatten.

Je öfter der Schatten vorbei kreiste, desto heftiger war die Reaktion der Fliegen. Das sei ähnlich wie bei einem Menschen, der nach mehreren Schüssen aus einer Waffe mehr Angst verspüre als nach einem einzelnen Schuss. Außerdem waren die Fliegen auch dann noch aufgeschreckt, als sich die verdunkelnde Scheibe schon lange weitergedreht hatte. „Das zeigt uns, dass es sich nicht um einen reinen Fluchtreflex handelt, sondern um eine dauerhafte Erregung", sagt Gibson.

„Wir glauben, dass komplexe Gefühle wie Angst aus ‚primitiven Emotionen' bestehen", erklärt Gibson. Wenn man also nun zeigen könne, dass diese primitiven Emotionen - also die einzelnen Puzzleteile von Gefühlen - alle bei Drosophila existieren, so müssten Fliegen folglich auch etwas empfinden können.

Die Zweifler ließen nicht lange auf sich warten. Vor allem der Vergleich mit der Angst der Menschen bereitet Unbehagen. Der Hohenheimer Insektenforscher Claus Zebitz findet den Vergleich zum Menschen einfach zu stark. Vielleicht fühlten die Insekten gar keine Angst, sondern sich lediglich unwohl, weil es im Schatten kälter ist. Zebitz erklärt: „Insekten versuchen immer im Optimalzustand zu sein, und wenn das nicht der Fall ist, fangen sie halt an, sich zu bewegen."

Dass man angesichts dieser Erkenntnisse auf Insektengefühle Rücksicht nehmen muss, finden beide Forscher (beide Nicht-Fliegen) nicht. Das würde schließlich auch ihrem Interesse, Insekten negative Gefühle zu bereiten, im Wege stehen. [35]

Fliegen planen ihre Flucht im Voraus

Eine Fliege zu erschlagen ist deshalb so schwierig, weil sie - zum Glück - ihren Fluchtplan schon längst im Kopf hat. Wissenschaftler untersuchten nun das Ausweichmanöver von Taufliegen, die durch eine Fliegenklatsche bedroht werden. Im Bruchteil einer Sekunde berechnen sie, aus welcher Richtung eine Bedrohung naht, entscheiden sich für einen Plan und bringen ihre Beine in die optimale Startposition, um in die entgegengesetzte Richtung zu entkommen.

Ein Team von Wissenschaftlern um Michael Dickinson vom California Institute of Technology in Pasadena hat Hochgeschwindigkeitsaufnahmen von fliehenden Fliegen gemacht, die zeigen, wie schnell eine Fliege sensorische Informationen in eine angemessene motorische Reaktion umsetzen kann. Etwa 200 Millisekunden, bevor die Fliege abhebt, plant sie bereits die Flugrichtung. Dies äußert sich in einer komplexen Bewegungsabfolge, bei der die Fliegen ihren Schwerpunkt so zu ihren Beinen ausrichten, dass sie durch ein einfaches Strecken derselben automatisch von der Bedrohung wegbewegt werden. Diese frühen Bewegungen müssen allerdings nicht zwingend mit einem Abflug einhergehen.

Wenn die Fliege die Bewegung plant, berücksichtigt sie ihre Körperposition zu dem Zeitpunkt, an dem sie die Bedrohung wahrnimmt. Sie scheint also irgendwie zu wissen, wie sie sich bewegen muss, um eine angemessene Startposition für den Abflug einnehmen zu können. [36]

Kein Bock auf Sex?
Die Migräne der Libelle

Nicht immer, wenn Männer Lust auf Sex haben, ist auch den Frauen danach. Das ist bei Libellen nicht anders als bei Menschen. Sich mit vorgetäuschten Kopfschmerzen vor dem eingeforderten Geschlechtsverkehr zu drücken ist allerdings nicht so das Ding für die Libelle. Sie haben eine härtere Finte entwickelt. Sie stellen sich tot.

Wie Rassim Khelifa von der Universität Zürich im Fachjournal „Ecology" berichtet, stellen sich, mit männlicher Geilheit konfrontierte, lustlose Torf-Mosaikjungferdamen (Aeshna juncea) noch im Flug tot und stürzen zu Boden. Sobald der zudringliche Mann das Weite gesucht hat, fliegt die Dame weiter, als sei nichts gewesen.

Rassim Khelifa sammelte in den Schweizer Bergen gerade Larven der Torf-Mosaikjungfer, als er mitbekam, wie eine Libellendame, der ein Libellenkerl nachstellte, mitten im Flug bewusstlos zu Boden fiel und dort regungslos auf dem Rücken verharrte. Ihr Verfolger beäugte sie kurz und schwirrte ab. Als er verschwunden war, rappelte sich die bedrängte Libellendame auf und flog davon, als ob nichts gewesen sei.

Um herauszufinden, ob es sich bei dem Schauspiel um eine Ausnahme handelt, legte sich Khelifa auf die Lauer. Insgesamt beobachtete er 31 solcher vermeintlich ungewollten Abstürze von weiblichen Libellen. 27 davon standen eindeutig im Zusammenhang mit zudringlichen Männern. In 21 Fällen hatte die Taktik der weiblichen Torf-Mosaikjungfern Erfolg. Übrigens: Auch die Frauen einer Spinnen-, einer Gottesanbeterinnen- und zwei Fliegenarten wehren mit diesem Trick zudringliche Avancen ab. [37]

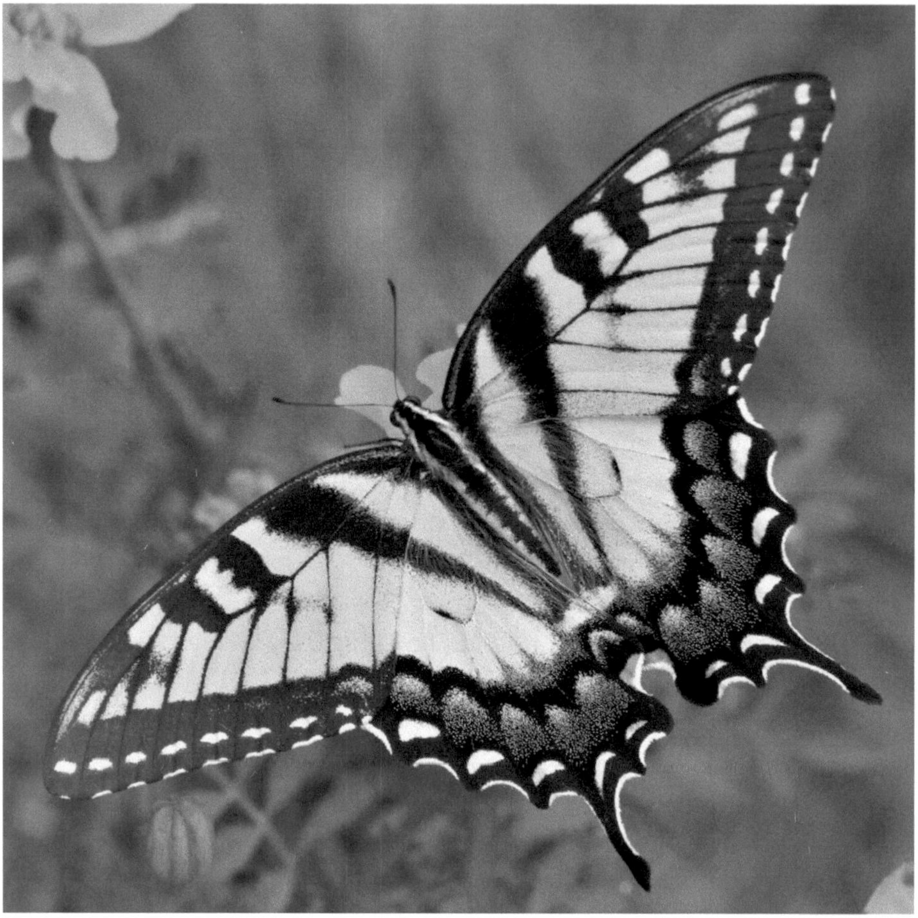

© Tom Hirtreiter / Fotolia

Überaus nachtragend:
Schmetterlinge vergessen nicht

Schmetterlinge können sich an ihr Leben als Raupe erinnern: Schlechte Erfahrungen, die sie als Larve gemacht haben, behalten sie im Gedächtnis. Martha Weiss und ihre Mitarbeiter von der Georgetown University in Washington hatten Larven des Tabakschwärmers (Manduca sexta) zunächst eine Abneigung gegen den Geruch von Ethylacetat antrainiert, einem Lösungsmittel, das stark nach Klebstoff riecht. Dazu setzten sie Tiere, die sich im letzten der insgesamt fünf Verwandlungsstadien von der Larve zum Schmetterling befanden, in einen y-förmigen Apparat. Aus einem der Arme des Ypsilons strömte das Lösungsmittel, aus dem anderen reine Luft. Immer wenn die Larven nun in den mit Lösungsmittel gefüllten Bereich krochen, bekamen sie einen kleinen Stromschlag. Auf diese Weise lernten sie, den Geruch zu meiden.

Nachdem die Larven sich in einen Schmetterling verwandelt hatten, wiederholten die Forscher das Experiment. Es zeigte sich, dass die erwachsenen Tiere den mit Lösungsmittelduft gefüllten Bereich der Versuchsanlage weiterhin mieden – die Tiere hatten also ihre schlechten Erfahrungen nicht vergessen. [38]

Mücken meiden Menschen,
die nach ihnen schlagen

Mücken stechen ihre Opfer nicht wahllos, sondern ziehen bestimmte Menschen vor. Das ist bekannt. In einer neuen Studie haben US-amerikanische Forscher herausgefunden, dass Moskitos sich merken, wenn sich ihre potenziellen Opfer wehren. Sie vermeiden danach den Kontakt mit dem Schläger.

Um mehr über das Verhalten der Tiere zu erfahren, kombinierten die Forscher im Labor bei Gelbfiebermücken die Gerüche bestimmter Menschen mit unangenehmen Erfahrungen. In ihrem Experiment setzten die Biologen um Jeffrey Riffell von der University of Washington in Seattle Mücken in eine Apparatur, in der es – für Mücken – angenehm nach menschlichem Schweiß roch. Die Forscher hatten diesen mithilfe von Nylonmanschetten gesammelt, die Probanden mehrere Stunden lang tragen mussten. Dann wurden die Mücken in einer Art Vibrationsautomaten durchgeschüttelt, was für die Insekten so etwas wie eine Nahtod-Erfahrung ist.

Einen Tag später wurden die Mücken in ein Olfaktometer gesetzt, eine Röhre, die sich Y-förmig verzweigt. Aus einem Arm des Ypsilons strömte Schweißgeruch, aus dem anderen kam ein Duft, auf den Mücken normalerweise nicht reagieren. Die Tiere flogen ohne Zögern in die neutrale Abzweigung. Sie hatten sich gemerkt, dass der leckere Geruch mit traumatischem Gerüttel verbunden ist und mieden ihn. Mücken, die diese Erfahrung nicht gemacht hatten, flogen dagegen stets in Richtung Schweiß.

„Hatten die Mücken die Gerüche und die damit verbundene Vermeidung gelernt, reagierten sie auf diese Düfte ähnlich stark wie auf DEET, eines der wirksamsten Mückenabwehrmittel", wird Riffel in einer Mitteilung des Verlags zitiert. „Darüber hinaus erinnerten sie sich tagelang an die erlernten Gerüche." [39]

Kakerlaken haben Persönlichkeit

Unter den Tieren mit Persönlichkeit befinden sich neuerdings auch Kakerlaken. Wie belgische Forscher herausgefunden haben, spielen individuelle Eigenheiten eine wichtige Rolle dabei, wie schnell und gut sich eine Schabengruppe auf ein Versteck einigen kann.

Bei Schaben gibt es eine basisdemokratische Entscheidungsfindung. Wenn sie vor der Wahl verschiedener, gleich guter Verstecke stehen, wählen die Schaben alle das gleiche und sammeln sich dort. Das bedeutet, dass sich die Schaben in kürzester Zeit auf ein Versteck einigen müssen. Ob und wie diese Gruppen-Beschlüsse möglicherweise durch das Verhalten der Einzeltiere und deren Persönlichkeit beeinflusst werden, haben der Forscher Isaac Planas-Sitjà von der Freien Universität Brüssel und seine Kollegen nun bei Amerikanischen Großschaben (Periplaneta americana) untersucht.

Für ihre Studie setzten die Biologen Gruppen von jeweils 16 männlichen Schaben in eine runde, nach außen hin abgeschirmte Arena mit zwei runde, halbtransparenten Plexiglasscheiben als potenzielle Verstecke, die drei Zentimeter über dem Arenaboden hingen. Sie boten zwei geschützte, halbdunkle Zonen, sobald das Licht der Arena angeschaltet wurde. Dabei zeigte sich, dass einige Schaben immer zu den ersten gehörten, die eines der Verstecke aufsuchten. Andere Tiere warteten dagegen eher ab und folgten erst später der Gruppe in die Schutzzone. Das typische Verhalten der Einzeltiere änderte sich dabei nicht. Die „Schnellstarter" blieben forsch, die vorsichtigen Schaben blieben immer etwas zurückhaltend. Für Planas-Sitjà ist das ein klares Indiz für individuelle Wesenszüge: „Auch Kakerlaken haben Persönlichkeiten."

Und nicht nur das: Die Persönlichkeit der Einzeltiere beeinflusste auch das Verhalten der ganzen Gruppe. Manche einigten sich schnell auf ein Versteck und trafen eine kollektive Entscheidung, bei anderen Gruppen mit stärker kontrastierenden Persönlichkeiten dauerte dies dagegen länger. Irrt sich eine Leitschabe bei der Wahl eines Unterschlupfes, schaltet

sie bereitwillig in den Mitmachmodus um und überlässt anderen die Initiative. [40]

Eine Untersuchung der North Carolina University zeigt zudem, dass Kakerlaken sogar sozial sind. Werden die Frauen von ihren Artgenossen regelmäßig berührt, bekommen sie schneller Nachwuchs als diejenigen in totaler Isolation. Und um den Nachwuchs kümmern sie sich dann liebevoll - denn sie sind auch gute Mütter. [41]

Das Sozialleben der Küchenschabe ist dem des Menschen derart ähnlich, dass es auch für die Verdeutlichung sozialer Prozesse in sozialpsychologischen Fachbüchern herhalten muss. Zum Beispiel lösen Kakerlaken einfache Aufgaben leichter, wenn Gruppenmitglieder anwesend sind. Sind jedoch die Aufgaben komplex, brauchen die kleinen Krabbler in Gesellschaft länger als wenn sie alleine sind. Bei Menschen verhält es sich genauso. [42]

Schaben-Frauen stehen auf Softies

Alice Schwarzer hätte ihre Freude am Liebesleben der Kakerlaken. Die Damen der Grauschaben Nauphoeta cinerea wählen nicht etwa den Partner mit dem höchsten Ansehen oder dem vermeintlich größten Sex-Appeal. Sie bevorzugen vielmehr die grauen Mäuse, die von ihren dominanten Kollegen ständig unterdrückt werden. Wer als Grauschabenmann am unteren Ende der Hackordnung steht, hat also die besten Chancen, beim anderen Geschlecht zum Zuge zu kommen. Wenn sie einen Vater für ihre Kinder suchen, lassen Schabendamen Machos und Aufschneider nämlich gern links liegen.

Es könnte alles so schön sein, aber die herrschenden Schabenmacker setzen alles daran, es nicht so weit kommen lassen und versuchen, die Damen und deren Traummänner auseinander zu halten, um selbst zum Zuge zu kommen. Das Liebesleben der Grauschaben wurde bereits 1997 von Allen Moore an der University of Kentucky in Lexington untersucht, die genauen Hintergründe des merkwürdigen Verhaltens blieben bislang jedoch weitgehend unerforscht. Jetzt allerdings bietet Moore ein neues Erklärungsmodell an. Er geht davon aus, dass sich die Grauschabendamen nicht aus Mitleid, sondern aus reinem Selbstzweck schwächliche Liebhaber aussuchen, um beim schäbigen Liebesspiel keine Verletzungen davonzutragen. Die Macker sind halt immer so grob.

Es ist der Körpergeruch, der den Damen verrät, welche Herren eher zu Aggressivität neigen. Von den Frauen verschmäht, werden die dominanten Kakerlaken allerdings noch aggressiver und reagieren sich an den Schwächlingen in der Kolonie ab. Allerdings kommen dann auch die dominanten Männer zum Zug. „Das Ganze hält sich die Waage", hat Moore herausgefunden. Und noch etwas hat die Schaben-Forscher verblüfft: Schabendamen lassen sich von schwachbrüstigen Herren weniger Söhne als Töchter machen. Vielleicht steckt dahinter die Sorge, selbst zu viele Schwächlinge in die Welt zu setzen. [43]

Es kommt nicht auf die Größe an – Bewusstsein und Intelligenz bei Insekten

Das Hirn einer Honigbiene wiegt nur etwa ein Milligramm und besteht aus weniger als einer Million Nervenzellen. Eine neue Studie britischer Wissenschaftler belegt aber nun, dass Insekten individuelles Bewusstsein und Intelligenz entwickeln können. Anhand einer neuen Computersimulation haben die Forscher um Professor Lars Chittka vom „Queen Mary's Research Centre for Psychology" herausgefunden, dass sich Bewusstsein auch in kleinsten neuralen Schaltkreisen entwickeln kann. Die Berechnungen zeigten, dass alleine die Fähigkeit zum Zählen nur wenige Hundert Nervenzellen benötigt und schon einige Tausend für ein Bewusstsein ausreichen.

„Tiere mit größeren Gehirnen sind nicht notwendigerweise auch intelligenter", erklärt Chittka. „Wir wissen, dass zwar die Körpergröße der beste Weg ist, um auf die Größe des Hirns zu schließen. Aber entgegen der allgemeinen Annahme können wir anhand der Hirngröße nichts über die Möglichkeit intelligenten Verhaltens aussagen." In größeren Hirnen fände sich meist kein höherer Grad an Komplexität, sondern lediglich eine endlose Wiederholung der immer gleichen neuralen Schaltkreise. Dies könne zwar dazu beitragen, sich Bilder und Klänge besser merken zu können, stelle jedoch keinen höheren Komplexitätsgrad dar. „Um es mit einer Analogie aus der Computertechnologie zu sagen, könnte man größere Hirne etwa mit größeren Festplatten, aber nicht zwangsläufig auch mit besseren Prozessoren vergleichen", so Chittka. Es kommt also doch nicht auf die Größe an. [44]

Dich kenne ich schon!
Gesichtsgedächtnis bei Wespen

Wespen haben nicht nur ein gutes Langzeitgedächtnis, sondern verfügen auch über soziale Merkfähigkeit. Sie unterscheiden ihre Artgenossen aufgrund ihres Aussehens und erkennen sie mindestens eine Woche lang wieder: Wer wiedererkannt wird und bei der ersten Begegnung einen guten Eindruck hinterlassen hat, wird respektiert. Kennen sich die Wespen allerdings nicht, kommt es zu aggressiven Reaktionen und heftigen Kämpfen.

Nach einer Auseinandersetzung gewöhnen sich fremde Artgenossen dann doch aneinander und reagieren wie alte Bekannte, wenn sie sich nach Tagen wiedersehen. Für die Forscher um Michael Sheehan von der Universität von Michigan ist das ein Indiz dafür, dass Feldwespen ein sehr gutes Gedächtnis haben und sich an die Erfahrungen mit Artgenossen erinnern. Diese Fähigkeit ist wichtig, denn Wespen teilen ihre Nester und müssen wissen, mit wem sie sich bereits arrangiert haben. Ein wichtiges Ergebnis ihrer Arbeit ist den Wissenschaftlern zufolge die Erkenntnis, dass offenbar bereits relativ einfache Nervensysteme in der Lage sind, komplexe soziale Fähigkeiten auszubilden. [45]

Gute Laune, schlechte Laune – Hummeln haben Emotionen und Stimmungen

Hummeln sind offenbar in der Lage, Emotionen zu empfinden. In Versuchen haben Clint Perry und Kollegen von der Queen Mary University in London bei Hummeln in Folge von Futterbelohnungen körperliche Veränderungen festgestellt. Auch Verhaltensänderungen konnten beobachtet werden. "Es hat fast den Anschein als erleben die Insekten so etwas wie Freude – ein Zustand, der die Tiere optimistischer erscheinen lässt", erklärten die Forscher.

Sie trainierten 24 Hummeln, einen bestimmten Ort und Farben im Labor mit Zylindern zu assoziieren, die entweder mit Zuckerwasser oder mit normalem Wasser gefüllt waren. Danach verschlossen sie die Zylinder und gaben einem Teil der Hummeln einen Tropfen Zuckerwasser. Dann untersuchten die Forscher, wie lange es dauerte, bis die gefütterten Hummeln einen separaten, offenen Zylinder anflogen. Dieser war genau zwischen den beiden zuvor geschlossenen und den Tieren bekannten Zylindern positioniert und mit einer Zwischenfarbe markiert. Somit war es für die zuvor auf eindeutige Farben trainierten Hummeln schwieriger zu erkennen, ob sich dahinter Wasser, Zuckerwasser oder gar keine Belohnung befand.

Jene Hummeln, die zuvor schon den positiven Zuckerschock bekommen hatten, waren schneller in der Lage, den mittleren Zylinder anzufliegen als jene Tiere, die kein Zuckerwasser verabreicht bekommen hatten. „Es scheint also, als ob die erste Gruppe eine optimistischere Einstellung gegenüber der Möglichkeit hatte, dass sich auch hinter dem unbekannten Zylinder eine Belohnung befinden könnte", so die Forscher.

Daraufhin untersuchten die Forscher, ob die Zucker-Belohnung den Hummeln auch bei der Bewältigung negativer Erlebnisse helfen kann. Sie setzten die Tiere einem inszenierten Angriff eines Räubers – etwa einer Spinne – aus, dessen Angriff Hummeln meist nach kurzem Kampf überstehen. Jene Tiere, die zuvor die Zuckerwasser-Belohnung erhalten hatten, flogen nach dem gestellten Angriff bis zu vier Mal schneller zum Futterzylinder als diejenigen ohne diese Belohnung.

Unter Einfluss eines Medikaments hingegen, das die Ausschüttung von Dopamin unterdrückt (das beim Menschen mit dem Belohnungsempfinden in Zusammenhang steht), zeigten die Hummeln den gegenteiligen Effekt. "Das alles legt nahe, dass auch Hummeln Verhaltensweisen zeigen, die für gewöhnlich mit Gefühlen assoziiert werden", so Perry. [46]

Bienen denken abstrakt

Bienen sind nicht nur fleißig, wie die Redensart behauptet, sondern obendrein auch klüger als bisher angenommen. In Verhaltensexperimenten zeigten die Insekten die Fähigkeit, so abstrakt zu denken, wie es Forscher bisher nur Wirbeltieren zugetraut hatten.

Sie können die Kategorien „gleich" und „anders" unterscheiden und sich danach richten. Das berichten Wissenschaftler der Freien Universität Berlin, der Universität Paul Sabatier im französischen Toulouse und der Australian National University, Canberra, im britischen Fachjournal „Nature".

Längst ist bekannt, dass Bienen lernen, auf eine bestimmte Farbe zuzusteuern, wenn sie dort mit Zuckerwasser belohnt werden. In den neuen Versuchen flogen die Insekten durch eine Y-förmige Röhre, an deren Eingang sie ein Farbsignal passierten. An der Verzweigungsstelle war ein Gang mit derselben Farbe markiert, der zweite andersfarbig. Rasch begriffen die Tiere, dass Zuckerwasser stets am Ende der Röhre auf sie wartete, welche die gleiche Farbe trug wie der Eingang. Auch bei einer neuen Farbkombination folgten sie dem erlernten Schema.

Wurden die so trainierten Bienen danach mit grafischen Mustern statt mit Farbklecksen konfrontiert, etwa einer Auswahl zwischen senkrechten und waagerechten Streifen, konnten viele die gelernte Lektion mühelos auf die neue Situation übertragen. Und auch auf Gerüche konnten sie das einmal Gelernte anwenden: Sie folgten dem Duft, den sie am Eingang wahrgenommen hatten. Diese Versuche widersprechen bisherigen Annahmen, dass nur Primaten in den Kategorien „gleich" und „verschieden" denken können. [47]

Hummeln –
flexibel und zielorientiert

Das Gehirn von Hummeln ist winzig klein und anders aufgebaut als das von Säugetieren. Olli Loukola von der Queen Mary University in London wies in einer neuen Studie nach, dass sie trotzdem alles andere als dumm sind. Sie lernen, können komplexe Probleme lösen und sind in der Lage, ihre Strategien zu ändern.

„Uns hat interessiert, ob Hummeln eine Aufgabe lösen können, der sie im Lauf der Evolution nie begegnet sind", erklärte Loukola seine Studie. Die Hummeln sollten zunächst einen kleinen gelben Ball in ein Ziel in der Mitte einer Scheibe bewegen. Wenn sie es innerhalb von fünf Minuten nicht schafften, wurde ihnen mittels einer Hummelattrappe gezeigt, was sie machen sollten. Die Hummeln beobachteten das Geschehen und lernten nach ein paar Vorführungen, wie sie an die Belohnung kamen. Mit der Zeit erledigten sie ihre Aufgabe immer effizienter.

In der nächsten Stufe des Experiments wurden drei kleine Bälle über die Scheibe verteilt: einer lag am Rand, einer in der Nähe der Mitte und ein dritter irgendwo dazwischen. Einen dieser Bälle sollten die Hummeln ins Zentrum bewegen - das Ziel, an dem es Zuckerwasser gab. Die erste Hummelgruppe durfte dreimal beobachten, wie ein trainierter Artgenosse den am Rand der Scheibe liegenden Ball ins Zentrum manövrierte. Sie begriffen schnell, was sie tun sollten. Allerdings übernahmen sie nicht ‚blind' das Verhalten des Lehrers. Vielmehr suchten sie sich den Ball aus, dem der dem Ziel am nächsten lag, den leichtesten also.

Außerdem änderten viele der Hummel-Probanden überraschenderweise ihre Technik: Während ihr Lehrer den Ball geschoben hatte, drehten sie sich um und zogen ihn ins Ziel. [48]

Wie mach´ ich das?
Hummeln lösen Probleme

Auch Tiere mit winzig kleinen Gehirnen sind zum Werkzeuggebrauch und zu sozialem Lernen fähig. In mehreren Experimenten konnten Forscher um Lars Chittka von der Queen Mary Universität in London nun Hummeln beibringen, an einer Schnur zu ziehen, um damit an eine künstliche Blüte heranzukommen.

Als Blütenersatz diente eine blaue Scheibe. In der Vorbereitung hatten alle Hummeln bereits gelernt, dass es sich lohnt, diesen blauen Blütenersatz anzufliegen – denn darauf befand sich leckeres Zuckerwasser. Doch im Experiment war die Scheibe von Plexiglas bedeckt, so dass die Hummeln nicht an sie herankamen. Es sei denn, sie zogen an einer Schnur, die an der Scheibe befestigt war und mit deren Hilfe die Scheibe unter dem Plexiglas hervorgeholt werden konnte.

Im ersten Versuch scheiterten alle Hummeln. 110 Hummeln bekamen die Chance auf einen zweiten Versuch. Immerhin: Zwei, offenbar besonders innovative und kreative, Hummeln schafften es. Mit ein wenig Training gelang es dann deutlich mehr Hummeln, den Mechanismus zu durchschauen. Dafür wurde die blaue Scheibe immer ein Stückchen weiter unter die Plexiglasscheibe geschoben, bis sie unerreichbar wurde. Während dieses Prozesses merkten die Hummeln, dass die Schnur ihnen nützlich sein konnte. Dieses Wissen kam aber nicht nur ihnen zugute.

In weiteren Experimenten durften untrainierte Hummeln die bereits ausgebildeten Artgenossen beobachten. Sie wussten zwar nicht automatisch, wie sie an der Schnur ziehen mussten, aber hatten bereits durchschaut, dass die Schnur eine entscheidende Rolle auf dem Weg zum Zuckerwasser spielt. So verbreitete sich das Wissen unter dem Hummeln immer weiter – und Lehrlinge wurden zu Lehrern. Die Hummeln bildeten recht schnell eine Hummelschule. Auch als die ersten ausgebildeten Hummeln die Gruppe verließen, ging das Wissen nicht verloren. [49]

Bienen können zählen:
Eins, zwei, drei, vier, viele

Bienen können, was man bisher nur Wirbeltieren zugetraut hat: zählen. Das haben Versuche von Würzburger Bienenforschern um Jürgen Tautz ergeben.

Um an ihr Essen zu gelangen, muss eine Biene sich in der Versuchsanordnung entscheiden, durch welche von zwei Plastikröhren sie fliegt. In der einfachsten Schwierigkeitsstufe steht am Eingang der einen Röhre ein Schild, auf dem ein Objekt abgebildet ist; am Eingang der anderen Röhre befindet sich eines mit zwei Objekten. Stellten die Forscher das Futter nun immer wieder hinter den Plastiktunnel, der mit zwei Objekten gekennzeichnet war, lernten die Bienen schnell, diesen Weg auszusuchen. Dabei variierten die Wissenschaftler Art und Größe der Objekte, um auszuschließen, dass sich die Bienen an anderen Merkmalen als der Anzahl der Objekte orientierten. Unabhängig davon flogen die Bienen aber hartnäckig die Röhre mit den zwei Objekten an. Auch der nächste und übernächste Schwierigkeitsgrad fiel den Insekten leicht: Bis zu vier Objekte erfassten sie mühelos. Erst als eine Röhre mit fünf Symbolen gekennzeichnet war, verloren sie den Überblick. [50]

Sprachbarrieren:
Kein Ding für Bienen

Völkerverständigung klappt auch bei Bienen. Prof. Jürgen Tautz von der Universität Würzburg und Forscher aus Australien und China wiesen nach, dass Bienen „Fremdsprachen" lernen können. Asiatische Honigbienen können innerhalb weniger Wochen die tänzerische Sprache ihrer weit entfernten europäischen Verwandten erlernen.

In einem Experiment setzten die Forscher zwei weit entfernte Bienenarten aus Europa und Asien in einen Stock. Ihr Schwänzeltanz unterschied sich zuvor beispielsweise in der Tanzdauer, mit der Bienen die Entfernung zur Futterquelle anzeigen. Doch die Asiatischen Honigbienen konnten nach einiger Zeit den Tanz ihrer europäischen Stockgenossen korrekt deuten.

Allerdings hing der Erfolg der Völkerverständigung von der Staatschefin ab. Bei einer asiatischen Königin mit einem europäisch-asiatischen Volk von Arbeiterinnen klappte die Verständigung in den meisten Fällen. Kam die Königin dagegen aus Europa, wurden die asiatischen Arbeiterinnen innerhalb von zwei bis drei Tagen von den europäischen Stockgenossen getötet. [51]

Rechenkünstler:
Ameisen können zählen

Auch Ameisen können zählen - und zwar nicht nur bis drei. In einem Experiment stellte sich heraus, dass Wüstenameisen sich anhand ihrer Schrittzahl orientieren. Die Tiere sind Meister der Orientierung. Ihre Wege führen oft mehr als hundert Meter weit über strukturloses Wüstengelände, um dann geradlinig auf dem kürzesten Weg zu ihrem Ausgangspunkt zurückzukehren. Auf menschliche Dimensionen übertragen hieße dies, nach 50 Kilometern Hin- und Herlaufen in der Wüste ohne technische Hilfsmittel in Sekundenschnelle die Richtung und Entfernung zum Startpunkt angeben zu können.

Schon lange ist bekannt, dass den Krabbeltieren das polarisierte Sonnenlicht als Kompass dient. Außer der Himmelsrichtung bedarf es zur Orientierung aber auch einer Vorstellung von der zurückgelegten Entfernung.

Matthias Wittlinger von der Universität Ulm und seine Kollegen veränderten in einem Experiment die Beinlänge der Tiere: Einigen Ameisen wurden die Beine mit Schweineborsten verlängert, anderen wurden einige Beinsegmente amputiert.

Als die Wüstenameisen nun von der Futterquelle zu ihrem Nest zurückkehrten, liefen die Tiere mit verlängerten Beinen zu weit, da sie nun größere Schritte machten. Die Ameisen mit den Stummelbeinen hingegen konnten nun nicht mehr so große Schritte machen und begannen daher zu früh, ihr Nest zu suchen.

Im Wissenschaftsmagazin „Science" folgern Wittlinger und seine Kollegen: Die Tiere haben die Schritte während des Hinwegs gezählt und laufen beim Rückweg dieselbe Anzahl in entgegengesetzter Richtung. Wenn ihr innerer Zähler auf Null steht, wähnen sie sich am Ausgangspunkt. Die Frage, inwiefern die Verstümmelungen der Tiere durch den Umstand gerechtfertigt sein sollen, dass diese zählen können, wird von den Forschern leider nicht beantwortet. [52]

Ameisen helfen ihren betrunkenen Stammeskollegen – aber nur denen

Das überaus menschliche Wesen der Ameise zeigt sich auch im Umgang mit ihren Trunkenbolden. Das fand der britische Forscher John Lubbock heraus. Für seine Untersuchung sorgte er zunächst dafür, dass sich 93 Ameisen einen ordentlichen Rausch antranken. Die Hälfte dieser betrunkenen Ameisen kam aus einem Bau, der Rest waren „Fremde". Dann beobachtete Lubbock, wie sich die nüchternen Ameisen aus dem Bau gegenüber den Trunkenbolden verhielten. Gehörten diese zur Familie, wurden sie fürsorglich in den Bau getragen und durften dort ihren Rausch ausschlafen. Die meisten fremden Betrunkenen jedoch wurden von den nüchternen Ameisen einfach in einen nahe gelegenen Graben geworfen. Ameisen können offenkundig sehr gut zwischen befreundeten und fremden Artgenossen unterscheiden. [53]

Ameisen lernen und lehren wechselseitig

Die Weitergabe von Wissen ist unter Tieren weit verbreitet. Viele Arten bringen dem Nachwuchs lebenswichtige Verhaltensweisen bei. Sogenanntes bidirektionales Lernen aber - die wechselseitige Kommunikation zwischen Lehrer und Schüler - vermuteten Biologen bisher nur beim Menschen. Pustekuchen.

Experimente der britischen Biologen Nigel Franks und Tom Richardson von der University of Bristol haben nun ergeben, dass das bei Ameisen genauso abläuft. Sie bringen sich gegenseitig Dinge wie etwa die Nahrungssuche bei. Und das geht so:

Zeigt eine Schmalbrust-Ameise der Art Temnothorax albipennis einer Artgenossin bei der Nahrungssuche den richtigen Weg, passt sie ihre Laufgeschwindigkeit dem Tempo ihrer Nachfolgerin an. Doch auch die Geführte orientiert sich am Tempo ihrer Führerin. Während des gemeinsamen Marsches klopft die hintere Ameise ihrer Anführerin mit den Fühlern auf Bauch und Beine, um ihre Anwesenheit zu signalisieren. Es stellte sich heraus, dass die erfahrene Ameise mit Schülerin viermal länger für die Nahrungssuche braucht als allein. Die Ameisen-Schülerin hingegen profitiert der Studie zufolge von ihrem Unterricht, da sie den Weg mit Unterstützung ihrer Lehrerin deutlich schneller bewältigen kann.

Offenkundig gehen beide Ameisen aufeinander ein. Entstand eine Lücke zwischen Lehrerin und Schülerin, so beeilte sich die Schülerin, um schnell aufschließen zu können. Die Lehrerin hingegen verlangsamte ihr Tempo und wartete, bis sie wieder das Klopfen ihrer Verfolgerin spürte. [54]

Arbeitsscheu im Ameisenstaat

Von wegen fleißig wie eine Ameise. Viele Mitglieder im Ameisenstaat lassen es entspannt angehen. Im Ameisenbau scheint es wie in der menschlichen Arbeitswelt zuzugehen. Während eine Minderheit ohne Pause schuftet, machen erstaunlich viele Tiere in der gleichen Zeit gar nichts.

Soziale Insekten genießen einen Ruf als tadellose Arbeitnehmer. Bienen sind fleißig, Ameisen emsig, und auch Termiten oder Wespen gelten als ausgesprochene Malocher. Doch unsere Vorstellung von der Arbeitswut dieser Tiere ist, milde ausgedrückt, übertrieben. Die Entomologen Daniel Charbonneau und Anna Dornhaus von der University of Arizona in Tucson haben nämlich festgestellt, dass ein Viertel der Mitglieder einer Ameisenkolonie den Tag mit Nichtstun verbringt.

Um die Individuen zu unterscheiden, wurden zunächst die einzelnen Tiere markiert und über einen längeren Zeitraum mit speziellen Kameras beobachtet. Auf diese Weise erstellten die Wissenschaftler einen Ameisen-Schichtplan. Dieser ergab, dass 2,6 Prozent der ausgewählten Individuen ohne Unterlass schufteten. Sie kümmerten sich um die Kinder, schafften Essen herbei oder besserten den Bau aus. Etwas mehr als 25 Prozent der Ameisen trugen hingegen nichts zum Gemeinschaftswerk bei. Sie lungerten nur faul herum und taten nichts. Und fast drei Viertel der Ameisen (72,6 Prozent) lümmelten während mehr als der Hälfte des Beobachtungszeitraums ohne Beschäftigung im Ameisenbau herum.

Die faulen Tiere geben der Wissenschaft Rätsel auf. Warum machen sie nichts? Wie können es sich die Kolonien leisten, so viele faule Mitglieder mitzuziehen? Theorien gibt es eine Menge: Gibt es in der Persönlichkeitsentwicklung eine Spezialisierung zum Müßiggänger? Sind die Faulpelze gar Futterreserve für schlechte Zeiten? Sind sie eine Arbeitsbrigade auf Abruf? Sind sie etwas schon in Rente oder fallen sie noch unter den Jugendschutz? Man weiß es nicht. Charbonneau und Dornhaus sind jedenfalls keine faulen Ameisen. Sie wollen die Gründe nun weiter erforschen. [55]

Die Landwirtschafter

Vor mehr als 50 Millionen Jahren und damit lange, lange vor den Menschen hat eine kleine Ameise die Landwirtschaft für sich entdeckt. Si erfand die Pilzzucht. Mehr als 15 Jahre verbrachten der Entomologe Ted Schulz vom Smithsonian National Museum of Natural History in den USA und sein Kollege Sean Brady nun damit, 91 Ameisenarten, darunter 65 Pilzzüchter, zu analysieren und zu vergleichen und daraus einen Stammbaum der Bauern zu erstellen.

In den letzten 25 Millionen Jahren haben sich demnach vier verschiedene, spezialisierte Arten von Landwirtschaft betreibenden Ameisen entwickelt. Eine davon ist die bekannte Blattschneider-Ameise. Diese Tiere schneiden und sammeln Blattstücke – nicht um sie zu essen, sondern um sie in ihren Pilzgärten als Pilznahrung einzusetzen. Jede der „Bauern-Ameisen" hat dabei ihre eigene spezialisierte Pilzzucht. Vor rund 20 Millionen Jahren entdeckte eine Ameisengruppe die „höhere Landwirtschaft": Sie kultivierten ihre Pilze so, dass diese spezielle Früchte produzierten, die die Ameisen ernten und als Nahrung nutzen konnten.

Die Pilze in tropischen Ameisengärten gedeihen bei etwa 25 Grad Celsius am besten, doch längere Perioden unter zehn Grad vertragen sie nicht. Die am weitesten nördlich lebenden Blattschneiderameisen der Art Atta texana, die in Texas und Louisiana vorkommen, müssen mit solchen Kälteeinbrüchen rechnen. Aber sie werden mit dem Problem fertig. Alexander Mikheyev vom Okinawa Institute of Science & Technology in Japan hat beobachtet, dass die Tiere ihre Pilze in Kammern dicht unter der Bodenoberfläche züchten. Wenn es dort aber zu kalt wird, schaffen sie ihre Kulturen einfach in tiefer gelegene Räume. Außerdem scheinen die texanischen Blattschneider besonders robuste Pilzlinien gezüchtet zu haben. Alexander Mikheyev fühlt sich da an menschliche Landwirte erinnert, die ihre Nutzpflanzen im Laufe der Geschichte auch an verschiedene Klimazonen anpassen mussten: „Wie ähnlich die Landwirtschaft von Ameisen und Menschen funktioniert, verblüfft uns immer wieder." [56]

Der Sklavenstaat der Ameisen

Ameisen haben vor den Menschen die Landwirtschaft entdeckt – aber auch die Sklaverei. Ameisen, die andere Ameisenarten versklaven, sind gar nicht so selten. Die Forscher kennen über 200 Arten bei denen das vorkommt.

Meistens spielt sich das Drama in Kleingemeinschaften ab, die oft nur ein paar Dutzend Arbeiterinnen umfassen. In diese kleinen Gemeinschaften schleicht sich die Sklavenhalterkönigin ein, vernichtet oder vertreibt alle Erwachsenen und lässt nur die Brut am Leben. Sie ist schwer bewaffnet, ihre Mundwerkzeuge, die Mandibeln, gleichen einem Säbel oder einer Zange. Damit kneift sie den hilflosen Opfern Beine und Fühler ab. Alle, die sie nicht direkt niedermachen kann, bespritzt sie mit einem Duftstoff aus ihrer Dufour-Drüse.

Düfte sind die Befehlssprache der Ameisen, denen die Arbeiterinnen gehorsam folgen. Normalerweise ermöglicht dies ein reibungsloses Soziallleben, doch der Duft der fremden Königin wirkt wie ein Computervirus. Einmal mit der chemischen Waffe in Kontakt gekommen, bringen sich die Arbeiterinnen gegenseitig um. Am Ende tötet die eingedrungene Sklavenhalterin die Königin, und bleibt allein mit dem Nachwuchs.

Nun erfolgt die Mind Control nach Ameisenart. Die schlüpfenden Arbeiterinnen werden durch chemische Signale umgepolt, so dass sie der neuen Königin dienen. Ab nun pflegen sie die fremden Eier und füttern die fremden Larven, aus denen neue parasitische Königinnen und Arbeiterinnen entstehen. Manche Sklavenhalterameisen sind nicht einmal mehr in der Lage, sich selbst zu ernähren und müssen zeitlebens gefüttert werden. Für Sklavennachschub schickt die Königin ihre Töchter zum Kidnapping in fremde Nester aus.

Häufig allerdings erkennen die Arbeiterinnen rechtzeitig die drohende Gefahr und ihr Widerstandsgeist erwacht. Sie bemerken, dass etwas an dem fremden Duftbefehl nicht stimmt, und gehen auf den Eindringling los, statt sich gegenseitig umzubringen. In Gegenden, in denen sich viele

Sklavenhalterameisen herumtreiben, sorgen die friedlichen Ameisen vor. Sie bilden (uninteressantere) kleinere Kolonien, verschließen ihre Nesteingänge besser, und sie erzeugen mehr fruchtbare Königinnen und Männer, die ausfliegen, um neue nicht von Sklavenhaltern befallene Gebiete aufzusuchen. [57]

Born to be free: Ameisen-Sklaven rebellieren häufiger als gedacht

Wurde ein Völkchen erst überrumpelt, giert es nach Vergeltung. Die gehirngewaschenen, versklavten Arbeiterinnen wissen offenbar, dass sie in der Hand einer Feindin sind und deren fremde Brut aufziehen. Und das behagt ihnen gar nicht.

So füttern und reinigen die versklavten Brutpflegerinnen den Nachwuchs ihrer Ausbeuter nur bis zu einem bestimmten Punkt. „Wahrscheinlich können die Sklaven zunächst nicht erkennen, dass es sich um die Brut einer anderen Art handelt", vermutet die Evolutionsbiologin Susanne Foitzik von der Gutenberg-Universität Mainz. Das Larvenstadium überleben noch 95% der Sklavenhalterbrut. Sobald sich die Larven allerdings verpuppen, ändert sich die Situation. Die Puppen werden entweder vernachlässigt oder absichtlich getötet, indem sie attackiert und auseinandergerissen werden. Dazu können sich mehrere Sklavinnen auf eine Puppe stürzen, die während der Verpuppung, die hier ohne Kokon erfolgt, bewegungslos und wehrlos ist. „Die versklavten Arbeiterinnen gewinnen daraus keinen direkten Nutzen, weil sie sich nicht fortpflanzen können", erklärt Foitzik. Weil durch den Puppenmord das Wachstum der Sklavenhalterkolonie aber nur sehr schleppend voran geht, können nur sehr wenige Sklavenhalterarbeiterinnen auf Raubzüge geschickt werden. Ihre Sippe bleibt klein und schwach. Das wiederum nutzt den freien Schwestern der versklavten. Familiensolidarität oder Frustabbau? Oder beides? Die Ameisensklavin wird schon wissen, warum sie es tut. [58]

Da geht`s lang! –
Ameisen stellen Wegweiser auf

Für ihren hervorragenden Orientierungssinn sind Ameisen bekannt. Forscher der englischen Universität Sheffield haben nun herausgefunden, dass Ameisen „Wegweiser" aufstellen, um möglichst schnell wieder nach Hause zurückzufinden. Bekannt war bereits, dass sich einige Ameisenarten an der Sonne oder an auffälligen Punkten in der Landschaft orientieren. Viele der Tiere wie die Pharaoameise jedoch hinterlassen auf ihrem Weg Duftstoffe und bilden so ein feinmaschiges Wegenetz, das nur über den Geruch wahrnehmbar ist.

Bislang war unklar, woher die Ameisen an Weggabelungen wissen, welcher Weg der richtige ist. Zunächst wurde angenommen, die von ihnen hinterlassenen Chemikalien seien an bestimmten Stellen jeweils unterschiedlich stark konzentriert. Wie die Forscher nun in Experimenten herausgefunden haben, setzen die Insekten zusätzlich auf Geometrie: Die Wege sind demnach immer in einem bestimmten Winkel zueinander angeordnet, der den Ameisen zeigt: „Hier geht's in die weite Welt" (vom Nest weg) oder „Hier geht's nach Hause." [59]

Ich muss mal!
Ameisen legen sanitäre Anlagen an

Für Ameisen sind Ordnung und Sauberkeit genau wie für Menschen in dicht gedrängten Gemeinschaften eine große Herausforderung. Sie organisieren deshalb ihre teilweise riesigen Wohnbezirke strikt in einzelne Bereiche: Sie haben Kinderzimmer, Gewächshäuser, Vorratskammern und ähnliche Räume. Außerdem halten sie ihr Nest penibel sauber: Abfälle und auch Leichen von Artgenossen und die Überreste der Jagdbeute befördern sie ordentlich nach draußen. Außerdem sterilisieren sie ihren Bau sogar mit Säure.

Nun haben Forscher um Tomer Czaczkes von der Universität Regensburg sanitäre Anlagen in Ameisennestern gefunden. Verräterische braune Flecken in den Nestern hatten die Wissenschaftler inspiriert, der Sache nachzugehen. Und tatsächlich wurden sie fündig. Es handelte sich um Fäkalien der Ameisen. Die Tiere verrichteten ihr Geschäft im Inneren ihres Nestes. Sie halten dort bestimmte Ecken als „stilles Örtchen" frei.

Warum die Ameisen nicht einfach draußen ihre Notdurft verrichten, ist den Wissenschaftler noch nicht klar. „Einzelne Insekten nutzen Fäkalien als Verteidigungswaffe, Baumaterial, Wegmarkierung oder als Dünger für ihre Pflanzen", erklärt Czaczkes. Möglicherweise lagern sie ihre Fäkalien als Rohstoff. „Möglich ist aber natürlich auch, dass die Ameisen einfach keine Lust haben, draußen auf die Toilette zu gehen." [60]

Mit dem sogenannten Spiegeltest wollen Forscher Selbstbewusstsein nachweisen. Dazu bringen sie am Kopf des Probanden eine weiße Markierung an. Wer vor dem Spiegel versucht, diese zu entfernen, hat bestanden. Ameisen bestehen diesen Test. Eine weitere Parallele zu Menschen: Junge Ameisen haben diese Fähigkeit genauso wenig entwickelt wie menschliche Kinder unter 18 Monaten. Quelle: Geo, 7.10.2017

Auch Ameisen schlucken Medikamente

Forscher um Dalial Freitak von der Universität Helsinki sind der Frage nachgegangen, ob auch Ameisen sich selbst mit Medikamenten behandeln können. Sie fütterten Gruppen von schwarzen Ameisen der Art Formica fusca entweder mit verdünntem Honig oder mit einer Honiglösung, die außerdem Wasserstoffperoxid enthielt. Dieses Oxidationsmittel ist für die Ameisen eigentlich gesundheitsschädlich. Für Ameisen mit einer Pilzinfektion hingegen erwies sich das Wasserstoffperoxid als wirksames Gegenmittel, das die Sterblichkeitsrate deutlich reduzierte.

Die Ameisen waren offenbar auch selbst in der Lage, ihren Gesundheitszustand zu erkennen und entsprechend zu reagieren. Boten die Forscher den Insekten nämlich beide Lösungen zugleich an, so aßen die gesunden Ameisen nur die einfache Honiglösung. Mit dem Pilz infizierte Tiere dagegen nahmen auch Wasserstoffperoxid zu sich. Sie hatten dabei sogar ein Gespür für die Dosis, die sie zur Selbstmedikation aufnahmen: Von einer verdünnten Peroxid-Lösung fraßen sie mehr als von einer höher konzentrierten.

Nick Bos von der Universität Helsinki betont, es sei eine erstaunliche Entdeckung, dass Ameisen eine Ahnung von ihrem Gesundheitszustand haben und die Dosierung der Medizin daran anpassen können. Die Wissenschaftler nehmen an, dass wildlebende Ameisen das Oxidationsmittel aus den Leichnamen von Blattläusen oder anderen Ameisen gewinnen können. Unklar sei allerdings noch, wie oder woran die Ameisen überhaupt merken, dass sie krank sind. Der gesunde Menschenverstand sagt dazu: Wohl weil's ihnen halt schlecht geht!? [61]

Disziplin, wenn ich bitten darf!
Ameisen verstehen sich auf Selbstbeherrschung

Ameisen können sich selbst beherrschen und Verlockungen widerstehen. Zu diesem Schluss kamen die Biologen Stephanie Wendt und Tomer Czaczkes der Universität Regensburg, nachdem sie die Fähigkeit der Insekten zur Selbstkontrolle getestet hatten. Die Ameisen sollten zwischen einem qualitativ besseren Essensangebot in 120 Zentimeter Entfernung oder schlechterem Essen in nur 60 Zentimeter Entfernung von der Nestbox entscheiden. 69 Prozent der Schwarzen Wegameisen entschieden sich für das bessere, aber weiter entfernte Essen. Unterschied sich die Qualität des angebotenen Futters hingegen nicht, bevorzugte die überwältigende Mehrheit der Insekten die näher gelegene Nahrung.

Die Autoren der Studie halten ihre Ergebnisse auch deshalb für bemerkenswert, weil viele andere Tiere, denen man größere kognitive Fähigkeiten zutraut, in Versuchen zur Selbstkontrolle oft schlecht abgeschnitten haben. Möglicherweise sei der Versuchsansatz generell zu künstlich und zu wenig auf das Verhalten der Tiere abgestimmt, geben Wendt und Czaczkes zu bedenken.

Schließlich hängt das Überleben vieler Tierarten davon ab, rasch möglichst viel Nahrung essen zu können. Womöglich liegt das Scheitern mancher Spezies an dieser Aufgabe einfach nur an den Wissenschaftlern, die ihren Versuchsobjekten unpassende Aufgaben stellen? [62]

Die beste Wahl –
Ameisen sind kluge Werkzeugnutzer

Lange glaubte man, nur Menschen würden Werkzeuge benutzen. Von wegen. Es wimmelt geradezu von Tierarten, die Hilfsmittel verwenden, um ihre Ziele zu erreichen. Um nahrhafte Flüssigkeiten zu transportieren, benutzen beispielsweise auch manche Ameisen Hilfsmittel.

Forscher um István Maák von der Universität Szeged in Ungarn hatten Ameisen zweier Arten - Aphaenogaster subterranea und A. senilis - ein Honiggemisch und Wasser auf flachen Tellern angeboten. Zudem lagen mögliche Transportmittel bereit: natürliche wie Erdkrümel, Zweige und Nadeln, aber auch kleine Schnipsel von Schwämmen und Papier. Die Ameisen testeten die verschiedenen Möglichkeiten und entschieden sich schließlich für die Transportmittel, die besonders gut funktionierten. Neben Schwämmen verwenden die Insekten demnach auch andere Hilfsmittel wie Papierstreifen, berichtet das Team im Fachmagazin „Animal Behaviour".

Die Ameisen schnappten sich einen der Gegenstände, tunkten ihn in die Flüssigkeit und trugen ihn in ihr Nest, um die Arbeiter dort zu versorgen. A. subterranea bevorzugte kleine Erdkrümel für den Transport verdünnten Honigs und Schwammstücke für puren Honig. Ihre Verwandten, die Ameisen der Art A. senilis, nutzten zunächst alle Hilfsmittel und konzentrierten sich dann zunehmend auf die besonders saugfähigen Papierstücke und Schwämmchen.

Ameisen sind nicht die einzigen Insekten, die Werkzeuge nutzen. Grabwespen zum Beispiel nehmen gern Steinchen zwischen ihre Mandibeln, um nach dem Zugraben ihrer Eikammer den Sand über dem Eingang festzustampfen. [63]

110: Verwundete Ameisen rufen Rettungssanitäter

Afrikanische Matabele-Ameisen sind ein kriegerisches Ameisenvolk. Zwei- bis viermal am Tag starten sie einen Raubzug, überfallen Termiten, töten und verschleppen sie. Zurückgekehrt ins Nest verzehren sie die Toten.

Dabei gibt es nicht nur unter den Termiten viele Opfer. Wenn sich die Termiten wehren, werden auch die Ameisen verletzt. Zum Beispiel beißen die Termiten ihnen im Todeskampf die Beine ab.

Die Würzburger Forscher Erik T. Frank, Marten Wehrhahn und Karl Eduard Linsenmair haben die Matabele-Ameisen genauer beobachtet und erstaunliches festgestellt. Wird eine Ameise im Kampf verletzt, setzt sie über Signalstoffe einen Notruf ab und Sanitäterameisen eilen unverzüglich zu Hilfe. Sie schleppen die Verletzten zurück ins Nest und behandeln dort deren offene Wunden, indem sie diese intensiv lecken. „Wir vermuten, dass sie auf diese Weise die Wunde säubern und mit dem Speichel eventuell sogar antimikrobielle Substanzen auftragen, um die Gefahr von Infektionen mit Pilzen oder Bakterien zu verringern", erklärt Biologe Frank.

Die Sanitäter sind dabei sehr erfolgreich. Nur zehn Prozent der so behandelten Ameisen sterben – unbehandelt sind es 80 Prozent. Wenn eine Matabele-Ameise allerdings merkt, dass sie zu schwer verletzt ist, wehrt sie sich gegen die Sanitäter, zappelt herum und wehrt sich gegen Behandlungsversuche. Dann will sie offenbar nicht mehr gerettet werden. [64]

Wenn Mama Ohrwurm ausgeht, halten die Geschwister zusammen

Familie ist wichtig. Das gilt auch bei Ohrwürmern. Wissenschaftler aus Mainz und Basel haben bei 125 Ohrwurm-Familien untersucht, ob und wie das Essen unter den Geschwistern geteilt wird.

Ohrwürmer, auch Ohrenkneifer genannt, sind echte Familientypen. In der Sprache der Wissenschaftler hört sich das so an: „Wir finden bei Ohrwürmern ein System vor, das dem anfänglichen Zustand eines Familienlebens recht nahe kommt." Ohrwurmfrauen legen im Herbst durchschnittlich 40-45 Eier und überwintern mit ihnen. Die Mütter passen auf die Eier auf, halten sie sauber, indem sie beispielsweise Schimmel ablecken, und tragen sie im Nest hin und her. Wenn die sogenannten Nymphen schließlich geschlüpft sind, ist die Anwesenheit der Mutter nicht mehr notwendig für deren Überleben. Die Jungen könnten sich fortan selbst versorgen, verlassen sich aber weiterhin auf ihre Gemeinschaft.

Die Wissenschaftler aus Mainz und Basel versorgten die Ohrwürmer mit gefärbtem Blütenpollen und untersuchten, ob und wie das Futter unter den Geschwistern geteilt wird. „Wir haben beobachtet, dass sich die Geschwister kooperativ verhalten und Futter teilen und dass dieses Verhalten noch massiver auftritt, wenn die Mutter nicht anwesend ist und die Tiere nicht selbst füttert", so Meunier. Auf Deutsch: Wenn Mama daheim ist, wird konkurriert, wenn sie abwesend ist, hält man zusammen. Wenn das nicht überaus menschlich ist. [65]

Aua! Angelhaken schmerzen wie eine Augenverletzung

Schottische Forscher haben an Regenbogenforellen nachgewiesen, dass Fische Schmerzen empfinden.

Das Team um Lynne Sneddon vom Roslin-Institut in Edinburgh entdeckte am Kopf von Regenbogenforellen insgesamt 58 Schmerzsensoren. Diese sogenannten Nozizeptoren wurden nach mechanischer Verletzung, etwa beim Kontakt mit heißen Gegenständen oder schmerzhaften Chemikalien, aktiv. Damit weisen die Sensoren ähnliche Eigenschaften auf wie jene des Menschen.

Besonders sensitiv reagieren die Schmerzrezeptoren der Forellen auf Verletzungen, wie sie durch Angelhaken verursacht werden: Diesbezüglich seien Fische etwa so empfindlich wie Säugetiere in den Augen, stellt Sneddon fest.

Auch in Verhaltenstests zeigten die Forellen typische Schmerzreaktionen, die weit über einfache Reflexe – wie etwa ein Zurückweichen – hinausgingen. Spritzten die Forscher Tieren zum Beispiel Bienengift oder Essigsäure in die Lippen, begannen sie viel später wieder zu essen als Fische, denen nur Salzwasser gespritzt worden war. Zudem rieben die Fische ihre schmerzenden Lippen am Kies des Fischtanks. Damit sind bei Fischen alle Kriterien für ein typisches Schmerzempfinden erfüllt - ebenso wie für das Urteil, dass diese Forscher Folterknechte sind. [66]

Die Angst des Goldfischs
vor dem Schmerz

In den USA sind Wissenschaftler um Joseph Garner von der Purdue-Universität in West Lafayette der Frage nachgegangen, ob Fische Schmerzen empfinden.

Dabei verabreichten die Forscher einer Kontrollgruppe von Fischen Morphin, sodass sie keinen Schmerz empfinden konnten. Eine andere Gruppe erhielt kein schmerzstillendes Präparat. Dann legten sie den Tieren eine Art Thermoweste um und erhöhten langsam deren Temperatur. Zeigten die Tiere auffällige Angst – bei Goldfischen äußert sich dies zunächst durch schnelles Schlagen mit dem Schwanz und später dann durch apathisches Schweben im Wasser –, stoppten sie die Erhitzung.

Nachdem sie die Fische wieder in kühles Wasser gesetzt hatten, warteten sie zwei Stunden lang, bis das Morphin im Körper der einen Fischgruppe abgebaut war.

Dann setzten die Forscher die beiden Fischgruppen ein zweites Mal der Wärmeprozedur aus – ohne dass die Morphin-Fische erneut einen Schmerzstiller erhielten. Die Fische, die im ersten Teil des Versuches kein Morphin erhalten hatten, zeigten beim zweiten Versuchsteil von Anfang an Angstreaktionen: Sie erinnerten sich an den Wärmeschmerz. [67]

Napoleon des Meeres: Fische denken strategisch

Bevor Schimpansen oder Wölfe sich auf einen Kampf einlassen, taxieren sie sorgfältig ihre Gegner: Habe ich überhaupt eine Chance oder bringe ich mich bei diesem Muskelprotz nur in Gefahr? Der Biologe Logan Grosenick wies nun nach, dass auch Fische ausgefuchste Kriegsstrategen sind.

Um sich in den Fischhierarchien gut zu platzieren, machen sich auch Fische einen Kopf, und das ziemlich pfiffig. Sie verfügen nämlich über eine komplexe Fähigkeit, die transitive Inferenz genannt wird. Hinter dem Begriff verbirgt sich die Fähigkeit zu logischen Schlussfolgerungen nach dem Prinzip: „Wenn Anja größer ist als Barbara und Barbara größer als Christine, muss also Anja größer sein als Christine." Solche Rückschlüsse gelingen Menschenkindern erst im Alter von vier bis fünf Jahren.

Fische durchschauen auf diesem Weg die soziale Hackordnung und spähen aus sicherer Entfernung Kämpfe aus, um sich dann einen schwachen Gegner zu suchen. Ganz schön tricky. [68]

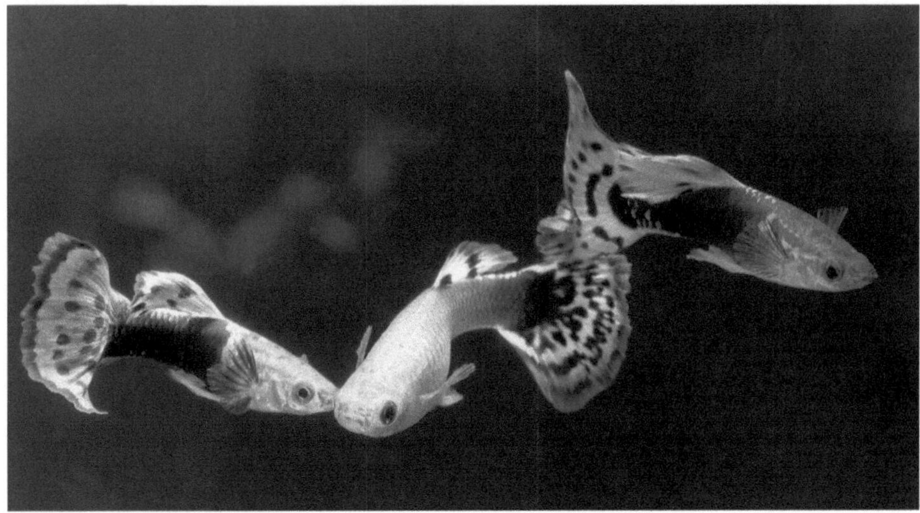

Was steht denn da?
Guppy kann lesen

Dass das Erbsenhirn der Fische auf Zack ist, bewiesen auch Untersuchungen australischer Zoologen. Eine Studie von Wissenschaftlern der Macquarie University wies nach, dass Fische eine einfache Form des Lesens beherrschen.

Ein Forscherteam um den Zoologen Culum Brown setzte Fische in einem Irrgarten aus. Die Wege waren mit verschiedenen Symbolen gekennzeichnet und die Fische mussten jeweils dem richtigen Symbol folgen, um zum Futter zu gelangen.

Brown hat mit verschiedenen Fischarten von Guppy bis Lachs experimentiert. „Jeder Fisch ist in der Lage, Symbole zu erkennen und sie mit verschiedenen Ergebnissen zu verknüpfen, zum Beispiel mit Futter", erklärt der Australier das Untersuchungsergebnis. Das konnte er in Tests mit verschiedenen Formen von Irrgärten nachweisen.

Brown untersucht seit über zehn Jahren das Verhalten von Fischen, die seiner Meinung nach in der Forschung oft unterschätzt werden. „Fische sind genauso clever wie die meisten anderen Wirbeltiere und in vielen Fällen sogar so schlau wie wir Menschen", stellt der Biologe fest. [69]

> **„** Vor 20 Jahren habe ich noch gedacht, dass viel genetisch codiert sei und Lernen und Kognition keine so große Rolle spielen. Da haben mich die Fische eines Besseren belehrt. **"**
>
> Redouan Bshary, Professor für Verhaltensökologie

Ganz menschlich:
Im Alter sinken die Ansprüche

Männliche Mauerblümchen können aufatmen: Mit zunehmendem Alter finden Frauen auch solche Männer attraktiv, die sie früher links liegen ließen - zumindest, wenn es sich um Schwertträgerfische handelt. Dies schließen amerikanische Forscher um die Biologin Molly Morris von der Universität von Ohio aus Experimenten.

Der Körper eines Schwertträgerfisches ist von schwarzen Linien durchzogen. Sind die Linien bei den Männern auf beiden Seiten symmetrisch angeordnet, so sehen Frauen sie als mustergültig gebaute, attraktive Typen an. Unsymmetrischer Körperbau wird hingegen nicht beachtet. Mit zunehmendem Alter ändern die Damen allerdings ihr Verhalten und schauen auch den weniger feschen Kerlen nach.

Ähnlich wie bei Attraktivitätstests bei Menschen, wo Testpersonen verschiedene Gesichter beurteilen müssen, gingen die Forscher auch bei den Schwertträgerfischen vor: Sie spielten auf der Seite des Aquariums computeranimierte Filme mit männlichen Schwertträgerfischen ab. In diesen Filmen variierten sie die Zahl der Längsstriche und damit die Symmetrie der Fische. Die Forscher fanden heraus, dass sich die weiblichen Fische mit höherem Alter immer länger in der Nähe der unsymmetrisch gestalteten Männer aufhielten. Aus diesem statistischen Befund können die Forscher allerdings nicht auf die Ursache des Verhaltens schließen. Vielleicht geht's ja mit zunehmender Reife mehr um die inneren Werte ... [70]

Gespräch unter Fischen:
Barsche verstehen Muränen

Auch Fische können kommunizieren - und zwar über Artgrenzen hinweg. Forscher untersuchten im Roten Meer die Jagdstrategien des Rotmeer-Forellen-Zackenbarsches und der Riesenmuräne. Während Erstere tagsüber im offenen Gewässer auf Futtersuche gehen, spüren Letztere ihre Opfer nachts in den Höhlen der Korallenriffe auf - normalerweise. Doch verblüfft stellten die Zoologen fest, dass sich die Muränen von den Barschen auch zur Jagd am Tag animieren lassen. Das geschehe, erklären die Forscher, indem der Zackenbarsch der Muräne zugewandt seinen Kopf schüttle. Manchmal beobachteten die Forscher auch, wie die Barsche nach einer erfolglosen Einzeljagd, bei der sich das Beutetier in eine Riffspalte geflüchtet hatte, eine Muräne zu einer Riffspalte lockten, indem sie kopfüber über dem Versteck des Opfers standen und dabei heftig den Kopf schüttelten. Dieses Kopfschütteln ist so besonders, weil es auf etwas verweist, das sowohl zu einem anderen Zeitpunkt als auch an einem anderen Ort stattfinden wird. Ein komplexes, hochentwickeltes, auch bei anderen Tierarten selten auftauchendes Signal.

Laut den Forschern gewinnen beide Arten, wenn sie der Beute gemeinsam nachstellen. So hätten die Barsche in Gemeinschaft mit den Muränen fast fünfmal mehr Beutetiere erwischt als alleine. [71]

In einer weiteren Studie bei vergleichbar agierenden Leopard-Forellenbarschen in den Korallenriffen im Pazifik stellten britische Wissenschaftler fest, dass sich die Barsche sehr genau merkten, welche Muränen hilfsbereit waren und welche nicht. Bei Bedarf griffen sie gezielt auf die Helfer-Muränen zurück. [72]

Putzerfische sind gerissene Unternehmer

In den Korallenriffen des Pazifischen Ozeans betreiben Putzerfische ihre Kosmetiksalons nach allen Regeln mittelständischer Betriebswirtschaft. Die kleinen Putzer sammeln Tag um Tag etwa 1200 Parasiten von ihrer Kundschaft ein und reinigen Haut, Kiemen und Mundhöhle von Pilzen, Schmarotzern und abgestorbenen Hautresten. Sogar gefährliche Raubfische schwimmen im Laufe des Tages vorbei, um sich aufmöbeln zu lassen. Der Salonbesuch kann zwischen zwei Sekunden und fünf Minuten dauern, dann schwimmt der Kunde wieder weg. Er kommt fünf bis 30 Mal am Tag zum Putzer.

Eigentlich ist der Putzerfisch gar nicht so erpicht auf die Parasiten, die auf der Kundschaft herumschmarotzen, sondern auf den nahrhaften Schleim, der die Haut der Fische schützend umgibt. Dass der Udo Walz der Fische trotzdem auf seine Kosten kommt, liegt an einem ausgefeilten System, denn kein Fisch gibt seinen Schleim freiwillig her.

Der Professor für Verhaltensforschung Redouan Bshary von der Universität Neuchatel hat die Fische genauer untersucht und herausgefunden, dass die Geschäftsbeziehungen zwischen dem Putzer und seiner Kundschaft überaus komplex sind. Ohne Problem könnten Putzerfische ein mittelständisches Unternehmen leiten.

Beim eifrigen Putzen beißt der Putzerfisch ab und an herzhaft zu, aber nur so oft, wie die Kundschaft es noch toleriert, und nie bei Raubfischen, denn das könnte tödlich enden. Und schon gar nicht, wenn es andere potentielle Kunden sehen könnten. Der Anblick eines schmerzzuckenden Kunden wäre geradezu fatal für Ruf und Geschäft.

Diese Konkurrenzsituation löst der Putzer mit Servicequalität. Kunden, die Wahlmöglichkeiten zwischen mehreren Stationen haben, nutzen das auch aus. Wenn der Service gut ist, kommt man zurück, wenn der Service schlecht ist, geht man woanders hin.

Merkt der Putzerfisch, dass er einen Kunden zu oft gebissen hat, entschädigt er ihn mit einem besonders umfangreichen Service. Auch eine Massage wird gern angenommen, bei der der Putzer wippend auf dem Rücken des geschundenen Kunden reitet.

Und wenn sie von einem potenziellen Kunden beobachtet werden, sind die Putzer besonders freundlich und leisten besseren Service, als wenn sie nicht beobachtet werden.

Redouan Bshary selbst ist über das soziale Finetuning dieses reziproken Altruismus immer wieder überrascht. Auch nach Jahren ist das System längst nicht in allen Einzelheiten erforscht. [73]

Schlitzohr im Schuppenkleid: Von Heiratsschwindlern und vorgetäuschten Orgasmen

Das Lügen haben die Menschen nicht für sich allein gepachtet, auch Affen und Vögel beherrschen das Falschspielen. Bis vor kurzem kannten Biologen nur Täuschungsmanöver im Tierreich, bei denen es um Nahrung ging. Doch auch bei der Partnerwahl greifen Tiere zu Finten, wie Wissenschaftler der Universität Potsdam und der University of Oklahoma jetzt festgestellt haben.

Um Konkurrenten bei der Paarung auszustechen, greifen Fische zu einem Trick: Sie tun so, als würden sie sich für andere Frauen interessieren, um Nebenbuhler von der eigentlich Angebeteten abzulenken.

Die Potsdamer Biologen Martin Plath und seine Kollegen hatten das Flirtverhalten von zwei eng miteinander verwandten Zahnkärpflingsarten untersucht. Diese unscheinbaren, nur wenige Zentimeter großen mexikanischen Süßwasserfische bringen ihren Nachwuchs lebend zu Welt. Während die eine Art sich ganz normal sexuell fortpflanzt, vermehrt sich die andere über Jungfernzeugung. Männer werden für die Befruchtung also eigentlich nicht gebraucht, jedoch löst erst die Anwesenheit von männlichem Sperma die Entwicklung der Nachkommen aus.

Weil bei der Jungfernzeugung immer nur Mädchen entstehen, müssen diese Frauen auf die Männer der verwandten Art zurückgreifen. Diese Männer haben allerdings von diesem Sex-Parasitismus nichts, da sie ihre Gene so nicht verbreiten können. Deshalb bevorzugen sie bei der Liebe die Damen ihrer eigenen Art. Zudem haben sie eine Vorliebe für besonders große Frauen, da diese mehr Nachkommen zur Welt bringen können als kleine. Außerdem besitzen die Männer die Angewohnheit, die sexuellen Vorlieben anderer Männer zu kopieren. Dies machen sich die findigen Fische zunutze, um ihre Konkurrenten zu täuschen.

Plath und sein Team untersuchten zunächst die Partnerwahl von Männern, wenn kein Konkurrent in der Nähe war. Die Fische interessierten sich wie erwartet wesentlich stärker für die Ladys ihrer eigenen Art und insbesondere für die größeren Vertreterinnen. War jedoch ein Artgenosse in der Nähe, der sie beobachtete, änderten sie ihr Verhalten: Sie umwarben plötzlich Damen, die sie vorher links liegen gelassen hatten. Die Forscher schlussfolgern aus diesem Verhalten, dass die Fische ihre männlichen Konkurrenten täuschen, damit diese ihr Sperma an die Frauen verschwenden, mit denen sie gar keine oder nur weniger gemeinsame Nachkommen zeugen können.

Vor einigen Jahren hatten schwedische Forscher bereits beobachtet, dass Forellendamen eine Art Orgasmus vortäuschen können. Kurz vor der Befruchtung zittern die Tiere heftig, bevor Eier und Samen gleichzeitig abgegeben werden. Manchmal zittern die Damen jedoch, ohne Eier auszustoßen. 69 von 117 Geschlechtsakten seien lediglich vorgetäuscht worden. Die Biologen Erik Petersson und Torbjörn Järvi von der schwedischen Fischereikommission vermuteten, dass die Frauen der Bachforelle so eine Paarung mit unerwünschten Partnern verhindern. [74]

Intelligenzbestien: Fische können sich mit Menschenkindern messen

Der Biologe Hans Fricke hat es sich zu einer Lebensaufgabe gemacht, die Intelligenz von Fischen zu erforschen. Besonders interessierten ihn die Drückerfische, die eine ausgefeilte Methode anwenden, um Seeigel, ihre Leibspeise, zu erbeuten: sie pusten die Seeigel mit einem kräftigen Wasserstrahl einfach um. Fricke fragte sich, ob beim Drückerfisch nicht noch mehr drin ist und entwickelte eine Art Intelligenztest für die Fische.

Im Golf von Akaba lebten drei Drückerfische, die sich an Taucher gewöhnt hatten: die zwei Frauen Odonus und Berta sowie der Mann Flip. Sie erwiesen sich als willige Probanden. Vor deren Augen sperrte Fricke einen Seeigel in ein rundes Glasgefäß und deckte es mit einem Deckel zu. Was taten die Fische? Versuchten sie etwa, den Seeigel durch das Glas umzupusten? Von wegen! Nach einer kurzen Denkpause ging Odonus ans Werk, knackte den Deckel und warf das Gefäß um. Der Seeigel fiel heraus und wurde von Odonus umgeblasen und zerbissen. Berta und Flip lösten das Problem auf die gleiche Weise.

Auch bei einer anderen Versuchsanordnung knackten die Fische mit Elan die Denksportaufgaben. Manche Fische stellten sich dabei höchst gewitzt an, andere brauchten länger, bis der Groschen fiel. Auch beim Grips der Fische gibt es individuelle Unterschiede. Einmal triezte Fricke Berta mit einer schweren Aufgabe und jedes Mal, wenn sie diese löste, versteckte er den Seeigel. Berta wurde sichtlich hektisch und schließlich fiel der Groschen, wer sie hier foppte. Berta wurde bleich und ging dann zum Angriff über. Sie attackierte ihren menschlichen Peiniger so heftig, dass dieser vor dem 30 cm langen Fisch das Weite suchte.

Fricke ärgert sich über die Arroganz der Primatologen, die immer wieder die Leistungen von Menschenaffen für einzigartig halten: Gemeinsam mit seinen Kollegen Reduouan Bshary und Wolfgang Wickler hat er eine Übersicht über die Fähigkeiten von Fischen erstellt. Dazu gehören Gedächtnis, räumliches Vorstellungsvermögen, soziales Lernen, Kooperation und Tradition - kaum ein Begriff, den wir mit Intelligenz in Verbindung

bringen, fehlt auf der Liste: „Die meisten Phänomene, die für Primatologen interessant sind, finden sich auch bei den Fischen."

Sogar Werkzeuggebrauch wurde bei diesen Tieren festgestellt, obwohl der schon aus anatomischen Gründen schwer fällt: Seeigel sind nicht nur für Drückerfische eine Delikatesse, aber aufgrund des harten Kalkskeletts und der spitzen und teilweise giftigen Stacheln für kleinere Fische unüberwindbar. Eines Tages konnte Fricke einen Lippfisch beobachten, wie er sich den Seeigel trotzdem mundgerecht zubereitete: Er warf den Seeigel mit einem kräftigen Kopfstoß um, packte ihn an der empfindlichen Mundseite und schwamm einen glatten Korallenblock an, um den Seeigel mehrmals kräftig dagegenzuschlagen. Die Stachelbündel fielen auseinander, und vor den erstaunten Blicken des Meeresbiologen verputzte der Lippfisch seine Beute.

Teilweise übertreffen Fische in ihrer Intelligenz sogar zweijährige Kinder. Die kleinen Menschen haben zum Beispiel noch große Probleme beim Hütchenspiel. Objektpermanenz, wie Psychologen die Fähigkeit bezeichnen, dem versteckten Gegenstand in Gedanken zu folgen, entwickelt sich bei Kindern erst allmählich. Drückerfische haben damit kein Problem. [75]

Ach, Du bist das!
Schützenfische erkennen
Menschengesichter

Gesichter auf Fotos zu unterscheiden ist eine komplexe Angelegenheit, man braucht dazu ein hoch entwickeltes Gehirn - wie es beispielsweise Primaten besitzen. Oder tropische Schützenfische.

Cait Newport von der University of Oxford hat mit ihrem Team die Fähigkeiten der Schützenfische erforscht. Sie machten sich dabei zunutze, dass Schützenfische Insekten erbeuten, indem sie diese mit einem gezielten Wasserstrahl von Ästen schießen, die über dem Wasser hängen.

Die Forscher aus England und aus Australien trainierten einige Schützenfische zunächst, auf ein bestimmtes Bild von einem menschlichen Gesicht zu zielen. Sie montierten dafür einen Computermonitor über einem Aquarium, der Bilder anzeigte. Anschließend zeigten sie auf dem Monitor immer zwei Gesichter gleichzeitig. Eines davon war das den Fischen bereits bekannte, das andere eines von 44 neuen Gesichtern. Die Fische zielten fast immer auf das vertraute Bild. Die Treffgenauigkeit lag bei 81 Prozent.

„Eine beeindruckende Leistung, bedenkt man, dass dafür anspruchsvolle visuelle Erkennungsfähigkeiten nötig sind", werten die Forscher. „Die Erkennung von Gesichtern ist erstaunlich schwierig, wenn man bedenkt, dass sie alle im Prinzip gleich sind; zwei Augen über einer Nase und einem Mund", meint Newport. „Man muss also subtile Unterschiede erkennen können." [76]

Strenge Korallenfische:
Wer beim Sex drängelt, fliegt raus!

Die Korallengrundeln sind die Briten unter den Fischen. Während die Zweibeiner von der Insel an der Bushaltestelle brav anstehen und niemals auf die Idee kommen würden, sich in der Schlange vorzudrängeln, tun die Fische es ihnen bei der Fortpflanzung gleich. Wer am größten ist, darf auch als Erster Sex haben. Vordrängeln wird geächtet.

Forscher der australischen James Cook University haben jetzt untersucht, warum es bei dem streng hierarchisierten Sex kaum zu Konflikten zwischen den Tieren kommt. Das Ergebnis: es ist die Angst, aus der Gruppe ausgestoßen zu werden, welche die Tiere diszipliniert, berichten Marian Wong und ihre Kollegen im Fachblatt „Proceedings of the Royal Society B".

Die Forscher hatten die Fortpflanzung der Korallengrundeln (Gobiodon) bei Lizard Island im Great Barrier Reef beobachtet. Zuerst kommen dabei nur der ranghöchste Mann und die dominanteste Dame zum Zug. Die Untertanen müssen wie in einer Schlange warten. Über die Reihenfolge entscheidet die Körpergröße. „Viele Tiere haben soziale Rangordnungen, nach denen kleinere Vertreter warten müssen, bevor sie sich fortpflanzen können", sagte Wang. „Wir wollten herausfinden, warum das Gefüge stabil bleibt, wo man doch eigentlich eine Menge Wettstreit erwarten würde."

Die Grundeln drängelten sich deshalb nicht vor, weil sie ständige Kämpfe vermeiden und die soziale Ordnung erhalten wollten, schreiben die Forscher. Die Erhaltung der sozialen Rangfolge ist den Tieren sogar so wichtig, dass sie genau auf ihre eigene Körpergröße achten, um nicht plötzlich zu einer Gefahr für über ihnen stehende Tiere zu werden. Grundeln würden sich deshalb sogar einer selbstverordneten Diät unterwerfen, damit sie nicht zu groß werden.

Nach Angaben der Wissenschaftler sinkt die Größe der Korallengrundeln von Rang zu Rang um etwa fünf Prozent. Sobald der Unterschied

unter diese Fünf-Prozent-Marke fällt, versucht der rangniedere Fisch, in der Fortpflanzungs-Schlange einen Platz nach vorn zu kommen. Darauf reagiere das ranghöhere Tier, indem es versucht, den Emporkömmling aus der Gruppe zu stoßen.

Der drohende Ausschluss aus der Gruppe sei eine wirkungsvolle Abschreckung, schreiben die australischen Forscher. Er halte rangniedere Fische davon ab, sich mit über ihnen stehenden anzulegen. „Die sozialen Hierarchien sind bei diesen Fischen sehr stabil, es kommt nur sehr selten zum Ausschluss eines Tiers", sagte Wang. Dies liege wahrscheinlich daran, dass ein Tier im Korallenriff allein kaum überleben könne. „Die Fische akzeptieren die Strafdrohung und kooperieren", sagte die Forscherin. „Damit unterscheiden sie sich nicht von Menschen und anderen Tieren." [77]

You are so beautiful –
Joe Cocker macht Haie scharf

Eine Testreihe an zehn deutschen Sea Life Aquarien hat 2007 ergeben, dass Musik von Joe Cocker und Salt ´n´ Pepa die Haie scharf macht. Aber auch die Traumschiff-Melodie von James Last kommt bei den Raubfischen gut an. Um die Haie zur Liebe anzuregen, wurden sie vier Wochen lang täglich zwei Stunden mit Musik beschallt. An jedem Standort gab es einen anderen Titel, von Klassik über Rock bis Hiphop.

Im Seebad Timmendorfer Strand, wo „You can leave your hat on" von Joe Cocker lief, wurde beobachtet, dass Haie sich zu der Musik umkreisten und wie bei einem Tanz rhythmisch bewegten. Außerdem wurden 50 Eier von Katzenhaien entdeckt, berichtete der Biologe Jens Hirzig. Auch im Aquarium in Speyer, wo die Tiere „Push it" von der Hiphop-Band Salt ´n´ Pepa hörten, fanden Mitarbeiter 50 Katzenhai-Eier. Außerdem kam ein Hummer jeden Tag aus seinem Versteck, wenn die Musik erklang und bewegte sich im Takt zu dem Lied. Heftiges Flirten war in Konstanz bei Justin Timberlakes Song „Rock your body" und in Dresden zu James Lasts Traumschiff-Melodie angesagt: Die Haie spielten Haschmich und bissen sich in die Flossen. Die Idee für die Untersuchung stammt aus einer Studie vom Rowland Institute in Cambridge im US-Bundesstaat Massachusetts. Dort war vor sechs Jahren eine ähnliche Untersuchung durchgeführt worden. Damals wurde entdeckt, dass Koi-Karpfen auch zwischen verschiedenen Musikstilen unterscheiden können. [78]

Guppys sind treu und mutig

Guppys erkennen ihre Schwarmgenossen auch nach einer längeren Trennung wieder. Dies konnten die Biologinnen Anurandha Bhat und Anne Magurran von der schottischen University of St. Andrews in einer neuen Studie nachweisen. Schon frühere Verhaltensstudien hatten gezeigt, dass Guppys bereits nach etwa zwei gemeinsam verbrachten Wochen feste Schwarmbeziehungen eingehen.

Die Wissenschaftlerinnen ließen bei ihrem neuen Experiment einen einzelnen Guppy in einem Becken schwimmen, das mit Mitgliedern des eigenen Schwarms und mit unbekannten Tieren besetzt war. Die Gruppen waren in durchsichtigen, perforierten Flaschen eingesperrt. Erwartungsgemäß zeigte der Versuchsfisch einen deutlichen Hang zu den Guppys aus seinem angestammten Clan und bevorzugte deren Nähe, berichten die Zoologinnen im Journal of Fish Biology.

Im zweiten Teil des Experiments in St. Andrews ging es darum, die Beständigkeit der schwarminternen Beziehungen zu testen: Zunächst wurden alle Guppys aus dem ersten Versuch fünf Wochen lang in Einzelhaft gehalten. Danach führten Bhat und Magurran das oben genannte Experiment nochmals durch. Das Ergebnis war eindeutig: Das Verhalten der Tiere hatte sich nicht geändert. Offensichtlich waren die Fische auch nach einer Trennungszeit von mehr als einem Monat in der Lage, ihre alten Kameraden wiederzuerkennen.

Anna Magurran glaubt, dass sich die Guppys anhand von individuellen Duftstoffen und Unterschieden im Erscheinungsbild wiedererkennen. In freier Natur ist das von Vorteil. Ein eingespieltes Team hat in kritischen Situationen bessere Überlebenschancen. Die Fische fühlen sich im Kreise vertrauter Artgenossen sicherer. Sie zeigten sich auch trotz der langen Trennung mutiger als solche im Duo mit einem fremden Fisch: Sie trauten sich wesentlich schneller aus ihrem Versteck. „Da scheinen sie uns Menschen ziemlich ähnlich zu sein", sagt Magurran. [79]

Erfolg macht feige Fische forsch

Für feige Fische gibt es Hoffnung. Mit Verhaltenstherapie können sie forscher werden, sogar richtig mutig. Erfahrung und Beobachtungen verändern nämlich die Persönlichkeit von Regenbogenforellen. Das haben die britischen Forscher Ashley Frost und ihre Kollegen von der University of Liverpool herausgefunden, indem sie die Fische in Rangeleien mit Artgenossen schickten. Sie benutzten für ihre Versuche einen bekannten Test, um das Maß an Mut von zufällig ausgewählten Forellen zu bestimmen. Dabei geht es um die Zeit, die verstreicht, bis sich ein Tier einem neuen Objekt in seinem Umfeld auf eine bestimmte Distanz genähert hat. Je kürzer diese Zeit, desto kühner sind die Fische.

Mithilfe dieser Mutprobe kontrollierten die Forscher die Veränderungen in der Persönlichkeit der Forellen nach den Experimenten: Zunächst sahen die Forellen Kollegen dabei zu, wie diese mit neuen Objekten oder neuem Futter umgingen. Dann ließ man kühne und weniger kühne Fische gegeneinander antreten. Die Wissenschaftler hatten vorab erforscht, welche Fische dabei dominieren würden oder unterlegen waren.

Es zeigte sich, dass anfangs forsche Fische an Mut verloren, wenn sie im Kampf unterlagen. Dagegen wuchs in scheuen Fischen die Kühnheit, wenn sie in Kämpfen dominierten. Nur die Beobachtung eines kühneren Fisches beeinflusste die ängstliche Natur zwar nicht. Die zunächst Mutigen verloren hingegen durchaus an Biss, wenn sie scheue Fische beobachtet hatten. Der Grad der Kühnheit wirkte sich besonders auf Entscheidungen aus, die von den Tieren in unvorhergesehenen Situationen getroffen werden. Wissenschaftler gehen deshalb davon aus, dass der Persönlichkeitstyp eines Individuums ein wesentlicher Faktor für sein Verhalten ist. Außerdem sind bei den Regenbogenforellen die kühnen Individuen flexibler in der Anpassung von Verhalten und Veränderung ihrer Persönlichkeit. Auch waren ihre Reaktionen besser vorauszusehen als die der vorsichtigeren Artgenossen - deren Reaktionen zum Teil überraschend für die Forscher waren. Alles überaus menschlich. [80]

Schüchterne Stichlinge halten zusammen

Stichlinge haben so ihren ganz eigenen Charakter. Es gibt Draufgänger unter ihnen und auch ganz schüchterne Gesellen. Forscher um Thomas Pike von der Universität Glasgow haben nun beobachtet, dass Letztere das machen, was auch zurückhaltende Menschen gerne tun: Sie suchen sich gute Freunde.

Die Biologen hatten untersucht, warum der Kontakt zwischen verschiedenen Individuen in einer Gemeinschaft offensichtlich nicht zufällig zustande kommt. Dafür hatten sie Dreistachlige Stichlinge (Gasterosteus aculeatus) aus dem schottischen Fluss Endrick mit einem Käscher freiheitsberaubt und in sechs Aquarien an die Haftbedingungen „gewöhnt".

Jedes Tier bekam eine Nummer - für einen Namen fehlte wohl der rechte Anreiz - und wurde charakterlich eingestuft. Dabei wurden die Fische „mild erschreckt" und die Zeit gemessen, die es dauerte, bis sich die Erschreckten wieder dem Futter zuwandte.

Wenn ein Stichling allein unterwegs ist, handelt es sich wahrscheinlich eher um einen mutigen Fisch. Draufgänger halten zu allen Mitgliedern ihrer Gruppe ungefähr gleich viel Kontakt, unternehmen aber insgesamt mehr auf eigene Faust. Ängstliche Exemplare hingegen fänden sich häufig in einer kleinen Untergruppe zusammen. Schüchterne Stichlinge halten eben zusammen. Ganz menschlich.[81]

Schwul ist cool

Homosexuelles Verhalten macht männliche Fische für die Damenwelt sexy. Dies hat der Evolutionsbiologe David Bierbach von der Universität Frankfurt herausgefunden, als er Atlantikkärpflinge (Poecilia mexicana) studierte, deren Männer sowohl hetero- als auch homosexuelle Aktivitäten zeigen.

Die Fische leben in mittel- und südamerikanischen Flüssen. Die Männer sind orange-türkis gefärbt, die Frauen beige. Im Gegensatz zu vielen anderen Fischen findet die Befruchtung im Körper der Frauen statt, das die Jungen lebend zur Welt bringt.

Die Forscher spielten Kärpfling-Damen durch die Scheiben ihres Aquariums verschiedene Pornoanimationen vor, auf denen Kärpflings-Männer entweder mit einer Dame oder einem anderen Herren sexuell agierten. „Beides hat die Weibchen angemacht", sagte Bierbach.

Der Wissenschaftler registrierte, wie viel Zeit die Frauen vor den jeweiligen Animationen verbrachten - es war deutlich mehr als vor Bildern, die Männer ohne sexuelle Aktivitäten zeigten.

Den Atlantikkärpfling-Damen ist es also egal, ob ein Männer auch mal mit Geschlechtsgenossen Sex hat. Hauptsache, es ist sexuell aktiv. Denn das bedeutet Gesundheit, Vitalität und gute Kondition. [82]

Lieber keinen Sex mit dem Grobian – Kärpflingsfauen bevorzugen die Loser

Wie viele Menschenweibchen stehen Atlantik-Kärpfling-Frauen (Poecilia mexicana) eigentlich mehr auf echte Kerle und entscheiden sich eher für größere Typen. Doch wenn die Damen Zeugin eines Kampfes unter Kontrahenten werden, nehmen sie lieber den schwächeren Mann. Ein Forscherteam Team um David Bierbach und Martin Plath von der Universität Frankfurt ließ Kärpflingsfrauen Videos von zwei etwa gleich großen Männer beobachten. Daraufhin hielten sich die Damen in etwa gleich häufig in der Nähe der Videos auf.

Danach spielten die Forscher der Hälfte von ihnen ein Video von einem Kampf der beiden vor. Der Kampf der männlichen Atlantik-Kärpflinge ist ein einziges Hauen und Stechen: Sie beißen sich, schlagen mit den Schwanzflossen aufeinander und rammen ihren Gegner brutal. Am Ende eines Kampfes wird das unterlegene Tier, erkennbar an den hängenden Flossen, vom Gewinner verjagt.

Nach dem Kampf verbrachten die Kärpflingsfrauen viel mehr Zeit vor dem Video des nun wieder allein schwimmenden Verlierers. Eine Kontrollgruppe an Kärpflingsdamen, die die beiden Macker nur nach dem Kampf allein sehen durften, entschied sich dagegen für den Stärkeren.

Der Grund: Die Sieger sind den Damen zu brutal. Tatsächlich neigen die stärkeren männlichen Kärpflinge dazu, die Damen nach dem Kampf - hormonell aufgeputscht - heftig zu bedrängen und sie gar beim Sex zu verletzen. Wer hat darauf schon Lust? [83]

Schmausen mit Schutz

Fische haben soziale Fähigkeiten, die man bisher nur einigen Säugetieren und Vögeln zugetraut hat. Simon Brandl und David Bellwood vom ARC Centre of Excellence for Coral Reef Studies in Townsville haben beobachtet, dass Kaninchenfische Schmiere stehen, wenn der Partner seine Mahlzeit zu sich nimmt.

Einige der 28 Kaninchenfisch-Arten leben in stabilen Zweierbeziehungen, die auch gleichgeschlechtlich sein können. Bei Mitgliedern von vier dieser Arten im nördlichen Great Barrier Reef entdeckten die Forscher , dass jeweils einer der Partner Wache schiebt, während der andere tief in die Riffspalten eintaucht, um nach Algen zu suchen.

Der Wächterfisch schwimmt dabei fast senkrecht im Wasser, um die bestmögliche Übersicht zu erlangen. Taucht ein Feind auf, geht die Flucht in mehr als 90 Prozent von ihm aus und sein essender Partner folgt mit leichter Verzögerung. Regelmäßig wechseln die Partner ihre Rolle, sodass beide in Ruhe dinieren können. „Ein solches Verhalten wurde bei Fischen bisher noch nie beobachtet", sagt Simon Brandl. „Wir vermuten, dass es sich dabei um reziproke Kooperation handelt." Darunter versteht man ein Verhalten, bei dem in einen anderen Partner investiert wird ohne unmittelbaren Nutzen daraus zu ziehen. Die Investition zahlt sich erst später aus, und unter dem Strich profitieren beide. [84]

Komplex wie bei Delfinen:
Das Sozialleben der Sandtigerhaie

Haie sind viel sozialer als man bisher dachte. Ähnlich wie Säugetiere bilden sie komplex strukturierte soziale Gruppen. Ihr soziales Gefüge besteht demnach aus etwa 200 losen Bekannten und einigen wenigen dicken Freunden.

Mittels aufgeklebter Sensoren überwachten Danielle Haulsee von der University of Delaware und ihre Kollegen 300 Sandtigerhaie. Bereits die Auswertung der Bewegungen und Kontaktdaten von nur zwei Sandtigerhaien enthüllte, dass die Haie auch außerhalb des Sommers Gruppen bilden. Die Zusammensetzung und Größe dieser Haigruppen wandelte sich dabei im Laufe des Jahres ständig. Immer wieder kamen neue Haie hinzu, einige blieben länger, andere kürzer dabei. Diese Struktur ähnelt dabei stark denen von Delfinen und Walen. die ebenso wechselnde soziale Gruppen mit engeren und loseren Beziehungen bilden. Die beiden Haie hatten zwischen sieben und 17 enge Freude, mit denen sie sich mehr als 20 Mal im Jahr trafen. Zusätzlich unterhielten beide eine lockere Verbindung mit 170 bis 200 weiteren Artgenossen, die zu bestimmten Zeiten des Jahres mit ihnen in einer Gruppe waren. Die beiden Haie teilten sich dabei 151 von diesen losen Freunden.

„Solche anspruchsvolleren Prozesse werden oft nur mit Säugetieren verbunden oder sogar nur mit Arten, die wir für ziemlich schlau halten wie Delfine, Elefanten oder Schimpansen", sagt Hauslee. „Aber unsere Studie zeigt, dass wir diese Verhaltensweisen auch bei Nichtsäugern nicht von vornherein ausschließen sollten." [85]

Katzenhaie:
Wie Teenies auf dem Schulhof

Bei heranwachsenden Katzenhaien verhält es sich etwa so wie bei Teenagern auf dem Schulhof: Da sind die Beliebten, mittendrin und umringt von einer Traube Bewunderer. Und dort am Rand stehen die Einzelgänger, die sich während der Pausen in die ruhigen Ecken des Schulhofes verdrücken, um dort möglichst in Ruhe gelassen zu werden. Je nach Persönlichkeitstyp suchen die Haie gesellschaftliche Nähe oder sondern sich lieber ab, haben Verhaltensbiologen um Darren Croft von der britischen Universität Exeter herausgefunden

Pubertierende Katzenhaie schützen sich mit diesen Strategien vor größeren Feinden. Die geselligen Individuen bilden mit anderen einen unüberschaubaren Katzenhaipulk am Meeresboden; die Einzelgänger verstecken sich auf eigene Faust und passen ihre Hautfärbung an den Boden an - je nach individueller Persönlichkeit. Gesellige Individuen befanden sich stets inmitten des Haigedrängels, Individualisten suchten das Abseits. [86]

Fischfrauen lernen schneller als Männer

Guppyfrauen sind flexibler als Guppymänner. Sie lernen schneller und passen sich leichter an neue Gegebenheiten an. Sie reihen sich damit ein in die Liga der weiblichen Schnellspanner ein, wie sie von einigen Nagetieren, Hühnern und Primaten bekannt ist.

Tyrone Lucon-Xiccato und Angelo Bisazza von der italienischen Università de Padova hatten Guppys (Poecilia reticulata) zunächst beigebracht, dass sich unter einer farbigen Scheibe am Boden eines Aquariums Essen verbirgt. Das checkten Männlein und Weiblein gleichermaßen schnell. Nun veränderten die Forscher die Bedingungen und versteckten die Nahrung unter genau der Farbscheibe, die vorher nichts zum Essen barg.

Die Fischfrauen lernten deutlich schneller, dass sich die Situation geändert hatte. Sie machten nur halb so viele Fehler, bis sie die neue Aufgabe begriffen hatten. Allerdings verbesserten die Guppy-Männer im Gegensatz zu den Damen ihre Leistung stetig, wenn Forscher mehrfach die Versuchsanordnung veränderten, und erreichten allmählich deren Lernniveau.

Die Erklärung für diese Beobachtung bleibt spekulativ. Einige Wissenschaftler glauben, dass eine hohe Investition bei der Aufzucht der Jungen und ein komplexeres Sozialleben die Entstehung von Flexibilität begünstigen. [87]

Von wegen Dreisekundengedächtnis: Fische können sich's lange merken

Israelische Verhaltensforscher des Technion Institute of Technology (TIT) haben das alte Vorurteil widerlegt, wonach sich Fische angeblich nur an bis zu drei Sekunden zurückliegende Ereignisse erinnern können. In Experimenten konnten sie nachweisen, dass ihr Gedächtnis stattdessen bis zu fünf Monate zurückreichen kann.

Sie brachten den Fischen bei, auf bestimmte Töne zu reagieren und stellten fest, dass die Fische dieses Verhalten selbst in freier Wildbahn noch Monate später zeigten.

Mit den eingesetzten Tönen lockte man Jungtiere zu einer Nahrungsquelle. Selbst Monate später und mittlerweile in großen Seen oder Freibecken lebend, erinnerten sich die ausgewachsenen Fische. In anderen Experimenten konnte schon früher gezeigt werden, dass Goldfische über ein Erinnerungsvermögen von bis zu drei Monaten sowie über ein Zeitempfinden verfügen und lernfähig sind. Wissenschaftler der schottischen St. Andrews University konnten sogar zeigen, dass kleine Karpfenfische mindestens so intelligent sind wie Ratten und Mäuse. „Es gibt zahlreiche Beweise dafür, dass Fische nicht dümmer sind als die meisten Vögel oder zahlreiche Säugetiere. Oft sind sie mindestens gleich intelligent", zitiert die „Daily Mail" den Verhaltensforscher Dr. Mike Webster. „Sie finden Wege durch Labyrinthe, können lernen andere Fische zu erkennen und erinnern sich an die Fähigkeiten von Artgenossen." [88]

Buntbarsche als Miethaie aufgeflogen

Der Betreuungsschlüssel in der Buntbarsch-Kita ist beneidenswert. Wenn afrikanische Buntbarscheltern ihre Kinder aufziehen, können sie auf die Hilfe von bis zu 25 Artgenossen zählen. Diese fächeln den Eiern sauerstoffreiches Wasser zu, säubern das Gelege, verteidigen das Territorium gegen Feinde und sorgen dafür, dass die Bruthöhle nicht von Sand zugeschüttet wird. Einige der Helfer bleiben lebenslang kinderlos.

Markus Zöttl und seine Kollegen vom Institut für Ökologie und Evolution der Universität Bern haben die Hintergründe dieser Unterstützung untersucht und dabei festgestellt, dass nicht, wie angenommen, vor allem nah verwandte Individuen bei der Aufzucht mithelfen. In gewissen Fällen kann es sich nämlich auszahlen, in die Kinder von nahen Verwandten zu investieren, statt ins mühsame Großziehen von eigenen Kindern. Auch so können eigene Gene weitervererbt werden. Bei Honigbienen, Ameisen, einige Vogelarten oder auch bei den Erdmännchen wird das so gehandhabt. Bei den Buntbarschen mit dem klangvollen Namen „Prinzessin vom Tanganjika-See" war es allerdings genau umgekehrt: Nicht-verwandte Fische halfen stärker mit als nahe Verwandte.

Die Mithilfe bei der Jungenaufzucht ist möglicherweise nicht freiwillig, sondern wird vom dominanten Elternpaar - auch aggressiv - eingefordert. „Es ist fast wie in einer Wohngemeinschaft unter Menschen", beschreiben es die Forscher. Wer in den Genuss der WG kommen will, muss Miete bezahlen. Bei den Buntbarschen wird in Naturalien bezahlt. Für freie Kost und Logis müssen sie mithelfen. Manchmal legen sie auch selbst einige Eier in der Bruthöhle ab. Von Freiwilligkeit beziehungsweise Uneigennützigkeit kann also nicht die Rede sein. Wenn die Helfer nicht genug Einsatz zeigen, droht ihnen der Rauswurf. Laut den Forschern ist dieses Sozialsystem namens „pay to stay" bisher bei Wirbeltieren noch nie nachgewiesen worden – außer bei uns Menschen. [89]

Das bin ja ich!
Mantas erkennen sich im Spiegel

Riesenmantas können sich im Spiegel erkennen. Das haben Wissenschaftler auf den Bahamas bei Manta-Rochen nachgewiesen.

Beim sogenannten Spiegeltest wird Tieren ein Spiegel präsentiert und ihre Reaktion darauf beobachtet. Verhaltensforscher wollen so bei Tieren Selbstbewusstsein nachweisen. Zu den Arten, die den Spiegeltest bereits bestanden haben, gehören Elefanten, Schimpansen, Delfine, Schweine und Elstern.

Die zwei bahamaischen Versuchstiere, denen man den Spiegel vorhielt, versuchten nicht, mit ihrem Spiegelbild zu interagieren, was darauf schließen lässt, dass sie es nicht als Artgenossen interpretierten. Stattdessen zeigten die Rochen ungewöhnliche Bewegungen und ließen Blasen aufsteigen - vermutlich, um zu überprüfen, ob die Reflexionen im Spiegel sich genauso bewegten wie sie selbst. Das so festgestellte Selbstbewusstsein lässt die Forscher annehmen, dass die Rochen auch zu hoch entwickelten kognitiven und sozialen Leistungen in der Lage sind. [90]

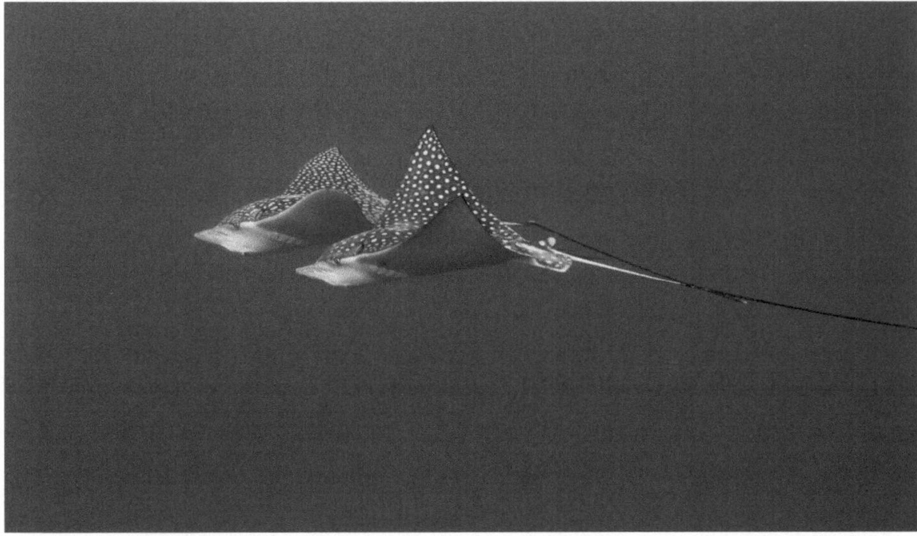

Seelenschmerzen:
Fische können depressiv werden

Fische sind hochsensible Wesen. Die Neurochemie eines Fisches sei der eines Menschen so ähnlich, dass es beängstigend sei, meint Prof. Julian Pittman von der Fakultät für Biologie und Umweltwissenschaften an der Troy University in Alabama. Unter bestimmten Umständen werden sie sogar depressiv.

Der Biologe erforscht seit Jahren das Verhalten von Zebrafischen. Er widerspricht dem Klischee vom emotionslosen, stummen Fisch. „Noch vor zehn Jahren war der Fisch für die meisten lediglich ein simpler Organismus. Aber wir entdeckten vieles, was wir einem Fisch niemals zugetraut hätten." Professor Julian Pittman geht noch weiter. Er beobachtete, dass Zebrafische unter gewissen Umständen das Interesse für alles verlieren können, insbesondere am Essen und am Spielen. Sie verlieren jede Neugierde. Pittmann ist überzeugt: Dieses Verhalten ähnelt dem Krankheitsbild eines depressiven Menschen.

Trotz dieses Wissens regt sich bei dem Biologen allerdings kein Gewissen. Er arbeitet an der Entwicklung neuer Medikamente zur Behandlung von depressiv erkrankten Menschen und testet die Wirkung von neuen Antidepressiva u.a. an Zebrafischen. Anhand ihres Verhaltens ließen sich verlässliche Vergleichswerte erstellen, weil die Reaktionen der Tiere sehr eindeutig seien.

Die Forschungs-Methode nennt sich „Novel Tank Test". Bei dem Versuch wird ein Zebrafisch in ein neues Aquarium gesetzt. Hält sich der Fisch nach fünf Minuten in der unteren Hälfte auf, ist er depressiv. Schwimmt er unter der Oberfläche, ist er es nicht.

Victoria Braithwaite, Professorin für Fischerei und Biologie an der Penn State University, erklärt: „Wir fanden heraus, dass Fische von Natur aus neugierig sind – immer auf der Suche nach neuen Dingen." Die meisten Fische, die in einem Glas oder Aquarium gehalten werden, erkranken deshalb offenbar aus einem Mangel an Stimulation an Depressionen. Sie rät: „Wenn es in der Umgebung eines Fisches viele Pflanzen zum Knabbern und Käfige zum Durchschwimmen gibt, baut das Stress ab und erhöht das Wachstum des Gehirns."

Culum Brown, Verhaltensbiologe an der Macquarie Universität in Sydney, erklärt dazu: „Deprimierte Menschen ziehen sich zurück. Das Gleiche gilt für Fische." [91]

Das hab ich doch gefurzt!
Heringe sprechen mit dem Po

Manche Fische unterhalten sich auf ganze besondere Art: Sie furzen, und das über mehr als drei Oktaven. Ben Wilson von der University of British Columbia und seine Kollegen haben herausgefunden, dass pazifische Heringe mit Fürzen kommunizieren. Sie pressen Luft aus ihrer Schwimmblase in den Analtrakt und erzeugen damit pulsierende Töne. Die Kunst, die an Flatulenz-Virtuosen aus Mozarts Zeiten erinnert, beherrschen die Heringe des Pazifiks in Perfektion. Das Tonspektrum der pazifischen Heringe umfasst mit Frequenzen von 1,7 bis 22 Kilohertz mehr als drei Oktaven. Ob Bass, ob Sopran, bis zu acht Sekunden halten sie dabei den Ton.

Ein Intervallfurz solcher Art war als Kommunikationsmittel unter Fischen bislang völlig unbekannt. Auch der atlantische Hering furzt klangvoll, erwies sich in den Tests gegenüber seinen Artgenossen aus dem Pazifik übrigens als etwas weniger klangbegabt, wie Ben Wilson von der Vancouver University und seine Kollegen mit ihren Unterwassermikrofonen nachwiesen.

Die seltsamen Lautäußerungen waren umso häufiger zu hören, je mehr Heringe die Forscher in ihrem Versuchsaquarium versammelten. Die Fürze, glauben die Forscher, könnten den Fischen besonders nachts zur Kommunikation im Schwarm dienen. [92]

Schmus´ mich!
Fische lieben Zärtlichkeiten

Forscher um Redouan Bshary von der schweizerischen Universität von Neuchâtel haben festgestellt, das Fischen durch sanfte Berührungen Stress abbauen.

Die Wissenschaftler hatten die Beziehung zwischen zwei Korallenriff-Bewohnern untersucht: dem gestreiften Borstenzahndoktorfisch (Ctenochaetus striatus) und dem Gemeinen Putzerfisch (Labroides dimidiatus). Die Doktorfische lassen sich ab und zu von den Putzerfischen Parasiten entfernen. Bevor die „Reinigungskräfte" das jedoch tun, streicheln sie den Rücken der Doktorfische mit ihren Brust- und Bauchflossen.

Um den Grund für die Zärtlichkeiten herauszufinden, konstruierten die Wissenschaftler zwei Putzerfisch-Attrappen, eine bewegliche mit einer weichen Bürste auf dem Bauch, die andere starr und ohne Bürste.

Dann testete Bshary in verschiedenen Aquarien, wie Doktorfische reagierten, wenn sie von dem beweglichen Ersatzfisch gestreichelt wurden, und wenn sie sich nur mit der unbeweglichen Attrappe in einem Becken befanden. Dazu wurde das Stresshormon Cortisol im Blut der Tiere gemessen.

Es zeigte sich, dass die gestreichelten Doktorfische einen weitaus niedrigeren Pegel des Hormons aufwiesen als die Kontrollgruppe – auch wenn man sie einem Stresstest unterzog und sie eine halbe Stunde lang in ein Gefäß setzte, in dem sie nur gerade ausreichend mit Wasser bedeckt waren. [93]

Herr Frosch schweigt und genießt...

Auch ein Faulpelz hat Bedürfnisse, die er befriedigt sehen möchte. Im Wettbewerb ums schöne Geschlecht haben einige faule Froschmänner eine ebenso energiesparende wie effiziente Art entwickelt, ihre Nebenbuhler auszustechen.

Froschmänner versuchen mit lautstarkem Gequake, liebeshungrige Froschdamen anzulocken. Wer am lautesten krakeelt, hat die besten Karten beim schönen Geschlecht. Einige Froschmänner jedoch bleiben stumm. Sie schonen Stimme und Kraft und warten scheinbar bescheiden und still hinter den lautstarken Geschlechtsgenossen.

Kommt dann aber eine Froschdame angesprungen, hüpfen sie mit einem beherzten Sprung auf den Rücken der Frau, bevor der mit sich und seiner Stimmgewalt beschäftigte Schreihals irgendetwas mitbekommen hat.

Satellitenmännchen nennen die Verhaltensforscher diese Abstauber unter den Fröschen. Fair Play ist für manche Froschmänner eben ein Fremdwort, da sind sie Menschenmännern nicht ganz unähnlich. Trittbrettfahrer sind auch bei diesen auch weit verbreitet. In Bayern nennt man sie Adabeis.

Bei Fröschen ist im Übrigen auch ein als Spiel interpretierbares Verhalten beobachtet worden. Die sozial lebenden Goldbaumsteiger liefern sich gern und offensichtlich zweckfrei kurze Ringkämpfe. Andere Frösche sind dabei gesehen worden, wie sie auf den ausströmenden Luftblasen am Boden ihres Aquariums ritten. [94, 95]

Schlange verliebt sich in Hamster

Nomen est omen. Der kleine Hamster „Gohan", was im Japanischen so viel wie „Reis" oder „Mahlzeit" heißt, war lediglich als Futter für Aochan gedacht, eine 1,20 Meter lange Bewohnerin des Reptilienhauses im Mutsugoro-Okoku-Zoo in Tokio. Die zwei Jahre alte Rattenschlange bekam Gohan als besondere Leckerei aufgetischt, nachdem sie gefrorene Mäuse verschmäht hatte. Zwei Wochen hatte sie schon nichts mehr gegessen, als ihr der Hamster als Mahlzeit vorgesetzt wurde. Doch das war „nur" der Beginn einer wunderbaren Freundschaft. Von diesem Moment lebten Gohan und Aochan wie ein Herz und eine Seele in ihrem Terrarium zusammen. „So was habe ich noch nie gesehen", sagte Tierpfleger Kazuya Yamamoto. „Manchmal klettert Gohan sogar auf Aochans Rücken, um dort ein Nickerchen zu machen." Offenkundig genoss Aohan die Gesellschaft des Hamsters. Die Schlange hat sich im Übrigen und ganz im Sinne Gohans an die Verköstigung mit gefrorenen Mäusen gewöhnt. [96]

Klapperschlangen
sind sozial veranlagt

Reptilien können ihre Verwandten erkennen und leben bevorzugt mit ihren Geschwistern zusammen. Das haben Biologen der Cornell-Universität in Ithaca herausgefunden. Die Forscher beobachteten, dass weibliche Walklapperschlangen ihre eigenen Geschwister näher an sich heranlassen als fremde Artgenossen. So bevorzugen sie ihre Familienangehörigen auch als Mitbewohner und Winterschlafgefährten.

Diese Beobachtung widerlegt die bisherige Annahme, dass Schlangen Einzelgänger sind und kein Sozialverhalten besitzen. Offenbar profitieren auch Schlangen von einer Sozialstruktur durch verbesserte Wachsamkeit und eine geteilte Versorgung der Jungtiere. [94]

Schlangen sind kalt wie eine Hundeschnauze? Gordon Burghardt von der University of Tennessee ist Evolutionspsychologe und er glaubt das nicht. Er verweist auf das bereits 1881 erschienene Buch „Animal Intelligence" von George Romanes, einem Evolutionsbiologen und Freund Darwins. Romanes berichtet darin von einer Boa Constrictor, deren Bezugsmensch schwer krank im Bett lag. Dieser Anblick habe die Schlange derart geschockt, dass sie gestorben sei. So zumindest interpretiert Romanes diese Anekdote und der Wissenschaftler Burghardt hält diese Interpretation offenkundig für aussagekräftig. Er schreibt dazu: „Eine ähnliche Geschichte mit einem Hund würde vermutlich mit Sympathie aufgenommen werden und vielleicht sogar ein paar Tränen auslösen." [97]

Mit Plan:
Schildkröten agieren systematisch

Moses ist die Protagonistin mehrerer wissenschaftlicher Artikel. Sie hat großen Anteil daran, dass sich das Ansehen von Reptilien zu wandeln beginnt.

Moses lebt bei der Kognitionsforscherin Anna Wilkinson und hat diese in den vergangenen Jahren immer wieder erstaunt. Zum Beispiel, als das Reptil einen Orientierungstest lösen sollte, wie ihn viele Labormäuse und -ratten bewältigen müssen. Das Tier sitzt dabei im Zentrum eines Labyrinths, von dessen Mitte acht Gänge abzweigen. Am Ende jedes Ganges liegt lecker Essen. Wer jeden Gang nur einmal aufsucht, aber auch keinen auslässt, gilt als clever. Moses machte zwar Fehler bei diesem Test, wählte aber deutlich häufiger den richtigen Gang aus, als dem bloßen Zufall nach zu erwarten gewesen wäre. Außerdem mied sie jene Gänge, die sie schon aufgesucht hatte.

Dann setzte Wilkinson, die derzeit an der britischen University of Lincoln arbeitet, noch einen Schwierigkeitsgrad drauf. In einem zweiten Versuch schirmte sie das Labyrinth so ab, dass Moses sich nicht mehr anhand von auffälligen Gegenständen rund um die Testarena orientieren konnte. Kein Ding für Moses. Sie ging die Sache systematisch an und durchsuchte ordentlich der Reihe nach Gang um Gang. Klingt wenig einfallsreich, doch das systematische Vorgehen der Schildkröte belegt eine Flexibilität im Verhalten, die nicht zum Bild eines unbewussten Tieres passt. Menschen können da tatsächlich nicht mithalten. Sie agieren in solchen Situationen konfuser. [98]

Owen und Mzee –
Eine Liebe in Kenia

Der Tsunami an Weihnachten 2004 hatte sie zusammengebracht. Das Flusspferd Owen wurde von der Flutwelle in den Ozean gespült und dabei von seiner Mutter getrennt. Mit Hilfe eines freiwilligen Helfers namens Owen gelang es, das verstörte Tier am Strand von Malindi einzufangen und in den Haller Park zu bringen. Doch die dort lebenden Hippos nahmen das etwa 300 Kilo schwere Baby nicht an. Stattdessen stürzte sich Owen, wie er nach seinem Retter heißt, auf das erste Gegenüber, das auch grau und groß war und leicht muffelig roch. Das war die Riesenschildkröte Mzee (ehrwürdiger alter Mann). Mzee ist über 130 Jahre alt und gehörte zu einer indischen Familie in Kenia.

Zunächst reagierte der Senior sehr scheu, doch schon bald war das ungleiche Paar unzertrennlich. Owen schmiegte seinen dicken Körper an den Panzer des Reptils. Beide badeten zusammen, aßen zusammen und schliefen zusammen, immer dicht beieinander.

Owen isst sogar dasselbe wie sein Ziehvater – Blätter, die jedes normale Flusspferd verschmähen würde. Auch Mzee spart nicht mit Liebesbekundungen. Er wagt es, seinen faltigen Hals in Owens Schlund zu stecken – und erntet dafür zärtliche Küsse des inzwischen auf Tonnengewicht gewachsenen Jungtiers. Alle Versuche, Owen in die Hippofamilie einzuführen, sind bislang gescheitert. Das Flusspferd folgt dem Panzertier auf Schritt und Tritt. [99]

Die Eidechse – auch nur ein Nerd. Oder auch nicht

Eidechsen haben wie Menschen unterschiedliche Persönlichkeiten. Manche Individuen sind eher Einzelgänger, andere ausgesprochen sozial. Die Persönlichkeit zeigt sich bei Eidechsen schon kurz nach der Geburt und bleibt ein Leben lang unverändert.

Pierre und Marie Curie von der Universität Paris erforschten die Persönlichkeiten von Bergeidechsen (Lacerta vivipara). Dafür sammelten sie Geruchsproben, indem sie erwachsene männliche Exemplare sechs Tage lang auf Löschpapier leben ließen. Diese Duftmarken legten die Wissenschaftler dann in verschiedene Käfige zu neugeborenen Eidechsen und beobachteten deren Reaktionen. Ein Teil der Tiere wich den Düften der Artgenossen aus und versuchte sogar, aus dem Käfig zu entkommen. Andere Eidechsen hingegen fühlten sich sofort wohl.

Und die Eidechsen blieben ihrer Meinung treu. Auch ein Jahr später reagierten die Tiere noch ähnlich. Demnach haben die Eidechsen die Vorlieben auch nicht erst im Laufe der Jugend entwickelt – etwa weil sie in besonders engen Verhältnissen zusammen mit vielen Artgenossen aufwuchsen. Zudem könne jede Eidechsen-Persönlichkeit auch andere Eigenschaften mit sich bringen. Es lasse sich etwa vorhersagen, dass einzelgängerische Eidechsen eher schüchtern und weniger aggressiv seien. Wie genau sich Persönlichkeiten bei den Tieren herausbildeten, sei noch unklar. Jedoch sei deren Existenz unter anderem wichtig bei der Beobachtung von Gruppendynamik. [100]

„Ich will doch nur spielen"…
Reptilien mögen Jux und Tollerei

Und wieder fällt ein Vorurteil über die angeblich so tumben Reptilien. Der Reptilienexperte Gordon Burghardt, 62, lehrt Evolutionäre Psychologie und Verhaltensökologie am Department of Psychology der University of Tennessee in Knoxville und berichtet, dass Alligatoren, Warane, Chamäleons, Schildkröten und Fische spielen.

In einem Interview im SPIEGEL erzählt der Biologe über das Kind im Kriechtier: „Wir haben beispielsweise eine Afrikanische Weichschildkröte untersucht, die seit über 60 Jahren im Zoo von Washington D.C. lebt. In den achtziger Jahren begann das Tier, sich selbst zu beißen und sich mit seinen eigenen Klauen zu verletzen. Daraufhin gaben die Tierpfleger der Schildkröte Bälle, Ringe und Stöcke, um sie abzulenken. Tatsächlich begann sie damit zu spielen – schließlich sogar ein Fünftel ihrer aktiven Zeit. Das ist sehr ungewöhnlich. Selbst Säugetiere verbringen selten mehr als zehn Prozent ihrer Zeit mit Spiel."

Warane gelten als intelligente Reptilien. Einen Sinn für Gaudi haben sie offenbar auch. Burghardt berichtet über eine junge Komodo-Waran-Frau, die ein echter Spaßvogel zu sein scheint. Das Tier spielt mit Eimern und trägt Dosen, Schuhe und Ringe in der Gegend herum.

Eines Tages klaute es sogar seinem Pfleger das Taschentuch aus der Hosentasche, um anschließend mit ihm daran um die Wette zu zerren. Burghardt: „Ein solches Verhalten würde bei Hunden oder Katzen sofort als Spiel interpretiert. Bei Reptilien tut man sich damit immer noch schwer."

Es zeigt sich, dass das Spielen ursprünglich möglicherweise gar keinen Sinn hatte. Wenn man beispielsweise westafrikanischen Elefantenrüsselfischen Bälle an Bändern ins Aquarium hängt, fangen die Tiere an, diese hin und her zu stoßen. Ein direkter Überlebensvorteil ist darin nicht zu erkennen. Es scheint allein der Spaß an der Freude zu sein, der zum

Ballspiel animiert. Tintenfische sind das beste Beispiel. Auch sie wurden beobachtet, wie sie Bälle herumgestoßen und sie immer wieder so in eine Wasserströmung gedrückt haben, dass sie zurückprallten. Burghardt: „Dieses Verhalten nicht als Spiel zu bezeichnen, wäre geradezu lächerlich. Oder wie nennen Sie es, wenn ein Mensch einen Ball immer wieder gegen eine Hauswand wirft?" [101]

Komm, spiel mit mir, Kroko

Vladimir Dinets von der University of Tennessee in Knoxville hat über ein Jahrzehnt Krokodile verschiedener Arten beobachtet und Beobachtungen von zahlreichen anderen Zoologen und Verhaltensforschern gesammelt. Darin zeigt sich, dass Krokodile ausgesprochen kreativ und gern spielen, und das in allen drei Kategorien von Spiel, die Verhaltensforscher unterscheiden: Spielen mit Gegenständen, reines Bewegungsspiel und soziales Spiel.

Krokodile tollen mit Bällen herum, rutschen zum Spaß Flussböschungen hinunter, surfen in der Brandung oder lassen sich huckepack tragen. Spielzeug ist am beliebtesten. Sie schubsen zum Beispiel mit Vorliebe treibende Objekte herum, von Bällen und Holzstücken bis zu pinkfarbenen Blumen, für die manche Arten eine besondere Vorliebe haben. In einem Bericht, den Dinets erhielt, schlugen zwei Alligatoren ein paar Keramikteile mit dem Schwanz in einem gefliesten Badezimmer herum – offenbar bloß, weil sie so schön laut schepperten. Wie Menschenkinder spielen sie auch gern mit dem Essen. Mehrere Wissenschaftler beobachteten, wie Krokodile tote Beutetiere herumwirbelten und in die Luft schleuderten, ohne ein Stück der Beute zu essen.

Soziales Spiel ist vor allem bei Krokokindern beliebt. Junge Kaimane spielen flirten, kleine Alligatoren lassen sich von älteren Kumpels huckepack tragen. Dies geschieht auch unter ausgewachsenen Tieren, wenn ein Krokodilmann seine Lebensabschnittsgefährtin zwar nicht auf Händen, dafür aber auf dem Rücken trägt. Interessanterweise spielen Krokodile nicht nur mit Artgenossen. Dinets selbst beobachtete einen „Alligatorteenager", der mit einem Flussotter herumtollte. [102]

Da geht's lang:
„Lehrer-Schildkröten" weisen den Weg

Sich Wege merken zu können, ist die eine Sache – doch von noch viel größeren kognitiven Fähigkeiten zeugt es, das Wissen von Artgenossen für sich selbst zu nutzen. Vor allem für denjenigen, der, wie im Fall der Köhlerschildkröte Moses, Einzelgänger ist und von dem Moment an, als er sich aus dem Ei kämpft, auf sich allein gestellt ist.

Trotzdem können auch diese Reptilien lernen, indem sie Artgenossen beobachten – die bisher überraschendste kognitive Leistung dieser Reptilien.

Moses und ihre drei Artgenossen Aldous, Molly und Quinn sahen zunächst zu, wie eine andere Schildkröte den Weg zum Essen fand. Dieses lag in der Spitze eines V-förmig aufgestellten Zauns. Um an die Belohnung zu kommen, musste das Reptil den linken oder rechten Schenkel des Zauns bis zu dessen Ende entlang laufen – also zunächst vom Futter weg –, um schließlich von der anderen Seite an die Belohnung zu gelangen.

Die vier Schildkröten, die dieses Vorgehen bei einem Artgenossen beobachtet hatten, wussten gleich, wie sie an die Belohnung kommen konnten. Und sie schienen das Prinzip der Aufgabe verstanden zu haben, denn die Tiere ahmten nicht einfach nur nach. Selbst wenn die „Lehrer-Schildkröte" den rechten Schenkel des Zauns entlang gelaufen war, wählten Moses und zwei ihrer Mitprobanden gelegentlich auch den Weg links herum. Ihre Artgenossen Alexandra, Wilhelmina, Esme und Emily aus der Kontrollgruppe hingegen scheiterten – ihnen hatte niemand den Trick gezeigt. [100]

Mauereidechsen navigieren im Übrigen fast so geschickt durch künstliche Labyrinthe wie Moses, und Florida-Rotbauch-Schmuckschildkröten wissen noch ein Jahr nach dem Training, was sie tun müssen, um von Forschern verstecktes Futter zu erreichen.

Ein Team der University of Lincoln in Großbritannien und der Universität Wien hat zudem entdeckt, dass südamerikanische Köhlerschildkröten dem Blick anderer Schildkröten folgen. Wenn diese einen Lichtpunkt oben an der Wand fixieren, den sie selbst nicht sehen können, schauen sie in den meisten Fällen ebenfalls nach oben. Das klingt zwar erst einmal nicht sonderlich spektakulär. Es kann jedoch sehr nützlich sein, wenn man darauf achtet, wohin die Gefährten schauen. Soziales Lernen funktioniert also sogar bei Einzelgängern. Wenn das nicht schlau ist... [103]

Chamäleons Empfindsamkeit: Einsamkeit in der Kindheit beschädigt fürs Leben

Kalte und gefühllose Instinktautomaten seien sie, diese Reptilien, so hieß es lange. Was für ein Rufmord!

Neue Forschungsarbeiten zeigen, dass unter Haut und Schuppen kompetente Problemlöser mit gutem Erinnerungsvermögen stecken, die als treue Partner, hingebungsvolle Eltern und als sozial lebende Wesen überzeugen, die Verwandte von Fremden unterscheiden und individuelle Tiere erkennen können. Wie weich der Kern unter der schuppigen Schale ist, zeigt nun eine Studie der University of Sydney im Fachblatt Animal Behaviour.

Normalerweise verbringen Jemenchamäleons die ersten Lebensmonate mit ihren Geschwistern. In Cissy Ballens Labor in Sydney wurden einige Chamäleonkinder alleine aufgezogen, während andere in Vierergruppen aufwuchsen.

Nach zwei Monaten ließen die Forscher die Jungen vom gleichen Geschlecht paarweise aufeinander los. Das freilich war erstmal völlig normal. Abgesehen von den wenigen Wochen nach dem Schlüpfen und der Paarungszeit sind Jemenchamäleons nämlich Einzelgänger und begegnen Artgenossen aggressiv.

Dies war auch im Labor zu beobachten, allerdings waren die hospitalisierten Chamäleons deutlich unterwürfiger. Sie flohen eher oder rollten sich zusammen. Dabei nahmen sie eine schwarze Färbung an als sichtbares Zeichen von Stress. Auch sonst zeugte das Farbspiel der isolierten Tiere von wenig Zuversicht: Während sich die geselligen Geschwister in leuchtenden Farben präsentierten, trugen die Einzelkinder dunkle und gedämpfte Töne.

Die einsam aufgewachsenen Echsen ziehen aber nicht nur in der sozialen Interaktion den Kürzeren. Sie sind zudem bei der Jagd langsamer und erfolgloser. Auch hier fehlt möglicherweise der frühe Konkurrenzdruck: Wer nicht drei hungrige Geschwister am Hacken hat, kann sich einfach ein wenig mehr Zeit lassen.

Offenbar profitieren Chamäleons durch den geschwisterlichen Kontakt in den ersten Lebenswochen stark. Wenn sie aber sozial isoliert aufwachsen, entwickeln junge Jemenchamäleons dramatisch veränderte Verhaltensweisen.

„Reptilien sind in ihrem Verhalten sehr viel flexibler und komplexer als bislang angenommen, wobei sie durch ihre Gene und ihre Umwelt beeinflusst werden", meint Cissy Ballen und liefert damit einen erneuten Beleg für das wenig flexible und komplexe Beobachtungsvermögen des Menschen. Aber immerhin lernen sie ja dazu. [104]

Die Nachahmer –
Bartagamen lernen von Kollegen

In der Welt der Bartagamen gibt es keine Schiebetüren. Trotzdem können sie lernen, wie man diese öffnet – durch reines Beobachten.

Bei dem Experiment von Anna Wilkinson und Ludwig Huber wurden Bartagamen in ein Terrarium gesetzt, das eine Schiebetür aus Draht zu einem Nebenzimmer hatte. Hinter der Schiebetür fanden die Agamen als Belohnung einen leckeres Motiv, die Tür auch zu öffnen: einen Mehlwurm, Bartagamens Leibspeis.

Durch die Drahttür hindurch konnten die Tiere zudem einen Computermonitor sehen, der drei Filme abspielte: Der erste zeigte eine Agame, welche die Tür nach links aufschob, im zweiten schob die Agame die Tür nach rechts auf. Der dritte Film zeigte eine Agame, die einfach rum saß, während die Tür von allein aufging.

Die Ergebnisse waren ziemlich eindeutig: Keine der Agamen schaffte es, die Tür zu öffnen, wenn sie nur den Film sahen, in dem die Tür von allein aufging,

Von denen, die einen der anderen Filme sahen, schafften es alle. Ein Agamen-Genie war bei allen 10 Versuchen erfolgreich, die schlechteste Agame schaffte immerhin zwei aus zehn. Es gab auch eine deutliche Präferenz dafür, die Tür genau auf der Seite aufzuschieben, welche die Tiere vorher im Film gesehen hatten. Im ersten geglückten Versuch wählten sogar alle Tiere genau diese Seite. Auch die Schiebebewegung, mit der das Tier im Film die Tür geöffnet hatte, wurde von den Tieren nachgeahmt. [105]

Moment mal! Da fehlt doch wer?!
Über die Klugheit der Warane

Warane können zählen. Dies wurde mit einem Experiment im Zoo von San Diego bewiesen, bei dem Weißkehlwarane (V. albigularis) daran gewöhnt wurden, in einem bestimmten Raum stets eine gegebene Anzahl von Schnecken vorzufinden. Nach mehreren Durchläufen wurde eine Schnecke entfernt. Kaum hatten die Warane alle Schnecken verzehrt, begannen sie, den ganzen Raum nach der fehlenden Schnecke abzusuchen. Auch die Möglichkeit, in eine weitere Kammer mit Schnecken zu gelangen, wurde nicht genutzt. Erst die Gabe einer weiteren Schnecke beruhigte die Warane. Bei bis zu 6 Schnecken bemerkten die Warane eine fehlende Schnecke.

Warane in Gefangenschaft können ihre Pfleger von anderen Personen visuell unterscheiden. Es gibt auch Berichte über Nilwarane, die bei der Jagd kooperierten. Der Wissenschaftler U. Krebs schließt in seiner Arbeit über Warane aus den Beobachtungen und der vorliegenden Literatur, dass sie Probleme lösen können, aus Erfahrungen lernen und ein gutes Gedächtnis haben. Ebenso spricht er Waranen die Fähigkeit zur Generalisation, Kategorisierung und Unterscheidung ähnlicher Individuen zu. [106]

Zwei Forscher entdecken den Verstand der Echsen

Die Biologen Manuel Leal und Brian Powell von der Duke-Universität in Durham, North Carolina, haben mit einem kleinen Test nachgewiesen, dass Echsen nicht so blöde sind, wie sie selbst dachten.

Die Forscher präsentierten sechs kleinen leguanartigen Echsen Anolis evermanni aus Puerto Rico zwei Löcher. Das eine davon hatte einen Deckel, darunter steckte ein Wurm, ein echter Leckerbissen. Entsprechend schnell entdeckten die Echsen den Snack. Jedenfalls die meisten. Vier der sechs Versuchstiere lernten, dass sie den Deckel anheben oder ihn herunterziehen mussten, um an den Wurm zu gelangen. Als die Forscher beide Löcher mit verschiedenfarbigen Deckeln bedeckten, wählten die Echsen direkt das richtige Loch: Sie hatten verstanden, dass die Deckelfarbe den Wurm anzeigt.

Die Echsen sind also nicht nur in der Lage, neue Probleme zu lösen, sondern können sich die Lösung auch merken. Selbst als die Forscher die Deckel vertauschten und das Loch unter dem bisher mit dem Wurm in Verbindung gebrachten Deckel plötzlich leer war, überraschten zwei Vertreter der Spezies Anolis evermanni mit unerwarteter Cleverness: Sie gingen – nachdem sie das gewohnte Loch leer vorfanden – zum anderen und wurden dort fündig. [107]

So groß, so dick!
Alligatorenruf informiert über Körpergröße

Alligatoren geben ihren Kollegen mithilfe akustischer Signale verlässliche Informationen über ihre Größe, haben Wissenschaftler um Stephan Reber von der Universität Wien herausgefunden.

Die Rufe der im Südosten der USA heimischen Mississippi-Alligatoren sind das ganze Jahr über zu hören, besonders oft kann man das laute, tiefe Grummeln aber in Zeiten vernehmen, in denen die Alligatormänner auf Brautschau sind. Dann dröhnt es förmlich aus den Flüssen und die Vibrationen des Schalls lassen das Wasser tanzen.

Das Ziel scheint klar: Das tiefe Gebrüll soll attraktive Damen verführen und gleichzeitig lästige Nebenbuhler abschrecken. Die Rufe sind offenkundig persönliche Steckbriefe mit wichtigen persönlichen Eckdaten für die Adressaten.

Für ihre Studie nahmen die Forscher die Rufe von 43 ausgewachsenen Alligatoren auf. Ihre Analyse ergab, dass die Resonanzen ein nahezu perfekter Indikator für die Körpergröße der Tiere sind – und auf die Größe kommt es im Alltag der Alligatoren tatsächlich an. So akzeptieren Alligator-Damen in der Regel nur Herren als Partner, die größer sind als sie selbst. Außerdem setzen sich größere Alligatoren mit hoher Wahrscheinlichkeit in Machtkämpfen um Reviere durch. [108]

Krokodile benutzen Werkzeuge

Unterschätzt zu werden, kann gewisse Vorteile mit sich bringen, meistens jedoch ist damit die Absicht verbunden, jemandem an Leib, Leben und Würde zu gehen.

Zum Beispiel Krokodile. Sie gelten bei den meisten Menschen nicht als geistige Überflieger, sondern werden vielmehr für lethargisch, dumm und langweilig gehalten. Der Zoologe Vladimir Dinets von der University of Tennessee in Knoxville hat im Rahmen seiner Forschungsarbeit allerdings herausgefunden, dass das einzige, was dumm ist, diese Meinung ist. Er entdeckte, dass zumindest zwei Krokodil-Arten auf eine raffinierte Jagdtechnik setzen, bei der sie ihre Opfer mithilfe von Stöcken ins Verderben locken. Damit gehören die Panzerechsen zum ziemlich kleinen und exklusiven Kreis von Tieren, die Werkzeuge einsetzen – eine Fähigkeit, die noch vor ein paar Jahrzehnten als typisch menschlich galt.

Zum ersten Mal hatte der Forscher bei Sumpfkrokodilen in Indien beobachtet, wie diese stundenlang bewegungslos im flachen Wasser eines Tümpels lagen und kleine Zweige auf ihren Schnauzen balancierten. Dann landete ein Reiher und streckte seinen Schnabel nach einem solchen Ästchen aus. Und da schnappte das Krokodil zu. Da Mitarbeiter einer Krokodilfarm in Florida dieses sonderbare Gebaren auch bei den dortigen Mississippi-Alligatoren beobachtet hatten – auch diese hatten ein Faible für Zweige auf der Nase und erzielten damit immer wieder Erfolge bei der Reiherjagd –, ging Vladimir Dinets der Sache systematisch auf den Grund Ein Jahr lang hat er Alligatoren überwacht, die in verschiedenen Gewässern Louisianas lebten – mal mit und mal ohne Reiherkolonien in der Nachbarschaft. Die Ergebnisse waren eindeutig: Stöcke auf der Nase zu tragen ist in Alligator-Kreisen offenbar nur zu Zeiten angesagt, wenn Reiher zwischen März und April mit der Bau der Nester beschäftigt sind. Die Tiere scheinen also nicht nur Werkzeuge zu benutzen, sondern deren Einsatz sogar auf die Jagdsaison abzustimmen. [109]

In Liebe und Dankbarkeit

Und es gibt sogar einige Fälle, in denen Krokodile Freundschaft mit Menschen schlossen. Ein Beispiel ist die rund 20-jährige Beziehung zwischen dem costa-ricanischen Fischer Gilberto Shedden und einem 500 Kilogramm schweren Krokodil, dem er den Namen Pocho gab.

Gilberto hat das Krokodil 1989 verletzt in einem Fluss an der Ostküste Costa Ricas gefunden. Bauern hatten dem Tier ein Auge ausgeschossen und mit der Schusswunde sich selbst überlassen. Gilberto holte das todgeweihte Krokodil ins Boot und brachte es zu sich nach Hause. Sechs Monate wich der Mann seinem Schützling nicht mehr von der Seite. Er fütterte Pocho mit Hühnchen und Fischen und versorgte ihn mit Medikamenten. Er schlief sogar neben ihm. Pocho fasste Vertrauen in seinem Retter, und als dieser ihn endlich geheilt in die Freiheit entlassen wollte, zog er die Gesellschaft seines neuen Freundes dem Alleinsein vor. Er kehrte zurück.

20 Jahre lang leben die beiden zusammen. Es habe Jahre gedauert, bis er erkannt habe, dass Poncho die Beziehung mit ihm ausdrücklich wollte, bedauerte Gilberto. Ab dann gingen beide regelmäßig zusammen schwimmen. Pocho hatte Spaß daran, seinen Kumpelmenschen zu erschrecken, mit ihm herumzutollen und ihm ab und an ein Küsschen zu verpassen.

Am 12. Oktober 2011 ist Pocho eines natürlichen Todes gestorben. Hunderte Menschen nahmen am Trauerzug teil. [110]

Straußeneltern – zu allem bereit

Straußenvögel leben oft in großen Verbänden mit hunderten Mitgliedern. Diese Verbände setzen sich aus einzelnen Familien zusammen, die sich im sozialen Leben deutlich voneinander distanzieren. Insofern eine ziemlich menschliche Angelegenheit. Diese Familien bestehen aus einem Mann, einer Hauptfrau und einigen Nebenfrauen. Auch das dürfte uns aus eigenen Kulturkreisen durchaus vertraut vorkommen.

Die Damen legen ihrem Mann dann zur Brutzeit jeden zweiten Tag ein Ei vor die Brust, das der dann unter seinen Körper schiebt. Nach drei Wochen liegen 30 bis 40 Eier im Haremsnest. Sechs Wochen lang brütet nun der Hahn die meiste Zeit, nur die Mittagsschicht übernimmt jeweils die Haupthenne. Die Nebenhennen haben bei dieser Angelegenheit nichts verloren.

Hahn und Henne können allerdings nicht mehr als zwanzig der Rieseneier mit ihrem Körper bedecken. Bei größeren Gelegen bleibt ein Teil der Eier ungeschützt und geht zugrunde. Vor einigen Jahren ging der englische Zoologe Brian Bertram der Frage nach, ob das Schicksal, nicht ausgebrütet zu werden, alle Eier gleichermaßen treffe oder ob die Tiere selektiven Eiermord betrieben.

Er beobachtete im ostafrikanischen Tsavo-Nationalpark und in der Serengeti monatelang mehrere Straußennester. Und was beobachtete er da? Während der Hahn alle Eier, so gut es ging, bedeckte, sortierte die Henne einige der Eier an den Rand der Mulde aus. Nähere Untersuchungen ergaben, dass die brütende Haupthenne ausschließlich die Eier ihrer Rivalinnen verbannte. Wie sie aber ihre eigenen Eier von den fremden unterscheidet, ist bis heute auch den findigsten Menschen ein Rätsel. Das Motiv indes scheint offensichtlich: wer will sich schon für die Kinder fremder Mütter abrackern, wenn die Ressourcen gerade mal für die eigenen reichen?

Sind die Küken dann geschlüpft, wird auch der Hahn zum „Fortpflanzungstaktiker". Der Hahn und seine Lieblingshenne versuchen, durchaus gewaltsam, die Kinder anderer Eltern zu entführen und integrieren diese

bei Erfolg dann in die eigene Kinderschar. Erfolgreiche Kidnapper können so die Küken mehrerer Familien sammeln und ziehen dann mit einer großen gemischten Patchworkkinderschar durch das Land. Diese kann aber auch erneut von einem anderen Straußenpaar gekidnappt werden.

Und warum das Ganze? Je größer die Kinderschar, desto kleiner die Gefahr, dass es im Falle eines Raubtierangriffs die eigenen Kids erwischt, argumentieren die Forscher. Die fremden Blagen sind der lebende Schutzschild für die eigenen Kinder. Ziemlich schlau. Und im Übrigen auch sehr fürsorglich gegenüber den eigenen Kindern, die man um jeden Preis beschützen will. Da muss schon große Liebe dahinterstecken, schließlich sind es ja die Gefühle und die Gedanken, die zum Beispiel uns Zweibeiner durchs Leben leiten. [112]

Hühner haben sich viel zu sagen

Verhaltensforscher wie der norwegische Zoologe Thorleif Schjelderup-Ebbe haben sich schon zu Beginn des vorigen Jahrhunderts mit der Sozialpsychologie des Haushuhns beschäftigt. Als 19-Jähriger beschrieb Schjelderup-Ebbe die Laute und später die sehr spezielle Hierarchie in Hühnergemeinschaften, die heute als Hackordnung bekannt ist. Sie zu etablieren setzt die Fähigkeit voraus, Individuen zu erkennen und richtig zuzuordnen.

Heute gehen Forscher das Thema mit allen Mitteln des technologischen Zeitalters an, und der erste wissenschaftliche Nachweis inhaltlicher Unterhaltung bei Nicht-Primaten gelang ausgerechnet bei den als dumm verschrienen Hühnern. Australische Verhaltensbiologen haben mit Hilfe von Lautsprechern und Bildschirmen virtuelle Umgebungen geschaffen, um die Kommunikation der Hühner zu erforschen. Dr. Joy Mench, Professorin an der University of California in Davis, erklärt zum Ergebnis: „Sie können mehr als hundert andere Hühner erkennen und sich an sie erinnern. Sie verfügen über mehr als dreißig Arten von Verständigungslauten."

Ähnlich wie Primaten informierten sich die Vögel gegenseitig über Nahrungsquellen, berichten australische Forscher. Hühner teilen ihren Artgenossen per Gackern mit, wenn sie ein Korn gefunden haben. Je nach Nahrungsart wählen Hühner dafür bis zu zwanzig verschiedene Töne, so Evans. „So gackern die Hühner bei Mais anders als bei ihrem normalen Futter." Allzu menschlich verhalten sich die Hähne bei der Kommunikation mit Hühnern: Wenn sie Futter entdecken, locken die Hähne durch Krähen die Hennen herbei. Raffiniert bedient sich der Hahn jedoch auch des „Futterlockrufs", wenn er Bock auf einen Quickie hat, aber zu faul ist, seinem Harem hinterherzulaufen. Oder der Chef des Clans es nicht mitbekommen soll. Auch menschliche Weibchen lassen sich „davor" gern zum Essen einladen, während der Gockel nur eines im Sinn hat. Passt aber das angebotene Essen nicht, merken sich das die Hennen und fallen beim zweiten Mal nicht auf den Hochstapler rein. [113]

Hennen unterrichten ihre Küken

Forscher der Universität Bristol (England) haben Mutterhennen verschiedenfarbige Körner angeboten: gelbe und blaue, wobei die blauen einen Inhaltsstoff enthielten, der den Hühnern Übelkeit bescherte. Die Hennen lernten schnell, die unangenehmen blauen Körner zu vermeiden. Als sie später Küken führten, wurden ihnen die gefärbten Körner erneut angeboten. Die Hennen zeigten sich augenblicklich um ihre Jungen besorgt und drängten diese von den blauen Körnern weg, um sie zu den gelben zu führen. Die Studie zeigt, dass Hühner eine Vorstellung davon haben, dass Übelkeit erregendes Futter auch ihre Jungen belasten könnte. [114]

Hühner können vorausdenken

Das Labor für Tierverhaltensforschung an der Macquarie University in Sydney erforscht die Intelligenz der Hühner. Man kam zu dem Ergebnis, dass Hühner imstande sind zu verstehen, dass kürzlich versteckte Gegenstände noch vorhanden sind. Menschliche Kleinkinder können das nicht!

Und Hühner können auch zukünftige Ereignisse vorhersehen: Bei entsprechenden Experimenten erhielten Hühner eine Futterbelohnung, wenn sie sich bei der Essenausgabe eine halbe Minute zurückhielten. 90% der Hühner entschieden sich für's Maßhalten und für den Jackpot. Hätten die Hühner keine Vorstellung von der Zukunft, so würden sie zu früh picken und den Jackpot laufend verpassen. In einer anderen Verhaltensstudie untersuchte man, ob Hühner ein Ursache-Wirkungs-Verhältnis verstehen können. Verletzten Hühnern wurden zwei Futtersorten angeboten, wobei eines ein schmerzstillendes Mittel enthielt. Die Vögel verstanden rasch, dass das schmerzstillende Futter von Vorteil ist und bevorzugten dieses.

Auch logische Schlussfolgerungen sind kein Ding für Hühner. Sie bewältigen dabei Herausforderungen, die Menschenkinder erst im Alter von sieben Jahren schaffen. [115]

Hühner leiden mit

Britische Forscher haben herausgefunden, dass auch Hühner fähig sind, sich in andere Hühner einzufühlen.

Veterinärmediziner um Joanne Edgar von der Universität in Bristol beobachteten in einer Studie 32 Glucken und deren Küken. In einer festgelegten Testprozedur attackierten sie die Küken alle 30 Sekunden mit einem Luftstoß aus einer Druckdose. Die Hennen reagierten eindeutig auf ihr gestresstes Küken: Ihr Herz raste, die Temperatur von Augen und Kamm fiel ab, die Hennen hörten mit ihrer üblichen Federpflege auf und sie wurden aufmerksamer.

Die gleiche Reaktion zeigten die Hennen, wenn sie selbst angepustet wurden – mit einem Unterschied: Nur wenn das Küken offensichtlich litt, fing das Herz der Hennen an, heftiger zu schlagen. Wurden die Muttertiere indes selbst mit einem Luftstoß traktiert, stieg ihre Herzfrequenz nicht an. Die Reaktionen der Hennen zeigen, dass sie eine starke Sensibilität gegenüber der Befindlichkeit ihrer Küken besitzen, folgern die Forscher.

Ob Hühner Schadenfreude empfinden, ist indes bisher nur anekdotenhaft beschrieben. Die FAZ zitiert in einer Reportage über Hühner die Betreiberin eines Freiland-Hühnerhofs, die erzählt, wie ihr Lebensgefährte einmal ein Huhn aus dem Auslauf „holen" wollte. Die bedrohte Henne flüchtete in einer wilden Verfolgungsjagd schließlich auf einen Teich zu, wo sie einen perfekten Haken nach links schlug. Ihr Verfolger konnte nicht mehr rechtzeitig reagieren, rutschte auf dem schlammigen Ufer aus und landete der Länge nach im Wasser. „Der Witz war, dass die Henne nicht einfach weiterlief, um sich in Sicherheit zu bringen", erinnert sich Frau Albrecht. „Sie blieb stehen, drehte sich um und fing an zu gackern. Es hörte sich an, als ob sie sich kaputtlacht." [116]

Gänse: Emotionale Intelligenzbestien

Wissenschaftler der Konrad-Lorenz-Forschungsstelle Grünau haben herausgefunden, dass Graugänse über eine außerordentlich hoch entwickelte soziale Intelligenz verfügen. Sie kennen die familiären Verflechtungen innerhalb der Kolonie genau und wissen, wer mit wem verbandelt ist, wer mit wem gut kann und mit wem nicht. In einer Kolonie von etwa 100 Gänsen kennen sich alle. In Lebensgemeinschaften von 1000 Mitgliedern gilt dies zwar nicht mehr, aber verwandte Gänse kennen sich auch hier noch gut. Das Sozialleben der Gänse ist ähnlich komplex wie das von Primaten.

Die Beziehungskisten zwischen Gänsen sind dabei ziemlich vielfältig. Es gibt Hetero-Paare, Dreiecksbeziehungen und Homopaare. Und die Liebe ist messbar: Überraschendes haben die Grünauer Wissenschaftler herausgefunden, als sie über Funk den Herzschlag von Graugänsen gemessen haben, um zu untersuchen, wie dieser von „sozialen Interaktionen" beeinflusst wird. Ist der Partner oder das Kind an Interaktionen beteiligt, geht der Herzschlag kräftig in die Höhe: von 100 auf etwa 400 Schläge pro Minute. Wenn Gänsemütter zum Beispiel am Nest hocken und andere Gänse in der Umgebung landen, passiert gar nichts – auch bei Kontaktrufen nicht. Wenn jedoch der Partner kommt, kochen die Emotionen hoch und die Herzfrequenz steigt auf 400 bis 500 Schläge. Genauso verhält es sich, wenn ein Freund sich mit einer anderen Gans prügelt. Äußerlich reagieren Gänse darauf ungerührt, das Herzchen aber rast. [117]

Gans traurig

Da die Gänse für die Dauer ihres fünfzehn- oder gar zwanzigjährigen Lebens eine absolut feste Paarbindung eingehen, bedeutet der Tod des einen für den anderen einen Schicksalsschlag, von dem er sich kaum erholt. Bestenfalls halbherzig schließt er sich nochmal mit einem neuen Partner zusammen. So wie in folgendem Fall:

Selma war Witwe und hatte sich nach einer schweren Trauerphase mit dem Ganter Gurnemanz zusammengetan. Ihm war es damit völlig ernst, für sie war er nur ein Notnagel und schließlich verließ sie ihn zu Gunsten eines anderen Ganters namens Ado.

Der Bildband „Jahr der Graugans" von Konrad Lorenz zeigt zugegeben ziemlich voyeuristisch die Entwicklung dieser Dreiecksgeschichte in einer intimen Fotoserie: wie Selma Ado schöne Augen macht, wie Gurnemanz sich hindernd zwischen die beiden zu schieben versucht, wie die Rivalen kämpfen, und zum Schluss den Verlierer, der völlig vernichtet auf dem Boden kauert. Man mag kaum hinsehen.

Aber auch Ado hat Schweres mitmachen müssen. Susanne-Elisabeth, seine große Liebe, war von einem Fuchs getötet worden. Ado stand schweigend neben ihrem Nest, in dem ihr verstümmelter Leichnam lag. In den folgenden Tagen verharrte er in einer gekrümmten Stellung und ließ seinen Kopf hängen. Die Augen fielen ein. Sein Status in der Schar sank dramatisch, weil er nicht die Kraft hatte, sich gegen die Angriffe anderer Gänse zu verteidigen. Gänse bringen – ähnlich wie viele Menschen – wenig Mitgefühl für einen seelisch Gebrochenen auf. Erst nach einem Trauerjahr war Ado bereit, sich neu zu verlieben. [118]

Mary und John
und die wahre Liebe

Gibt es „Liebe" bei Tieren? Diese Frage ist allein deshalb schwer zu beantworten, weil es noch nicht einmal eine allgemeinverbindliche Definition für „Liebe" gibt, dafür aber unzählige Interpretationen je nach ideologischem Hintergrund. Außerdem betrifft Liebe ein Gefühl, das sich nur dem Innenleben wirklich eröffnet und von außen kaum zu fassen ist. Wissenschaftlich nachweisbar ist sie nicht. Bei niemandem. Wir interpretieren sie hinein, indem wir ihren Ausdruck wahrnehmen und entsprechend einordnen – zumindest bei Menschen. Unzählige Anekdoten aus der Welt der Tiere geben uns jeden Grund dazu, sie auch bei den anderen Tieren zu erkennen. Eine diese Geschichten über Liebe bei Enten erzählt Dr. Arthur Peterson, ein amerikanischer Wissenschaftler. Vor einigen Jahren beobachtete der Forscher Enten am See auf dem Grundstück seiner Eltern. Fasziniert verfolgte er dabei, wie ein Erpel, den er John nannte, sich unentwegt um eine Entendame, genannt Mary, kümmerte. Es war keine Balzzeit, sodass es keine offensichtliche Erklärung dafür gab.

Als John eines Tages Mary für einen Moment alleine gelassen hatte fing Dr. Peterson Mary mit einem Netz ein, um sie zu untersuchen. Zu seiner Überraschung stellte er fest, dass Mary völlig blind war. Gerührt ließ der Forscher sie wieder frei. Unmittelbar danach kam John zurück und lief sofort zu Mary. Er quakte mehrmals, offensichtlich um Mary zu beruhigen, und führte sie dann fort.

John war eine Blindenente. [119]

Liebe und Leben

Enten lieben. Und Enten wollen leben. Jeffrey Masson sammelte in seinem Buch „Wovon Schafe träumen" eine Fülle von Anekdoten, wie die Tiere ihren Lebenswillen alljährlich zur Beginn der Jagdsaison offenbaren. Jäger berichten darüber genauso wie Besitzer von Schutzgebieten, wie der Versicherungsmanager Rex Neary, der nördlich von Aukland wohnt. Er berichtet, dass jedes Jahr am Abend vor Beginn der Jagdsaison sich seine Teiche mit Enten füllen: „Sie wissen es", sagte er verwundert. „Ich weiß nicht wie, aber sie wissen es."

Fernando Yusingco berichtete Ähnliches. Er ist sich sicher: Die Wildenten wüssten, dass es sich um ein Schutzgebiet handelt und suchten es zu Jagdzeiten auf. Ein Jäger erzählt: „Sie sind an uns Jäger gut gewöhnt, und ab dem Tag vor Beginn der Jagdzeit lassen sie sich nicht mehr blicken. Keine Ahnung, wie sie das wissen." [120]

Entenküken denken bereits abstrakt

Das Phänomen Prägung wurde vor allem von Konrad Lorenz ausführlich beschrieben. Der Begriff benennt das Phänomen, dass geschlüpfte Küken das erstbeste, sich bewegende Objekt oder Subjekt als Mutter identifizieren und sich nicht mehr davon abbringen lassen.

Für viele taugt dieses Phänomen phantastisch, insbesondere Vögel als einfach gestrickt zu diskriminieren. Das Küken schlüpft und speichert quasi ein Foto der Mutter ab, dem es dann mit extremer Anhänglichkeit folgt – ein wenig komplexer Vorgang.

Aber selbst die Prägung läuft längst nicht so einfach ab wie geglaubt. Die Zoologen Antone Martinho und Alex Kacelnik von der Universität Oxford zeigten gerade geschlüpften Küken zwei sich bewegende Gegenstände. Die einen Küken bekamen zwei gleiche Objekte präsentiert, etwa zwei Kugeln; die anderen zwei unterschiedliche, etwa einen Kegelstumpf und einen Zylinder. Im Anschluss präsentierten sie den Küken zwei völlig neue Gegenstandspaare, die entweder gleich oder eben verschieden waren.

Die auf „gleich" konditionierten Küken folgten dem „gleichen" Objektpaar, die auf „ungleich" geprägten dem ungleichen, auch wenn sie das in der konkreten Gestalt noch nie zuvor gesehen hatten. Dass junge Entenküken zu solch abstrahierendem Denken fähig sind, überraschte die Forscher. [121]

Mit List und Gewalt –
Vendetta bei Familie Kuckuck

Jedes Jahr das gleiche Drama. Wenn im Mai die Singvögel Eier gelegt haben, wartet der Kuckuck auf seine Gelegenheit. Kaum wird das Nest für einen Moment verlassen, ist die Kuckucksdame schon vor Ort, verschmatzt in Sekundenschnelle ein Ei aus dem Gelege und schmuggelt dafür ihr eigenes hinein, auf dass dieses dann von den unfreiwilligen Pflegeeltern großgezogen wird. Angeblich kichert sie dabei schadenfroh, Forscherohren haben es genau vernommen. Und anderes:

Wie Forscher der Universität Cambridge herausfanden, lenkt die Kuckucksdame den Nestbesitzer mit einem Ruf ab, der dem eines Sperbers gleicht. Der Sperber ist nämlich ein natürlicher Feind der häufigsten Wirtsvogelarten, die Kuckuckseier ausbrüten. Oft merken es die Nestbesitzer nach der Rückkehr gar nicht, dass ihnen zwischenzeitlich ein Kuckucksei untergeschoben wurde. Kuckucke benutzen nämlich jeweils ganz bestimmte Vogelarten und wissen ihr Ei in Form und Färbung dem ihrer jeweiligen Lieblingswirte anzupassen. So legt ein Kuckuck, der Gartenrotschwänze bevorzugt, meist glänzend grünlichblaue Eier; in den Nestern von Teichrohrsängern sind es dagegen weiße Eier mit olivbraunen Flecken.

Manchmal aber fliegt die Lüge auf, doch selbst dann fliegt das fremde Ei meist nicht aus dem Nest. Einige Kuckucke haben nämlich die Methode Vendetta für sich entdeckt und wenden sie gnadenlos an gegen alle, die sich gegen die unfreiwillige Elternschaft zur Wehr setzen. Fliegen ihre Eier aus fremden Nestern, können Kuckucke rabiat werden: Sie gehen dann zum Angriff über, beschädigen mutwillig die Eier der unbeugsamen Eltern, oder zerstören gleich das ganze Nest.

Sie agieren wie ein Schlägertrupp, der ein Restaurant verwüstet, weil dessen Besitzer es versäumt hat, Schutzgeld an den örtlichen Mafiaclan zu zahlen. Die Überzeugungsarbeit des Schlägertrupps führt allerdings meist dazu, dass der Restaurantbesitzer ein paar Scheine abdrückt. Aber die Kuckucke haben eigentlich nichts zu gewinnen, ihr Ei ist ja bereits verloren, wozu also der Aufwand? Was auf den ersten Blick wie blinde und sinnlose Rache aussieht, ist jedoch Teil einer Strategie. Bei den Wirtseltern soll der Widerstandsgeist gebrochen werden.

Das erklärt, warum Arten wie Elstern oftmals fremde Eier wie ihre eigenen ausbrüten und hegen, sogar wenn diese ganz anders aussehen. Die Vögel könnten natürlich erkennen, dass der Nachwuchs nicht ihnen gehöre, tolerierten ihn aus Furcht vor Vergeltung aber trotzdem, so die Forscher. Die Kuckucke machten ihren Opfern also ein Angebot, dass sie nicht ablehnen können. Wenn sie Vergeltung vermeiden wollen, müssen sie das fremde Ei behalten.

Die Methode Vendetta hat noch einen weiteren, unschätzbaren Vorteil. Setzen die Kuckucksvögel auf Vergeltung statt etwa auf Anpassung ihrer Eier an die der Wirtsvögel, so können sie ihre Eier fast jeder anderen Vogelart unterschieben, Größe und Form spielen keine Rolle mehr. Nur noch die Furcht vor der Kuckucksgang. [122] [123]

Tauben:
Kunstkenner mit Elefantengedächtnis

Drei Jahre lang untersuchten Joël Fagot von der Mittelmeer-Universität in Marseille und Robert Cook von der Tufts-Universität in Medford das Gedächtnis der Tauben und stellten fest, dass sich die Tiere erstaunlich gut erinnern können. Die Wissenschaftler zeigten den Tauben verschiedene Farbbilder. Bei jedem Bild leuchtete eine Markierung rechts oder links davon auf. Wenn den Tieren die Bilder später erneut gezeigt wurden, mussten sie antworten, indem sie mit einem Hebel oder durch Picken mit dem Schnabel die Markierung auf der richtigen Seite aussuchten. Die Tauben merkten sich 800 bis 1200 verschiedene Bilder, ehe ihr Gedächtnis an Grenzen stieß. [14]

Und Tauben sind auch echte Kunstkenner. Japanische Psychologen haben Tauben darauf trainiert, Bilder von Van Gogh und Chagall, sowie Monet und Picasso zu unterscheiden. Sie lernten dabei nicht nur individuelle Malstile zu erkennen, sondern auch ganze Schulen der Bildenden Kunst. Das schaffen in der Präzision allenfalls ausgesprochene Kunstkenner. Die Tauben können sogar zwischen „schönen" und „schlechten" Gemälden unterscheiden. Deshalb brauchen wir mehr Tauben, schreibt der Primatenforscher Frans de Waal: „Es sind die einzigen Experten, die sich nicht von großen Namen, astronomischen Preisen und Echtheitszertifikaten täuschen lassen." [125] [126] [127]

Hochbegabte Tauben – Im IQ-Test besser als Menschen

Schon lange ist bekannt, dass die visuellen Fähigkeiten von Tauben die der Menschen übertreffen. Bei Intelligenztests, die die Zuordnung von in sich gedrehten und gespiegelten Mustern fordern, schneiden Tauben besser ab als sogar hochintelligente Schüler und Studenten.

Nun hat man herausgefunden, dass auch im Multitasking die Tauben die Zweibeiner in den Schatten stellen. Eine Taube ist dazu in der Lage, genauso schnell zwischen zwei Aufgaben hin und her zu wechseln wie der Mensch – in manchen Situationen ist der Vogel sogar noch schneller. Zu diesem Ergebnis kommen Biopsychologen der Ruhr-Universität Bochum und der Technischen Universität Dresden. Bei ihrer Studie testeten die Forscher 15 Menschen und 12 Tauben mit einer Multitasking-Aufgabe. Die Probanden mussten dabei eine gerade ablaufende Handlung stoppen und so schnell wie möglich zu einer zweiten Handlung wechseln. Sowohl Tauben als auch Menschen wurden durch das Stoppen der ersten Handlung und den Wechsel zur zweiten Handlung langsamer. Bei diesem Wechsel schnitten die Tauben aber 250 Millisekunden schneller ab als die Menschen.

Die Forscher vermuten, dass die Ursache für das bessere Abschneiden an der höheren Dichte an Nervenzellen im Gehirn der Tauben liegt. Pro Kubikmillimeter besitzen Tauben sechsmal mehr Nervenzellen als Menschen. [128]

Brieftauben nehmen
die Autobahn

Brieftauben finden nach Erkenntnissen britischer Forscher genauso nach Hause wie Menschen: Sie nehmen die nächste Autobahn und biegen an Kreuzungen ab. Als hätten sie einen Reiseatlas dabei, wählen die Tauben demnach nicht die direkte Luftlinie, sondern richten sich nach großen Straßen oder Schienen.

„Wir haben einige verfolgt, die die Ausfallstraßen in Oxford entlang geflogen sind und dann sogar an bestimmten Kreuzungen abbogen", sagte der Verhaltensforscher Prof. Tim Guilford der Zeitung „The Times". Ihre Flüge seien dadurch zum Teil deutlich länger ausgefallen als die reine Luftlinie.

„Es hat unser Forschungsteam wirklich umgehauen, dass die Tauben ihren eingebauten Orientierungssinn zu ignorieren scheinen und stattdessen dem Straßensystem folgen", sagte Guilford. „Es war fast schon komisch." Ein Vogel sei sogar einem Kreisverkehr gefolgt. Für die Studie wurden Dutzende von Testflügen ausgewertet, für die man Tauben mit einem kleinen Sender ausgestattet hatte.

„Für die Navigation bei Langstreckenflügen und wenn die Vögel eine Strecke zum ersten Mal fliegen, benutzen sie ihren eingebauten Kompass und orientieren sich am Stand von Sonne und Sternen", erläuterte Guilford. Aber danach entschieden sie sich für den einfachsten und gewohnten Weg, und dabei seien deutliche Orientierungspunkte wie Autobahnen entscheidend. [129]

Auch Tauben können Mathe und verstehen die Grundlagen von Einsteins Relativitätstheorie

Dass Tauben zählen können, war Wissenschaftlern bereits bekannt. Aber die Vögel beherrschen sogar einfache Mathe-Regeln, und das genauso gut wie Rhesusaffen.

In entsprechenden Versuchen an der University of Otago in Neuseeland lernten die Tauben, auf drei gleichzeitig gezeigte Monitorbilder mit ei-

nem, zwei und drei unterschiedlichen Symbolen zu picken – und zwar in genau dieser Reihenfolge. Nachdem die Tiere dies beherrschten, wurde ihnen eine schwerere Aufgabe gestellt: Sie sollten die entsprechende Reihenfolge einhalten, wenn ihnen nur zwei Bilder gezeigt wurden, die zwischen einem und neun Symbolen zeigten.

„Ich war schon überrascht, dass Affen das konnten", kommentiert Elizabeth Brannon auf der Homepage des Magazins „Current Biology". „Dass Tauben es auch können, sollte uns noch stärker beeindrucken."

Edward Wasserman von der University of Iowa konnte nachweisen, dass Tauben in der Lage sind, intelligente Entscheidungen zu treffen, und räumliche und zeitliche Dimensionen abschätzen können – zwei Schlüsselmomente der Relativitätstheorie von Einstein. Auf einem Computer-Bildschirm wurde den Tauben eine längere oder eine kürzere Linie (sechs bzw. 24 Zentimeter) für einen längeren oder einen kürzeren Zeitraum (zwei bzw. acht Sekunden) gezeigt. Danach sollten die Tauben aus vier Symbolen auswählen, ob die Linie nun lang oder kurz war und ob sie lang oder kurz eingeblendet wurde. Lagen die Vögel richtig, wurden sie mit Futter belohnt. Allmählich gestalteten die Forscher die Aufgabe komplizierter, indem sie die Länge der Linien oder die Dauer der Einblendung willkürlich variierten. Die Tauben lösten die Aufgaben meist korrekt und zeigten damit, dass sie tatsächlich ein Gespür für Raum und Zeit haben. Selbst ihre Fehler sollen jenen von Menschen oder Schimpansen ähnlich gewesen sein. So schien es demnach den Vögeln beispielsweise, als ob lange Linien auch für längere Zeit angezeigt wurden, und umgekehrt. [130] [131]

Legasthenie Fehlanzeige – Tauben beherrschen Rechtschreibung

Tauben können mit Buchstaben umgehen und menschliche Wörter lesen, ergab eine Studie von Forschern um Damian Scarf von der University of Otago.

Die Tauben mussten sich bei entsprechenden Experimenten dutzende Wörter aus jeweils vier Buchstaben einprägen und lernen, sie von ähnlichen, aber falsch geschriebenen Wörtern zu unterscheiden. Ihre Leistung war ähnlich gut wie die von Pavianen, die früher bereits denselben Test absolviert hatten.

Natürlich gab es dabei auch Fehler. Die Tauben irrten sich dabei interessanterweise eher, wenn das unbekannte Testwort ein erlaubtes Wort der englischen Sprache statt einer unüblichen Buchstabenkombination darstellte. Demnach prägten sie sich beim Training nicht allein die Form der Wörter oder die Abfolge der Buchstaben ein, sondern auch Regelmäßigkeiten der englischen Orthografie – beispielsweise, dass „N" und „G" oft aufeinander folgen. Wie Menschen oder Paviane waren sie überdies anfällig für Vertauschungen, was darauf hindeutet, dass sie die Wörter tatsächlich in ihre Buchstabenbestandteile zerlegt hatten und sich nicht nur das Wortbild merkten.[132]

Tauben haben ein Gespür für Symmetrie – und erkennen Krebstumore

Tauben besitzen offenbar ein Verständnis für Symmetrie. Juan Delius von der Universität Konstanz und seine Kollegen lehrten Tauben zunächst darauf, auf bestimmte Grafiken zu picken. Diese zeigten sowohl symmetrische als auch asymmetrische Schwarz-Weiß-Muster auf Bildschirmen. Pickten sie auf symmetrische Muster, wurden sie mit Futter belohnt. Eine zweite Gruppe von Tauben wurde auf asymmetrische Muster trainiert. Im eigentlichen Test tauschte das Team die Grafiken gegen neue, unbekannte Muster aus, die aber ebenfalls entweder symmetrisch oder asymmetrisch angeordnet waren. Den Tauben gelang es mit einer Trefferquote von rund 80 Prozent, die symmetrischen Muster von den asymmetrischen korrekt zu unterscheiden. Für die Forscher ist damit klar: Die Vögel haben das Prinzip der Symmetrie offenbar verstanden.

Tauben können im Übrigen auch – und zwar innerhalb von wenigen Tagen – lernen, Krebstumore in menschlichen Gewebeschnitten oder Mammografie-Aufnahmen zu identifizieren. Neben ihrem hervorragenden Bildgedächtnis können Tauben offenkundig auch Ähnliches kategorisieren. Die Trefferquote lag bei 85%, im Team von vier Tauben schafften sie sogar 99% - besser als viele Fachärzte. [133] [134]

Kleptomane Möwen:
Muschelraub per Ententrick

Nützliche Idioten sind auch bei Möwen stets willkommen. Wenn die Tauchenten das Stettiner Haff zum Überwintern aufsuchen, stellen die Möwen ihren Speiseplan um. Statt mühevoll Fische zu erbeuten, lassen sie die Enten per Lieferservice das Essen ranschaffen. Gezielt beobachten sie Tauchenten auf Nahrungssuche und bedienen sich an den Muscheln, die die Enten vom Grund an die Wasseroberfläche bringen. Dabei ergattern die Möwen nicht nur verloren gegangene Muscheln, sondern stehlen den Enten das Futter auch direkt. Dominik Marchowski von der Universität Stettin und seine Kollegen untersuchten den Kot der Möwen und stellten fest, dass die Möwen fast ausschließlich Muscheln essen. Durch den Wechsel im Speiseplan vermeiden sie die Konkurrenz mit Kormoran, Gänsesäger und Haubentaucher, vermuten Marchowski und seine Kollegen. Die Muscheln hingegen sind reichlich im Angebot, und die zahlreichen Enten lassen sich den Diebstahl widerstandlos gefallen.

Ähnliches kann bei Kormoranen in der Nähe der Papageientaucherfelsen auf den Lofoten beobachtet werden. Die Papageientaucher ergattern bei ihren Tauchgängen teilweise gleich mehrere Fische, die sie im Schnabel halten, wenn sie hochfliegen. Auf diesen Moment warten die Kormorane: gezielt pecken sie den Papageientauchern in den Nacken, dass diese vor Schreck die Beute fallen lassen... und die Kormorane sie sich schnappen können. Die Papageientaucher wehren sich gegen diese Raubzüge allerdings mit einem gewitzten Trick. Bei einem Kormoranangriff lassen sie meist nur einen Fisch aus dem Schnabel fallen, dem der angreifende Kormoran dann folgt und sie selbst fliegen mit dem Großteil der Beute in Sicherheit. [135]

Pinguin schwimmt
8000 Kilometer zu seinem Retter

Im März 2011 fand der Brasilianer Joao Pereira de Souza am Strand einer Insel nahe Rio de Janeiro einen kleinen, verletzten Pinguin. Dessen Körper war von oben bis unten mit Öl verklebt. Der Rentner nahm das hilflose Kerlchen zu sich, wusch ihm das Öl aus den Federn und päppelte den Magellan-Pinguin wieder auf.

Nach einer Woche versuchte er, den Pinguin, den er Dimdim nannte, im Meer auszuwildern – doch der wollte seinen Lebensretter nicht verlassen. Er blieb etwa elf Monate, doch kurz nachdem er sein Gefieder gewechselt hatte, war er plötzlich verschwunden. De Souza dachte, er würde Dindim nie wieder sehen.

Doch schon wenige Monate später kam der Pinguin plötzlich zurück und folgte seinem Retter bis nach Hause. Seither verbringt Dindim rund acht Monate im Jahr bei dem Rentner. „Er kommt immer im Juni und schwimmt im Februar wieder nach Hause. Und jedes Jahr wird er noch anhänglicher und es kommt mir so vor, als sei er auch glücklicher mich zu sehen", so de Souza.

Sein echtes Zuhause hat der Pinguin vermutlich in einer Kolonie am Südzipfel Südamerikas, an der Küste Chiles oder Argentiniens. Um seinen besten Freund aber regelmäßig zu sehen, nimmt der Vogel die lange und beschwerliche Reise – immerhin jeweils rund 4000 Kilometer – offenbar nur zu gern auf sich.

Eine Reportage des „Wall Street Journal" von 2016 zeigt die liebevolle Beziehung von de Souza mit dem Pinguin. Die kleinen Kuscheleinheiten scheinen beide offenbar sehr zu genießen. „Ich liebe diesen Pinguin, als wäre er mein eigenes Kind und ich glaube, dass der Pinguin auch mich liebt", sagte er dem brasilianischen Fernsehsender.

Niemand sonst darf Dimdim anfassen. Er pickt sofort nach jedem, der es versucht. Aber bei de Souza legt er sich auf den Schoß und lässt sich baden und füttern.

Der Biologe Joao Paulo Krajewski, der das Interview für „Globo TV führte, ist von dem ungewöhnlichen Duo erstaunt: „Ich habe so etwas noch nie gesehen. Ich glaube, der Pinguin denkt, dass de Souza ein Teil seiner Familie ist." Pinguine sind für ihre Treue und Verbundenheit bekannt. Und die scheint jemand, dem man sein Leben verdankt, allemal verdient zu haben. [136]

Screenshot aus: http://www.spiegel.de/video/pinguin-schwimmt-8000-km-zu-seinem-retter-brasilien-video-166025.html

Der trauernde Witwer

In den Rocky Mountains beobachtete der Biologe Marcy Cottrell Houle das Nest zweier Wanderfalken, die er Arthur und Jenny genannt hatte, und die mit der Aufzucht von fünf Jungvögeln beschäftigt waren.

Eines Morgens kam nur der männliche Falke zum Nest zurück. Jenny blieb aus, und das Verhalten von Arthur änderte sich schlagartig. Wenn er Futter brachte, wartete er bis zu einer Stunde am Nest, bis er sich wieder zur Nahrungssuche entfernte – ein Verhalten, das er vorher nie an den Tag gelegt hatte. Er stieß hin und wieder seinen Ruf aus und wartete auf die Antwort seiner Gefährtin. Oder er schaute ins Nest und rief quasi fragend hinein. Am Abend des dritten Tages stieß Arthur, am Nest sitzend, einen befremdlichen Ton aus, „einen Schrei wie das Aufheulen eines verwundeten Tieres, den Schrei der leidenden Kreatur."

Der schockierte Houle schrieb: „Die Trauer in diesem Aufschrei war nicht zu verkennen. Nachdem ich diese Erfahrung gemacht habe, zweifle ich nicht mehr daran, dass ein Tier Empfindungen haben kann, die wir gerne für uns Menschen reservieren würden."

Nach diesem Schrei saß Arthur bewegungslos auf dem Felsen und rührte sich während des ganzen Tages nicht. Am fünften Tag nach Jennys Verschwinden (sie war wahrscheinlich erschossen worden) versuchte er das Versäumte durch Überaktivität wiedergutzumachen und übertraf an Fürsorge und Aktivität alle Falken, die Houle je beobachtet hatte. Trotzdem verhungerten drei der Jungvögel, doch zwei seiner Kinder erlernten unter der aufopferungsvollen Pflege des alleinerziehenden Vaters erfolgreich das Fliegen. [137]

Die Brandstifter
Raubvögel legen gezielt Feuer

Aborigines erzählen davon schon seit Jahrtausenden, jetzt haben Forscher den Beweis: Australische Raubvögel legen absichtlich Feuer und setzen dabei ganze Waldgebiete in Brand.

Schwarzmilane, Keilschwanzweihe und Habichtfalken bevölkern unter anderem die tropischen Savannen in Nordaustralien. Ein Team um den Geowissenschaftler Mark Bonta und den Ethnobiologen Bob Gosford hat nun Daten gesammelt zu einem erstaunlichen Phänomen. Erstaunlich zumindest für diejenigen, die die Nutzung des Feuers für eine exklusive menschliche Fähigkeit halten.

Vertreter der drei obengenannten Arten wurden dabei von den Wissenschaftlern beobachtet, wie sie sich zu Hunderten an den Rändern von Buschfeuern sammeln, um dann in das Feuer zu fliegen und schwelende Zweige und Äste aufzupicken. Dann transportieren die Vögel die schwelenden Zweige an Orte, die das Feuer noch nicht erreicht hat. Dabei legen sie bis zu einem Kilometer zurück. Sie verbreiten das Feuer also gezielt weiter. Und wozu das Ganze?

Die vermutete Absicht der Raubvögel hinter der Verbreitung von Feuer ist es, Beutetiere durch die Flammen oder den Rauch herauszutreiben. [138]

Not macht erfinderisch – Kakadus beim Werkzeugbasteln

Wissenschaftler um Alice Auersperg von der Universität Wien haben entdeckt, dass Goffinkakadus in der Lage sind, ein- und dasselbe Werkzeug ganz gezielt aus unterschiedlichen Materialien herzustellen, obwohl sie in der Freiheit generell keine Werkzeuge benutzen. Jedenfalls wurden sie noch nie dabei beobachtet.

In einem Experiment schafften es die Goffinkakadus, aus fast jedem Material, das sie vorgesetzt bekamen, ein Werkzeug herzustellen. Nur mit Bienenwachs konnten sie nichts anfangen. Die Forscher hatten den Papageien verschiedene Hilfsmittel zur Verfügung gestellt, um an ein Leckerli zu gelangen, an das sie ohne Weiteres nicht herankamen. Diese waren: ein Stück Lärchenholz, mit dem die Tiere bereits vertraut waren, einen Buchenzweig mit zahlreichen Blättern, etwas Bienenwachs und ein einfaches Stück Pappkarton. Wie sich zeigte, gelang es den Tieren problemlos, aus drei dieser vier Materialien einen langen Stock herzustellen, mit dem sie anschließend an das Futter gelangen konnten.

So entfernten sie etwa die Verzweigungen und die Blätter von dem Buchenzweig oder bissen mit ihrem Schnabel gekonnt einen Streifen aus dem Pappkarton heraus. Lediglich für das Bienenwachs fiel keinem der getesteten Tiere eine sinnvolle Anwendung ein. [139]

Kakadus trommeln perfekten Beat

Die in Ozeanien heimischen Palmkakadus überzeugen durch außergewöhnliche instrumentale Vorlieben: Die Tiere trommeln mit eigens produzierten Instrumenten, um ihr Revier gegenüber der Konkurrenz abzustecken und vor interessierten Damen zu prahlen. An den Drums zeigen die Vögel sich dabei genauso rhythmussicher und kenntnisreich wie begabte menschliche Perkussionisten, berichten nun australische Forscher beeindruckt, nachdem sie den Beat von 18 trommelnden Kakadus belauscht und ausgewertet haben.

Die Kakadus sammeln dicke Trommelstöcke, Samenkapseln oder Schoten und setzen diese dann gerne an hohlen Ästen und Baumstämmen ein, um den Effekt zu maximieren. Zudem halten sie auch über lange Sequenzen erstaunlich gut den Takt, wie die Auswertungen zeigen.

Der Stil der Kakadu-Drummer ist dabei individuell: Manche Männer takten langsam, andere deutlich schneller, und einige beginnen eher mit einem improvisierten Trommelvorspiel, bevor sie den Vortrag in einen eigenen Rhythmus münden lassen, berichtet Heinsohn.

Rätselhaft bleibt für die Forscher, warum einzelne Kakaduherren gelegentlich darauf verzichten, sich als Drummer zu vermarkten. Ob das ihren Erfolg bei den Damen dann mindert möchten die Wissenschaftler nun weiter erforschen. Vielleicht gibt es ja auch einfach geräuschempfindliche Kakadudamen, die das Getrommel nicht abkönnen. Geschmäcker sind schließlich verschieden. [140]

Zum Kaputtlachen –
Keas amüsieren sich gern
auf Kosten anderer

Die Gauner sind los in den Bergwäldern von Neuseeland. Die Zeitschrift GEO berichtet: Am 30. Januar 2013 wurde ein Brustbeutel mit umgerechnet 750 Euro aus einem Wohnmobil gestohlen, das bei Arthur's Pass am Highway 73 geparkt war. Augenzeugen beobachteten, wie der Dieb durch das geöffnete Seitenfenster eindrang und mit der Beute über alle Berge floh. Der Bestohlene – es handelte sich um fast sein gesamtes Urlaubsbudget – verständigte die Polizei, doch die zuckte die Schultern. Selbst eine sofort eingesetzte Hubschrauberstaffel hätte den Täter nicht einholen können. Keas sind ausgezeichnete Flieger.

Neuseelands Bergpapageien – die Keas (Nestor notabilis) – sind eine Art Karlsson vom Dach der Vogelheit. Lang ist die Liste ihrer Streiche. Diebstähle, Sachbeschädigungen, Hausfriedensbrüche, nächtliche Ruhestörung und Vandalismus gehören zu ihren Lieblingsbeschäftigungen. Sie plündern Rucksäcke von Touristen, öffnen Reißverschlüsse von Zelten und dringen durch Katzenklappen in Häuser ein und nehmen mit, was sie tragen können. Sie klauben mit Freude Dichtungen aus Autofenstern, hebeln Radkappen ab, zerlegen Motorradsitze, bis nur noch ein Haufen Schaumgummikrümel übrig ist. Einige Vögel wurden beobachtet, wie sie nachts Rutschpartien auf vereisten Berghüttendächern veranstalteten – so lange, bis der erwachte Wanderer in der Hütte vor die Tür trat. Andere Keas bewarfen Touristen gezielt mit Steinen, sodass ein beliebter Bergpfad zeitweise gesperrt werden musste.

Die Freude über ihre geglückten Streiche ist bei den Keas sogar so groß, dass sie sogar eigene Rufe dafür ausgebildet haben. Und lacht der eine Kea, so steckt das die Artgenossen an und animiert sie ebenfalls zum Spiel, wie Raoul Schwing von der Universität Wien und seine Kollegen herausgefunden haben. Damit sind die Papageien die bislang erste bekannte

Art, die über „emotional ansteckende" Lautäußerungen verfügt und nicht zu den Säugetieren gehört, schreiben die Autoren. Neben uns Menschen wurde dies bei Schimpansen und Ratten nachgewiesen.

Man könne diese Laute daher mit ansteckendem Lachen vergleichen, meinen die Forscher, auch wenn man bei der Übertragung menschlicher Eigenschaften auf Tiere vorsichtig sein müsse. Doch Schwing sagte auch: „Wenn Tiere lachen können, dann unterscheiden sie sich nicht so stark von uns." [141]

Ein indiskreter Papagei

Wieder und wieder machte ein indiskreter Papagei in Großbritannien Knutschgeräusche und krächzte dazu „Hi, Gary", bis es dem Adoptivvater des Vogels endlich dämmerte: Seine Lebensgefährtin hatte eine heimliche Affäre und der Galan hieß Gary.

Wie Londoner Zeitungen berichteten, fiel der Groschen bei dem 30-jährigen Programmierer Chris Taylor, als er eines Abends mit seiner fünf Jahre jüngeren Freundin schmuste. „Ich liebe Dich, Gary", ahmte dazu der Papagei namens Ziggy die Stimme der Freundin nach. Die junge Frau sei in Tränen ausgebrochen und habe die Schäferstündchen mit Liebhaber Gary – und Ziggy als unfreiwilligem Zeugen – eingestanden.

Papageien leben monogam und sind sehr eifersüchtig und nachtragend. Und Menschen sind undankbar. Inzwischen hat nicht nur die 25-jährige die Wohnung des Gehörnten nahe der nordenglischen Stadt Leeds verlassen. Taylor hat sich auch von seinem acht Jahre alten Graupapagei getrennt.

„Er hat einfach nicht aufgehört mit diesen „Gary"-Rufen, sobald im Fernsehen jemand Sex hatte", berichtete Taylor. Dass die Freundin auszog, sei allerdings weit weniger schmerzlich gewesen, als den Papagei wegzugeben. „Ich liebe Ziggy unendlich, aber ihn in der Wohnung zu haben, war die reine Folter."

Anekdoten über Papageien, die treffsicher die menschliche Sprache nutzen, gibt so viele, dass man nicht mehr an Zufall glauben kann.

Manchmal retten sie dadurch auch ihr eigenes Leben und das ihrer menschlichen Familie. In den USA bewahrte jüngst ein Papagei namens Peanut einen Mann und dessen 9jährigen Sohn vor dem Flammentod, indem er einen Feuermelder imitierte. „Er hat sich die Lunge aus dem Leib geschrien", sagte der gerettete Conwell. Zwar habe der Rauchmelder durchaus funktioniert. Doch nur dem Papagei sei es gelungen, Vater und Sohn zu wecken, hieß es.

Ein anderer Papagei scheuchte seinen Menschen durch Zupfen, Kratzen und Flügelschlagen auf, als ein Feuer ausgebrochen war. Der Mann war schwerhörig, und hatte den Feuermelder nicht gehört.

Seiner Einsamkeit und Langeweile setzte ein Papagei beherzt ein Ende, indem er laut zum Fenster hinaus „Mörder! Mörder!" schrie. Die Nachbarn riefen die Polizei und die brach zur größten Freude des vereinsamten Vogels die Wohnungstür auf, um den vermeintlich Lebensbedrohten zu retten.

2017 wurde eine US-Bürgerin aus Michigan des Mordes an ihrem Mannes auf der Basis der Angaben eines Papageis schuldig gesprochen worden. Der Papagei wiederholte nach Angaben der Ex-Ehefrau des Opfers, bei der der Papagei nun lebt, regelmäßig die letzten Worte des Ermordeten: „Schieß nicht!". Er habe auch weitere Details des Gesprächs zwischen der Mörderin und dem Opfer wiedergegeben. Die Staatsanwaltschaft wollte zunächst den Papagei als Zeugen vor Gericht verhören, nahm jedoch davon Abstand, da der Vogel nicht vereidigt werden konnte. [142] [143] [144] [145]

Alles Nichts, oder?!

Graupapageien verstehen das „Nichts", immerhin ein abstraktes Prinzip, das Menschen erst mit drei oder vier Jahren erfassen. Dieses Forschungsergebnis der Professorin Dr. Irene Pepperberg von der Brandeis University in Waltham (US-Staat Massachusetts) ist ein weiterer Beweis dafür, dass Graupapageien kognitive Fähigkeiten haben, die mit denen von Primaten und Delphinen vergleichbar sind.

Es war Pepperbergs Graupapagei Alex (* ca. 1976; † 6.9.2007) , der unsere Vorstellungen über die Grenzen der Vogelintelligenz wieder einmal erweitert hat. Bei einem Test wurde ihm ein Tablett mit zwei blauen, drei grünen, vier gelben und sechs orangefarbenen Bauklötzen gezeigt. Pepperberg fragte nach Farben und Mengen. Auf die Frage, von welcher Farbe fünf Klötze auf dem Tablett liegen würden, sagte der Vogel „keine". Alex habe den Begriff zuvor bereits benutzt, um eine „Abwesenheit" zu beschreiben. „Das Konzept der Quantität Null ist ihm jedoch nie beigebracht worden", so Pepperberg, die ihre Forschungsergebnisse im „Journal of Comparative Psychology" veröffentlicht hat. [146]

Alex war dabei kein „Einstein" unter den Graupapageien, seine Kollegen in der „Alex-Foundation" eifern ihrem verstorbenen Vorläufer erfolgreich nach. Offensichtlich macht den Vögeln ihre Arbeit Freude. Die Vögel sprechen selbst nachts, wenn kein Mensch anwesend ist. Die Forscher haben Unterhaltungen aufgezeichnet. So wie diese:

„Hör zu!", sagt Kyo und macht zwei Klickgeräusche.

Griffin sagt „Vier".

Und Kyo gibt zurück: „Schlechter Junge. Falsch."

Quelle: DIE ZEIT , Jahrgang 1999 , Ausgabe: 46

Beschaffungskriminalität: Indische Papageien stehen auf Schlafmohn

Indien erlaubt zu medizinischen Zwecken und unter strengen Auflagen den Anbau von Schlafmohn, aus dem Opium gewonnen wird. Doch die Lizenzen sind bedroht, weil die Bauern zunehmend Probleme haben, die angepeilten Anbauquoten zu erreichen.

Der Grund sind zunehmende Luftangriffe auf die Schlafmohnfelder. Durchgeführt werden diese von Papageien, die auf den Geschmack gekommen sind. Die fliegenden Junkies lassen sich weder von Feuerwerk noch durch Trommellärm abhalten. Nach Ram Pratap, einem betroffenen Bauern, hat sich das Problem verschärft: „Wir kämpfen bereits seit einigen Jahren mit Antilopen, die in unsere Felder einbrechen. Jetzt kommen noch die vom Opium besessenen Papageien dazu. Sie sind kaum zu kontrollieren."

Die drogenabhängigen Papageien haben dabei raffinierte Techniken entwickelt, um die Bauern zu überlisten. Sie warten, bis Erntehelfer die Fruchtkapseln des Schlafmohns aufschneiden, damit sie dort einfacher an den morphinhaltigen Saft der Pflanze kommen. Dann gleiten sie lautlos hinunter zu den Feldern und nippen den berauschenden Saft von den geöffneten Mohnfrüchten. Die Papageien gehen dabei geräuschlos vor, damit sie keine Aufmerksamkeit erregen.

Zugedröhnt fallen sie schließlich, auf ihren Ästen hockend, in einen tiefen Schlaf. Tragischerweise stürzen dabei auch einige von den hohen Baumkronen in den Tod. [147]

Namnam, wauwau, ticktack, dududu
Auch Vogeleltern
zwitschern in Babysprache

Genau wie menschliche Eltern passen auch Zebrafinken (Taeniopygia guttata) das Tempo an, wenn die Kleinen zuhören.

Jon Sakata von der McGill University und seine Kollegen beobachteten junge Zebrafinken beim Gesangstraining. Manche Tiere ließ man mit einem erwachsenen Artgenossen üben, andere wurden isoliert und hörten den arttypischen Gesang nur über einen Lautsprecher. Die sozialisierten Vögel, so beobachteten die Forscher, beherrschten die Lieder schon bald wesentlich besser – selbst wenn sie nur einen einzigen Tag mit einem Erwachsenen zusammen proben konnten. Sozialkontakte scheinen also auch bei Jungvögeln eine entscheidende Rolle beim Lernen zu spielen, schlussfolgerten die Wissenschaftler.

Doch dann analysierten die Forscher die Tonaufnahmen noch einmal näher und erlebten eine Überraschung: Die erwachsenen Zebrafinken sangen in der Nähe der Küken gemächlicher, indem sie die Intervalle zwischen den einzelnen Liedbausteinen verlängerten und einzelne Noten wiederholten. Dem kindgerechten Gezwitscher schenkten die Jungvögel auch mehr Aufmerksamkeit als Liedern, die nicht speziell auf sie zugeschnitten waren, und entsprechend besser lernten sie die Nachahmung. Sakata und seine Kollegen vermuten, dass die Vogeleltern ihrem Nachwuchs damit ähnlich helfend unter die Flügel greifen wollen wie menschliche Eltern es mit der Babysprache tun. [148]

Kohlmeisen zwitschern in ganzen Sätzen

Kohlmeisen haben ein ziemlich differenziertes Repertoire an Rufen, die sie zu verschiedenen Anlässen einsetzen. Es gibt einerseits frei miteinander kombinierbare Rufe, die rund um Warnung und Verteidigung zum Einsatz kommen, andererseits auch generelle Hier-bin-ich-Rufe, die in verschieden Situationen allein und in Kombination auftreten.

Eine ornithologische Forschungsgruppe um Toshitaka Suzuki hat mittels Tonexperimenten mit den Rufen asiatischer Kohlmeisen herausgefunden, dass diese einer spezifischen Syntax folgen, in der die Reihenfolge der Signale die Bedeutung bestimmt. Auf gut deutsch: Die Kohlmeisen sprechen in ganzen Sätzen.

Die Abfolge der verschiedenen Rufe bestimmt die Reaktion der Kohlmeisenkollegen – die kombinierte Botschaft ist mehr als die Summe ihrer Teile. Das zeigte sich, als die Forscher eine Kombination von Alarm- und Werberuf einmal in der richtigen und einmal falscher Reihenfolge abspielten: Artgenossen reagierten nur auf die korrekte Syntax, das wirre Kauderwelsch ließ sie hingegen kalt. [149]

Reisfinken unterscheiden Englisch und Chinesisch

Mit Hilfe von Märchen-Hörbüchern haben japanische Forscher bei Reisfinken ein Unterscheidungsvermögen zwischen verschiedenen Sprachen nachgewiesen. Den Prachtfinken wurden die japanischen Märchen „Ich bin eine Katze" und „Das Märchen von Genji" auf Englisch und Chinesisch vorgespielt. Die Reisfinken bekamen laut Versuchsanordnung zunächst nur dann etwas zu picken, wenn sie die englische Fassung eines Märchens geduldig zu Ende angehört hatten. Anschließend wurden die englische und die chinesische Fassung zugleich abgespielt, die Futtergabe erfolgte jedoch nur, wenn die Reisfinken auf die englische Seite flatterten. Die Trefferquote lag bei 75 Prozent. In einer Vergleichsgruppe wurde die Anordnung umgedreht – prompt erkannten die Reisfinken das Chinesische als die Sprache, die mit der Futtergabe belohnt wurde.

„Menschen können zwischen Sprachen unterscheiden, selbst wenn sie sie nicht verstehen", sagte der Verhaltensforscher Shigeru Watanabe, der die Studie mit den Reisfinken leitete. Vögel offenbar auch. [150]

Kleiber sind polyglott veranlagt

Der Verhaltensforscher Christopher N. Templeton von der Universität Washington in Seattle hat mit seinem Team erstmals nachgewiesen, dass Tiere die Alarmlaute einer fremden Art nicht nur erkennen, sondern auch den Inhalt deuten können.

Von den Meisen war bereits bekannt, dass sie ihre Artgenossen mit den Rufen nicht nur warnen, sondern auch Informationen über die Größe des möglichen Angreifers weitergeben. Die Forscher konnten nun nachweisen, dass Kleiber diese spezifischen Angaben aus den „tschick-a-di-di-di"-Rufen der fremden Vogelart herauslesen können. Es gebe zwar eine Reihe von Tierarten, die auf Alarmrufe anderer Arten reagierten. Dies sei jedoch das erste Beispiel, bei dem auch kompliziertere Informationen interpretiert werden konnten, berichtet Templeton gemeinsam mit seinem Kollegen Erick Greene von der Universität von Montana in Missoula.

Die Schwarzkopfmeise und der Kanadakleiber sind ähnlich groß und werden von den gleichen, kleinen, agilen Räubern bedroht. Von größeren Jägern geht für die kleinen Meisen oder Kleiber dagegen weniger Gefahr aus. Für die Studien spielten die Biologen Kleibern die Meisenrufe mit einem Lautsprecher vor. Die Vögel zeigten stärkere Aufregung, wenn die Meisen vor einem eher kleinen – also gefährlicheren – Angreifer warnten. Meisen waren während des Versuchs nicht in der Nähe – die Kleiber konnten sich die Reaktion also nicht „abgucken". [151]

Stare verstehen Schachtelsätze

Stare können grammatische Muster lernen, was bisher als einzigartiges Merkmal menschlicher Sprache galt. In Experimenten lernten sie, was der Mensch nur sich selbst zutraute: den Schachtelsatz.

Timothy Gentner von der University of Southern California in San Diego und seine Kollegen untersuchten in ihrer Studie, ob es möglich ist, Starenvögel die sogenannte Rekursion zu vermitteln. Diese ist vielleicht das einzige Merkmal, das nur in der menschlichen Sprache zu finden ist. Sie erlaubt es, Wörter oder Sätze ineinander einzubetten.

Um die grammatischen Regeln für Stare verständlich zu machen, bauten die Wissenschaftler künstliche Starengesänge aus Tonaufnahmen verschiedener Triller- und Rätschlaute zusammen. Einige davon waren nach den Regeln der rekursiven Grammatik aufgebaut: In einen Rätsch-Triller-Grundlaut betteten die Forscher einen zweiten solchen Grundlaut ein, was dann ein Rätsch-Rätsch-Triller-Triller-Geräusch ergab. Andere künstliche Gesänge waren nach einfacheren Regeln aufgebaut, die das Anhängen von Geräuschen nur am Anfang und am Ende einer Folge erlaubten.

Nachdem sie das Grundmuster erkannt hatten, konnten die Stare auch neue Gesänge problemlos einordnen. Das Experiment zeige, dass die Sprache und das Erkenntnisvermögen von Tieren weitaus komplexer sind, als Forscher bislang angenommen haben, bewertet Jeffrey Elman, Kognitionswissenschaftler aus San Diego, die Studie. Es zeige auch, dass es kein „einzelnes Wundermittel" gibt, das den Menschen vom Tier unterscheidet. [152]

Angst und Lust –
Wie man eine Frau rumkriegt

Beim Horrorfilm und in der Geisterbahn eröffnen sich für paarungswillige Männer ungeahnte Möglichkeiten, um dem Objekt der Begierde näher zu kommen. Australische Prachtstaffelschwanzmänner bedienen sich ebenfalls dieses Effekts. Wenn die Hormone verrücktspielen, macht der männliche Prachtstaffelschwanz sich besonders intensiv an die Damen heran, wenn zuvor der Ruf seines Fressfeindes, des Graurücken-Krähenwürgers, ertönte.

Emma Greig und Stephen Pruett-Jones von der Cornell University haben die Vögel im Freiland beobachtet und festgestellt, dass die Damen besonders willig sind, wenn sich Beutegreifer in der Nähe befinden. In solchen Situationen können sich die Herren leichter in Szene setzen und zum Ziel kommen. Dazu pfeifen sie eine spezielle Melodie, welche die Forscher als Typ-II-Ruf bezeichnen. Im Gegensatz zum normalen Gesang wird er nur dann eingesetzt, wenn sich unmittelbar zuvor der Graurücken-Krähenwürger gemeldet hat. Die Prachtstaffelschwanzdamen reagieren daraufhin besonders intensiv auf Flirtversuche.

Normalerweise verhalten sich Vögel möglichst unauffällig, wenn ein Feind in der Nähe ist. Die Flirtstrategie gefährdet die Verliebten jedoch weniger, als man vermuten könnte: Singen und jagen gleichzeitig läuft nicht beim Graurücken-Krähenwürger und außerdem lässt er sich so leichter lokalisieren – das Risiko für die Prachtstaffelschwänze ist also überschaubar. [153]

Haltet den Dieb

Südafrikanische Trauerdrongos (Dicurus adsimilis) überlisten ihre Nahrungskonkurrenten, indem sie geradezu meisterhaft die Warnrufe ihrer Artgenossen und anderer Arten nachmachen. Während die Konkurrenz das Weite sucht, können sie sich ungestört über deren Mahlzeit hermachen. Freilich funktionieren solche Methoden nicht unbegrenzt. Betrogene fallen nicht unbedingt zweimal auf dasselbe Lügenmärchen rein. Echte Profibetrüger variieren deshalb ihre Masche.

Wissenschaftler um Tom Flower von der britischen University of Cambridge beobachteten fünf Wochen lang Trauerdrongos in der südafrikanischen Kalahari-Wüste bei ihrem Ganovenhandwerk. Hierzu untersuchten sie die 688 Betrugsversuche von insgesamt 64 Drongos, die originalgetreu die Gefahrenrufe ihrer Artgenossen und anderer Tiere simulierten und damit die Ankunft von Fressfeinden ankündigten. Ohne körperliche Anstrengung vertrieben sie damit ihre Nahrungskonkurrenten und verzehrten dann in aller Seelenruhe die dreist erbeutete Mahlzeit. Jeder Vogel beherrschte bis zu 32 verschiedene Warnlaute.

Und Trauerdrongos spielen in Oberklasse professioneller Betrüger. Neben den täuschend echten Warnrufen produzieren die Vögel nämlich auch Entwarnungssignale, die nur ausgerufen werden, wenn wirklich keine Gefahr droht. Nach solchen „Die Luft ist rein"-Rufen beeilen sich Vögel in der Nachbarschaft, wieder auf Nahrungssuche zu gehen. Baron von Münchhausen kann einpacken. [154] [155]

Kippen und Kräuter fürs Nest –
Vögel schützen Nester vor Parasitenbefall

In der Landwirtschaft wird Nikotin gelegentlich als Parasitenabwehrmittel eingesetzt. Doch was Hühnerbaron Anton Pohlmann konnte, können Spatzen schon lange. An Nestern von Hausspatzen (Passer domesticus) und Hausgimpel (Carpodacus mexicanus) konnte ein Forscherteam um Isabel López-Rull der autonomen Universität Tlaxcala in Mexiko beobachten, dass die Vögel etwa 8 bis 10 Zigarettenstummel pro Nest einbauten. Als die Wissenschaftler dann die Milbenanzahl in den Nestern mikroskopisch auszählten, stellten sie fest, dass Nester mit einem hohen Anteil an Zigarettenstummeln weniger befallen waren als solche mit geringerem Anteil. Um herauszufinden, ob die Spatzen die Kippen einbauen, um genau das zu bewirken, bauten die Forscher eine Parasiten anlockende Wärmefalle in den Nestern ein. Daraufhin stellte das Team fest, dass sich in Brutstätten mit abgebrannten Zigaretten weniger Parasiten tummelten als in Kontrollnestern, die mit ungebrauchten Zigarettenresten ausgestattet waren.

Wissenschaftler um Jann Ichida von der Ohio Wesleyan University vermuten, dass manche Vogelarten Kräuter mit antimikrobiellen Eigenschaften als Nistmaterial verwenden, um ihren Nachwuchs vor gefährlichen Keimen zu schützen. Die Forscher testeten zwölf verschiedene flüchtige Pflanzeninhaltsstoffe in ihrer Wirkung gegen Federn abbauende Bakterien. Dabei zeigte sich, dass verschiedene Pflanzenmaterialien und Extrakte das Wachstum einiger Keime hemmen konnten. [156] [157]

Auch Vögel richten sich nach dem Tempolimit

Leben sie in der Großstadt, verändern Vögel ihr Verhalten, um in der neuen, vom Menschen geprägten Umgebung besser überleben zu können. So zeigten Studien beispielsweise, dass Stadtvögel an großen Straßen lauter und höher singen als im ruhigen Vorort.

Offensichtlich passen die Vögel auch ihre Fluchtdistanz dem Verkehr an: In verkehrsberuhigten Zonen flüchten sie später als an Schnellstraßen. Das Timing dieser Reaktion hängt nicht vom individuellen Tempo der Autos ab, sondern von der an diesem Straßenstück vorgeschriebenen Geschwindigkeitsbegrenzung.

Die Auswertung von 134 Messungen bei verschiedenen Vogelarten, darunter Krähen, Spatzen und Amseln, ergab: Vögel in Straßennähe haben ihre Fluchtdistanz tatsächlich an den Verkehr angepasst. „An Straßenabschnitten mit höherem Tempo hatten die Vögel eine signifikant größere Fluchtdistanz als an langsamen", berichten Legagneux und Ducatez. Besonders schnell reagierten dabei die Tiere, die nicht am Straßenrand, sondern mitten auf der Straße standen. Allerdings: Wie schnell dabei ein einzelnes Auto fuhr, war offenbar egal. Bei Temposündern flogen die Vögel trotzdem nicht schneller auf als bei den vorschriftsmäßig mit 50 kmh Fahrenden. „Das zeigt, dass die Vögel ihre Fluchtdistanz nicht an das individuelle Tempo der Autos anpassen, sondern an das an diesem Abschnitt herrschende Tempolimit", konstatieren die Forscher. [158]

Beste Meteorologen –
Vögel ahnen Tornados voraus

Goldflügel-Waldsänger wissen bereits ein bis zwei Tage vorher, dass ein schwerer Sturm aufzieht – und suchen entsprechend das Weite. Das entdeckten nun Forscher um Henry Streby von der University of California per Zufall. Eigentlich wollten sie die Migrationsrouten von Goldflügel-Waldsängern untersuchen. Da die Vögel aber besonders winzig und leicht sind, mussten Streby und seine Kollegen zunächst testen, ob die Vögel überhaupt in der Lage sind, Aufzeichnungsgeräte mit sich herumzuschleppen. Als sie die Daten von fünf Geräten auswerteten, stellten sie verblüfft fest, dass alle Tiere zwischen dem 26. April und dem 2. Mai 2014 ihre Nistplätze weiträumig verlassen hatten – ein Verhalten, dass sie normalerweise nicht an den Tag legen.

Zur gleichen Zeit zog allerdings eine schwere Gewitterfront über den Süden der Vereinigten Staaten hinweg, die mehr als 80 Tornados auslöste, denen schließlich auch 35 Menschen zum Opfer fielen. Die Forscher schlussfolgern daher, dass die Tiere das Unwetter kommen sahen und deshalb rechtzeitig das Weite suchten. Die Goldflügel-Waldsänger ergriffen dabei bereits ein bis zwei Tage vorher die Flucht und erkannten die Sturmfront damit genauso zeitig wie Meteorologen. Dafür reisten sie bis zu 1500 Kilometer weit, anschließend kehrten sie wieder zu ihrer Brutstätte zurück. [159]

Ich habe Dir ein Haus gebaut –
Jetzt darf ich aber auch ran

Laubenvögel sind ausschließlich in Australien und Neuseeland beheimatet. Sie gehören zu den großartigsten Architekten, die diese Welt je hervorgebacht hat. Und wie bei Hundertwasser, Alvar Aalto und Antoni Gaudí geht es freilich bei all der imposanten Bauerei im tiefsten Inneren darum, der Damenwelt zu imponieren.

Die Herren der zu den Sperlingsvögel gehörenden Laubenvögel zeigen sensationellen Ehrgeiz und Geschick, Frauen mit Kunst für sich zu gewinnen. Besonders beeindruckend sind ihre Bauwerke. Der Evolutionsbiologe Jared Diamond nennt sie „die menschlichsten aller Vögel". 17 von 20 Arten bauen Lauben, die von früheren Forschungsreisenden zunächst für Hütten von Pygmäen – also Menschenwerk – gehalten wurden. Sie sehen wie Puppenhäuser aus und werden aufwändig dekoriert mit Blüten, Blättern und Pilzen. Seidenlaubenvögel benutzen blaue Papageienfedern, weiße Schneckenhäuser sowie gelbe und violette Blüten. Da die Damen die Farbe Blau mögen, zerkaut der Mann Pflanzen und streicht mit einer Feder den gesamten Bau blau an. Der Goldhaubengärtner auf Papua-Neuguinea legt auf einem Fundament aus Moos einen meterhohen Turm aus Ästen und Zweigen an, die Basis mit Nüssen, Käfern und cremefarbenen Pilzen dekoriert. An die unteren Zweige hängt er Girlanden aus Raupenkot, an denen Tautropfen glitzern.

Graulaubenvögel schöpfen aus dem Vollen: neben Naturprodukten verwenden sie Preziosen aus der Menschenwelt: Glas, Gewehrpatronenhülsen, bunte Plastikstreifen, Draht, Flaschenverschlüsse, Alufolie, Spiegel und CDs. Sie stehlen auch anderen Baumeistern die Dekorationen und reißen einander die Lauben ein. Sie töten sogar Insekten allein zum Zweck, sie als Dekor zu nutzen. So etwas tun unter allen Tierarten sonst nur noch die Menschen.

Bei einer in der Nähe von Alice Springs untersuchten Laube des Tropfenlaubenvogels nutzte das Männer 1427 Knochenobjekte, 174 Schneckenhäuschen sowie zahlreiche Kiesel und Glas- sowie Metallfragmente. Insgesamt wog das angebrachte Dekorationsmaterial 7,4 Kilogramm.

Die harte Arbeit verleitet offenbar auch zum Mogeln, stellten Laura Kelley und John Endler von der australischen Deakin University fest. Die Männer setzen nämlich auch auf die Wirkung optischer Illusionen. Sie ordnen die Dekorationsgegenstände nach der Größe. Kleine Objekte kommen nach vorne, große weiter nach hinten. Dies lässt die sogenannte Bühne vor dem Nest, auf der sich der Architekt dann präsentiert, kleiner wirken und ihn selbst größer. Die Damen fallen darauf herein.

Nun berichten Biologen um Joah Madden von der Cambridge University, dass die Vögel offensichtlich auch aktive Gärtnerei betreiben, um ihre Balzarena auszuschmücken.

Rund um die Lauben zählten die Ornithologen deutlich mehr Buschtomaten als in der Umgebung. Deren violette Blüten und grüne Früchte sind beliebte Dekorationsgegenstände. Die vertrockneten Früchte entsorgen die Laubenvögel in unmittelbarer Umgebung, wo optimale Keim- und Wachstumsbedingungen herrschen, weil die Laubenvögel ihr Areal regelmäßig von unerwünschten Gräsern und Kräutern säubern. Dabei betreiben die Vögel offenbar Zuchtauswahl, denn die von ihnen bevorzugten Pflanzen bringen Früchte von intensiverer grüner Färbung hervor als Buschtomaten, die nicht von den Graulaubenvögeln gehegt werden. Die Männer ziehen kräftig getönte Tomaten den blasseren vor.

Da die Tiere ihre Balzplätze teilweise bis zu zehn Jahre lang nutzen, profitieren sie auch selbst von den Anpflanzungen, da die Nachtschattengewächse mehrjährig sind.

Die Forscher gehen davon aus, damit erstmals bei Tieren eine Art Gartenbau entdeckt zu haben, der auf Ziergewächse abzielt und nicht der Förderung von Nahrungspflanzen dient. [160 161 162 163 164]

Ich reich die Scheidung ein –
Auch treue Vögel können sich trennen

Eheliche Treue wird bei den meisten Vögeln groß geschrieben. Geschätzte 85 Prozent bleiben mit einem Partner zusammen, oft sogar über das gesamte Leben hinweg. Doch die Option zur Scheidung besteht immer.

Antica Culina von der University of Oxford wertete die Scheidungsraten von 64 Vogelarten aus. Gerade einmal bei sechs Spezies blieben die Partner auf Gedeih und Verderb zusammen.

Beobachtungen bei Kohlmeisen deuten darauf hin, dass es die Frauen sind, die die Scheidung vorantreiben. Dass es bergab geht mit der Beziehung, deutet eine unzufriedene Ehefrau insoweit an, als sie die Partnerschaft mit immer weniger Enthusiasmus pflegt. So legen die beziehungsmüden Ehefrauen statistisch nachweisbar später und weniger Eier, bevor sich ein Paar trennt. Für sie könnte es sich sogar lohnen, dies absichtlich zu tun – denn nach einer Trennung profitieren die Damen oft mit einem neuen Partner. Bei den verlassenen Ehemännern ist es umgekehrt: Sie scheinen nach einer Trennung häufig etwa ihre Territorien zu verlieren und finden seltener eine Nachfolgerin für die Verflossene.

Ungeklärt bleibt aber die Frage, woran die Kohlmeisenfrauen die Qualität einer Beziehung eigentlich messen. Vielleicht kommt auch zuerst der Frust über den Partner vor den wenigen Eiern – vielleicht ist es aber auch umgekehrt und reiner Zufall, dass die geschiedenen Damen mit der plötzlichen Freiheit mehr anzufangen wissen. [165]

Machtfrauen ein Scheidungsgrund?

Wenn Blaumeisen sich scheiden, könnte hingegen jemand anders dahinter stecken. Bisher vermutete man, dass die Frauen ihre Angetrauten aus eigener Initiative wegen eines vielversprecheneren Herrens verlassen.

Mihaj Valcu und Bart Kempenaers vom Max-Planck-Institut für Ornithologie in Seewiesen haben nun die Datenlage über die Kinderanzahl der Geschiedenen nach der Trennung ausgewertet und festgestellt, dass tatsächlich die Männer vom Partnerwechsel profitieren. Machen also möglicherweise die Herren den ersten Schritt zur Trennung? „Wir können nur spekulieren" so Kempenaers. „Aber unsere Hypothese ist, dass ein größeres, stärkeres Weibchen die ursprüngliche Partnerin vertreibt und das Männer samt Territorium übernimmt." In diesem Fall wäre ein Zickenkrieg um einen guten Paarungspartner Auslöser für die Trennung und klassischer Scheidungsgrund. Man blickt halt nicht immer durch bei diesen Beziehungswirrnissen. Deshalb hat man ja auch das Schuldprinzip abgeschafft – unter Menschen. [166]

Gleichklang:
Menschen und Vögel musizieren
nach ähnlichen Prinzipien

Dem Gesang der Einsiedlerdrossel hören Forscher schon seit mehr als einem Jahrhundert ganz genau zu. Man ahnte nämlich, dass die ihre Lieder nach denselben Prinzipien trällert, die auch dem menschlichen Musiksystem zu Grunde liegen. Nun ist ein Team um Bruno Gingras von der Universität Wien erstmals systematisch dieser Frage nachgegangen – und fündig geworden.

Die Wissenschaftler untersuchten dazu Aufnahmen vom Gesang 14 männlicher Einsiedlerdrosseln. Dabei entdeckten sie, dass die Lieder der Vögel sich in ihren Grundzügen gar nicht so sehr von menschlicher Musik unterscheiden. „Unsere Studie zeigt, dass Einsiedlerdrosseln Töne verwenden, die im Allgemeinen durch kleine ganzzahlige Verhältnisse miteinander in Beziehung stehen, so wie menschliche Musik", fasst Gingras die Ergebnisse zusammen. Die meisten Kulturen auf der Welt verwenden nämlich zum Musizieren ebenfalls Tonhöhensysteme, bei denen die Ton-

frequenzen auf diese Art und Weise miteinander in Beziehung stehen und so eine Obertonreihe bilden. Ein Beispiel dafür ist etwa die Dur-Tonleiter.

Die Forscher glauben, dass die Drosseln die Tonhöhe für ihren Gesang bewusst auswählen – möglicherweise, weil Frauen auf die Genauigkeit des Gesangs achten oder die Vögel solche Gesänge schlicht besser im Gedächtnis verarbeiten und speichern können. Gingras und seine Kollegen sehen ihre Ergebnisse aber auch als Beweis dafür an, dass die Musik des Menschen nicht nur durch kulturelle Einflüsse geprägt wurde. Zumindest zum Teil beruhe sie offenbar auch auf gewissen biologischen Grundregeln, die wir mit anderen Tierarten teilen. [167]

Ein Star schreibt Musikgeschichte

Wolfgang Amadeus Mozart war ein ausgesprochener Vogelliebhaber. Ein besonders inniges Verhältnis pflegte er zu einem Star. In seinem Tagebuch notierte er Melodien, die der Vogel gezwitschert hatte. Eine dieser Melodien findet sich beinahe identisch im Rondo-Thema des Schlusssatzes von Mozarts Klavierkonzert in G-Dur (KV 453). Für Mozartliebhaber mag es wie ein Sakrileg klingen, dass Mozart von einem Star abgeschrieben haben könnte. Aber es ist wohl so. Und in einem konnte sich Mozart auch zu Lebzeiten des Stars sicher sein: der Schöpfer würde ihn nie des Plagiats bezichtigen. Ein Star ist eben kein Kleingeist.

(Quelle: Frans de Waal, Der Affe und der Sushimeister, , München 2005, S.150ff)

Vogel singt wie Bach und Haydn komponierten

Der Gesang der Flageolettzaunkönige aus dem Amazonasregenwald enthält Passagen, die verblüffende Ähnlichkeiten mit Motiven haben, die z.B. Bach und Haydn in ihren Kompositionen verwendet haben. Der Singvogel zwitschert perfekte Quinten, Oktaven und andere harmonische Intervalle. Diese sind die Grundlage der Tonarten in der abendländischen Musik. Forscher vom Max-Planck-Institut für Ornithologie in Seewiesen und des Cornish College of the Arts in den USA haben die verblüffenden Parallelen zwischen menschlicher Musik und dem Gesang des Flageolettzaunkönigs entdeckt.

„Die Vorliebe der Vögel für perfekte Intervalle führt dazu, dass die aufeinanderfolgenden Töne seines Gesangs auf Menschen den Eindruck erwecken, als ob sie einer Tonleiter folgen", erklärt Emily Doolittle vom Cornish College of the Arts.

Umgekehrt stellten die Forscher fest, dass der Gesang des Flageolettzaunkönigs immer wieder in der brasilianischen Musik vorkommt. Der Komponist Heitor Villa-Lobos hat 1917 sogar ein Ballettstück namens Uirapuru (dt. Flageolettzaunkönig) geschrieben. [168]

Spottdrosseln unterscheiden einzelne Menschen

Nordamerikanische Spottdrosseln (Mimus polyglottos) können zwischen verschiedenen Menschen differenzieren und aus mehreren tausend Menschen diejenigen wiedererkennen, die zuvor ihr Nest bedrohten.

Mit einem Test untersuchten Wissenschaftler um Douglas Levey von der University of Florida in Gainesville die Reaktionen der brütenden Vögel auf potenzielle Nesträuber auf dem Campus der Universität.

Dabei näherten sich Studenten für 30 Sekunden bis auf einen Meter dem Nest und legten dabei die Hälfte der Zeit eine Hand sanft auf den Nestrand. Dies wiederholten sie an vier aufeinander folgenden Tagen, wobei die Studenten täglich ihre Kleidung variierten und sich aus verschiedenen Richtungen heranwagten. Trotz der unterschiedlichen Erscheinung erkannten die Vögel die Gefährder unter zahlreichen Passanten wieder. Mit jedem Tag nahmen die Drohgebärden der Vögel zu und wurden aggressiver. Schon bei größeren Entfernungen des „Eindringlings" verließen sie ihr Nest, stießen zunehmend Warnschreie aus und griffen öfter an. Bei anderen Personen drohten die Spottdrosseln kaum. [169]

Deine Schwingen sind altmodisch – Modediktat bei Trauerammern

Das schöne Geschlecht sind bei Vögeln die Herren der Schöpfung. Wie Alexis Chaine und Bruce Lyon von der Universität von Kalifornien in Santa Cruz herausgefunden haben, sind die Schönheitsideale jedoch auch dem Modediktat unterworfen. Zumindest bei den in der Prärie Colorados brütenden Trauerammer ändern sich die weiblichen Vorlieben sehr kurzfristig. Was im einen Jahr in ist, kann im nächsten bereits altmodisch sein und durch neue Finessen ersetzt worden sein, so die Beobachtung der Biologen.

Während der fünf Jahre, in denen Chaine und Lyon die Trauerammern beobachteten, wechselten die Vorlieben der Frauen mehrheitlich von Brutzeit zu Brutzeit: Waren im einen Jahr offensichtlich große, weiße Schwingen ausschlaggebend, konnten in der Folgesaison vor allem Männer mit kleinen Flecken reüssieren. Immer hatten aber die Paare, die sich nach dem jeweiligen Mehrheitsgeschmack richteten, den höheren Bruterfolg als jene, die sich dem vorherrschenden Trend widersetzten. Die Frauen nahmen also überwiegend den richtigen Partner, selbst wenn diese nicht dem klassischen Schema der Evolutionsbiologie und damit dem prächtigsten Äußeren entsprachen. In der Population bleibt damit jedenfalls ein sehr variables Spektrum an Körpermerkmalen gewahrt. [170]

Von wegen in den Tag hinein: Vögel planen im Voraus

Forscher um Nicola Clayton von der Universität Cambridge haben herausgefunden, dass Häher sich gezielt und vorausschauend Vorräte anlegen.

Nicola Clayton und ihre Kollegen sperrten Buschhäher einige Tage lang morgens für jeweils zwei Stunden in eines von zwei präparierten Zimmer. In einem Zimmer versteckten die Forscher morgens immer Körner in einer sandgefüllten Schale. Im zweiten Raum stand eine Schale mit Sand ohne Körner.

Dabei stellten sie fest, dass die Vögel schnell merkten, in welchem Raum sie am nächsten Morgen kein Frühstück vorfinden würden. Deshalb versteckten die Tiere daraufhin am Abend genau dort Essen. Solche planende Vorratshaltung billigten viele Forscher bislang nur dem Menschen zu. „Die Häher planen für den nächsten Tag und sind dabei nicht von ihren gegenwärtigen Bedürfnissen motiviert", erklärte Clayton. Bislang sei angenommen worden, dass Tiere nur für die Gegenwart Entscheidungen treffen könnten. Dieses Verhalten zeuge jedoch von hoch entwickelten und komplizierten Gedankengängen bei Tieren, so die Wissenschaftlerin.

Grün vor Neid könnte man beim Gedächtnis der Häher werden: Tannenhäher verstecken jedes Jahr 60.000 Samen an bis zu 6000 Stellen, von denen sie nicht nur fast alle wiederfinden, sondern von denen sie sogar das Verfallsdatum im Kopf haben. Sie wissen, welche Verstecke schnell verderbliche Würmer und welche länger haltbare Nüsse enthalten. [171] [172]

Beziehungsschach
bei Familie Rabe

Rabenvögel gelten als Intelligenzbestien: Sie lösen knifflige Rätsel und zeigen immer wieder, dass sie in der Liga der Menschenaffen mitspielen können. Und dies gilt auch für die Gestaltung des sozialen Miteinanders.

Biologen um Thomas Bugnyar vom Department für Kognitionsbiologie an der Universität Wien haben nun herausgefunden, dass Kolkraben sogar die Beziehungen anderer Raben zueinander einschätzen können – eine Fähigkeit, die bis dato nur von Primaten bekannt war. Raben unterhalten unterschiedliche soziale Beziehungen – sie besitzen Freunde, Verwandte oder Partner. Die Gruppen sind streng hierarchisch organisiert. Natürlich ist es da notwendig, die eigene Position in der Gruppe gegenüber anderen Gruppenmitgliedern richtig einschätzen zu können. Die Beziehungsgeflechte der anderen untereinander zu begreifen, ist wesentlich komplizierter, eröffnet aber strategische Möglichkeiten. Wir reden hier von Seilschaften. Sich mit gut vernetzten Artgenossen zusammen zu tun, kann sich als sehr vorteilhaft herausstellen.

Die Wissenschaftler spielten Kolkraben akustische Aufnahmen zweier anderer Raben aus ihrer Gruppe vor: Den Imponierruf eines dominanten Raben und darauf folgend der Ruf eines anderen, der mit „Demutsbekundungen" seinen niedrigeren Rang signalisierte. Diese Rufe stimmten entweder mit der tatsächlich existierenden Ranghierarchie überein, oder sie widersprachen ihr – dafür kombinierten die Wissenschaftler am Schnittpult den Imponierruf eines rangniederen Raben mit dem Demutsruf eines ranghöheren. Im letzteren Fall drehten und schüttelten die Raben irritiert die Köpfe. Sie waren sichtlich gestresst. Die Biologen schließen daraus, dass ihre Erwartung, wie die Dominanzverhältnisse sein sollten, erschüttert wurde. Auch Signale mit Rangverschiebungen von Vögeln aus der benachbarten Gruppe machten die Raben nervös. Offenbar interessieren sich die Vögel für die Beziehungen anderer, auch wenn diese sie gar nicht unmittelbar betreffen.

Und wenn zwei Raben sich verstehen, stört das oft den dritten – zumindest, wenn durch solche Allianzen seine Macht in der Gruppe bedroht werden könnte. In Raben-Gruppen hat der die Macht, der über gute soziale Beziehungen und Allianzen verfügt. Gute Erfolgsaussichten als Bündnis-Verhinderer haben vor allem Raben mit hoher Machtposition. „Weil gut in die Gruppe eingebundene Raben soziale Macht haben, können sie sich solche riskanten Manöver leisten", so Jorg Massen aus der Forschergruppe. „Dabei greifen sie gezielt bei jenen Vögeln ein, die gerade dabei sind, eine neue Allianz zu festigen, und somit eine mögliche Konkurrenz werden könnten."

Aber Raben können auch nett. In einer früheren Analyse hatte Bugnyar bereits herausgefunden, dass Raben ihre Freunde trösten und beruhigen, wenn diese bei einem Konflikt eins auf den Schnabel bekommen haben. Werden sie selbst Opfer einer Streiterei, suchen die Vögel Trost bei ihren besten Bekannten. Der spontane Trost von Freunden nach einem Kampf zeige ein Maß an Mitgefühl, das sogar über das von Affen hinausgeht. [173] [174]

Häher betrauern ihre Toten

Rabenvögel gelten als sehr intelligente Vögel mit einer ausgeprägten sozialen Ader. Ein Forscherteam um Teresia Iglesias von der University of California hat nun sadistische Spiele mit der Trauer von Hähern gespielt, die schließlich ergaben, dass Buschhäher sich im Angesicht verstorbener Artgenossen anders gebärden als bei Leichnamen anderer Arten oder Attrappen.

Bei Freilanduntersuchungen präsentierten die Wissenschaftler Buschhähern neben toten Hähern auch Nahrungskonkurrenten, potenzielle

Fressfeinde wie Virginia-Uhus oder auch bemalte Holzgegenstände. Die Kunstgegenstände wurden von den Hähern völlig ignoriert. Tote Fressfeinde und Nahrungskonkurrenten wurden gemeinschaftlich beschimpft.

Gegenüber toten Hähern unterblieb hingegen jegliche Aggression. Mit lauten Alarmrufen wurden Häher aus der ganzen Gegend zusammengerufen und die Vögel versammelten sich mit misstönenden Rufen um den Leichnam. Im Angesicht der Toten schränkten die Häher sogar die Nahrungssuche für mindestens einen Tag ein.

Dieses Trauern der Häher aber nun auch Trauern zu nennen ist den Forschern bisher zu gefühlig – sie nennen es Bemühen, die Wachsamkeit der Gruppe zu erhöhen. Aber das wird schon noch. [175]

Eichelhäher fühlen sich in die Liebste ein

Menschenfrauen müssen jetzt ganz tapfer sein: Verliebte Eichelhäher erkennen die geheimsten Wünsche der Partnerin, ohne dass diese den Schnabel aufmachen muss. Nicola Clayton und ihre Mitarbeiter von der Universität Cambridge haben herausgefunden, dass Eichelhäher ermitteln, was der Liebsten gerade besonders gut schmeckt. Die Forscher versorgten die Damen von sieben Eichelhäher-Paaren entweder mit Larven von Wachsmotten oder von Mehlmotten.

Dabei notierten sie, ab welchem Punkt die einzelnen Frauen vom Geschmack einer dieser Larven genug hatten und lieber die anderen aßen. Anschließend boten sie beide Larven den Männern an, die mit Körnern versorgt worden waren. Dabei stellte sich heraus, dass die Männer ihren Frauen verstärkt die Sorte Essen anboten, mit dem diese noch nicht bis zum Überdruss versorgt worden waren - allerdings nur dann, wenn sie vorher gesehen hatten, was die Frauen aßen. Die Häher mussten Rückschlüsse aus den Geschmacksvorlieben der Damen geschlossen haben, und zwar aus deren Vergangenheit - aus dem, was die Vogel-Damen vorher gegessen hatten. Dies zeige, so die Forscher, dass die Vögel ihren Partner als Wesen mit einem eigenen inneren Leben mit wechselnden Stimmungen erleben. Die Fähigkeit, dem Gegenüber ein Selbst zuzugestehen, wurde bislang nur bei Primaten beobachtet. [176]

Das verzeih ich Dir nie!
Raben sind nachtragend

Kolkraben meiden Menschen, die sie schon einmal über den Tisch gezogen haben. Das zeigt eine neue Studie von Forschern um Jorg Massen von der Universität Wien.

Wie ihre Studie zeigt, stellen sich die Vögel im Umgang mit Menschen extrem clever an. Denn sie merken es offenkundig, wenn jemand sie unfair behandelt, merken sich den Unsympath und meiden ihn fortan.

Die Wissenschaftler trainierten für ein Experiment neun Kolkraben (Corvus corax) darauf, bei einem Versuchsassistenten ein armseliges Stück Brot gegen ein Stück leckeren Käse zu tauschen. Anschließend lernten die Vögel zwei verschiedene Assistenten kennen: Der eine belohnte das Überreichen des Brots tatsächlich mit Käse, der andere leimte die Tiere, indem er das Brot zwar annahm, den Käse aber selbst verspeiste. Zwei Tage später konfrontierten die Forscher die Raben dann mit einer Situation, in der sie aussuchen konnten, bei wem sie ihr Brot eintauschen wollten: bei dem fairen Assistenten, dem Betrüger oder bei einer dritten, unbekannten Person. Im Ergebnis suchten fast alle den zuverlässigen Menschen auf und straften den unfairen Zeitgenossen mit Ignoranz. Und noch einen Monat später hatten sie sich den Abzocker gemerkt.

Offenbar lernen Kolkraben schon nach einer einzigen Begegnung, wer sich gut für eine Zusammenarbeit eignet, und prägen sich diese Information längerfristig ein. Menschen wären deshalb gut beraten, sich mit den Vögeln gutzustellen. [177]

Schwarze Intelligenzbestien

Frauen wissen es schon lange: Es kommt nicht auf die Größe an! Rabenvögel sind trotz ihres lediglich walnussgroßen Gehirns nicht nur außerordentlich intelligente Vögel, sie scheinen in manchen Disziplinen sogar Schimpansen zu schlagen.

„Menschenaffen müssen sich ihre Spitzenposition in Sachen tierischer Intelligenz mit den Raben teilen. Denn Raben können fast alles, was Schimpansen auch können", sagt Zoologe Thomas Bugnyar in der Zeitschrift „Bild der Wissenschaft". So sind sie beispielsweise Meister im Verwenden und Entwerfen von Werkzeugen – nicht nur, weil sie gute Beobachter sind, sondern vor allem, weil sie physikalische Zusammenhänge verstehen.

Das demonstrierte etwa die Neukaledonische Krähe Betty 2002 in einem Labor der Universität Oxford. Ihre Aufgabe: ein Eimerchen mit Essen mit Hilfe eines gebogenen Drahtes aus einer Röhre ziehen. Zur Verfügung stand dabei eine ganze Reihe von Drähten, von denen allerdings nur ein einziger den richtigen Haken aufwies. Da ihr dieser jedoch von ihrem Bruder, der ebenfalls am Test teilnahm, weggeschnappt worden war, entschied sich Betty kurzerhand für einen anderen Draht und bog ihn sich passgenau zurecht – ohne zuvor jemals Erfahrungen mit Metalldrähten gemacht zu haben.

Ähnlich ausgeklügelt ist die Taktik, die einige Rabenkrähen aus Tokio für das Nüsseknacken entwickelt haben. Anstatt die Nüsse einfach auf den Boden fallen zu lassen, werfen sie sie auf die Straße, um sie von Autos überfahren zu lassen. Der Clou: Die Vögel benutzen dabei Zebrastreifen und deponieren die Nüsse ausschließlich dann, wenn die Autos Rot haben. In der nächsten Grünphase beobachten sie lediglich, wie die Reifen die Nussschalen aufbrechen, um schließlich beim nächsten Rot für die Autos seelenruhig über den Zebrastreifen zu ihrem Snack zu spazieren.

In Tokio sind die Raben auf eine weitere brillante Idee gekommen. Sie stibitzen Drahtbügel von Balkonen – wo die Japaner gern ihre Wäsche auslüften – und bauen damit derart stabile Nester, dass sie dem Wasserstrahl von Feuerwehrschläuchen standhalten. Ihre Nester werden nämlich regelmäßig von der Feuerwehr zerstört.

Selbst wenn sie um die Ecke denken müssen, um an eine leckere Belohnung zu kommen, stehen die Krähenvögel den Schimpansen in nichts nach. Ebenfalls in Oxford platzierte der Biologe Alex Taylor seine Krähen vor einem Gitter, hinter dem sich ein leckeres Stückchen Fleisch befand, und gab ihnen ein Stöckchen. Das war allerdings zu kurz, um an das Essen zu kommen, reichte jedoch aus, um hinter einem zweiten Gitter ein längeres Werkzeug hervorzuangeln – was die Krähen auch anstandslos taten. Die Vögel können also sogenannte Analogieschlüsse ziehen, sagen die Forscher – eine Fähigkeit, die bisher ausschließlich Menschen und anderen Menschenaffen zugeschrieben wurde.

Als wäre das noch nicht genug, sind Rabenvögel auch noch gute Empathen. Sie können sich sehr gut in ihre Artgenossen hineinversetzen und einschätzen, was diese wissen und was nicht. So lassen sie sich beim Verstecken von Schätzen normalerweise nicht gerne beobachten. Haben sie doch einmal Zuschauer, werden diese anschließend sehr genau überwacht und verscheucht, sobald sie in die Nähe des Verstecks kommen – im Gegensatz zu fremden Vögeln, denen der Zutritt erlaubt wird. Ist eine Überwachung nicht möglich, buddeln die Krähenvögel in einem unbeobachteten Moment ihre Beute wieder aus und verstecken sie neu.

Diese Fähigkeit nennen Wissenschaftler „Theory of Mind". Damit wird die Fähigkeit bezeichnet, sich mit dem eigenen geistigen Leistungsvermögen in Artgenossen hineinversetzen. Was könnte der Konkurrent sehen? Muss ich besonders aufpassen, da er mich vielleicht sehen könnte? Solche Fragen beantworten Raben, neuesten Experimenten zufolge, im Geiste. Dass die Raben dabei nicht nur die Blickrichtung des anderen Vogels beobachten sondern wirklich verstehen, was dieser wissen kann und was nicht, zeigten nun neuere Experimente.

Ein Rabe wurde in einem Versuchsraum mit allerlei Köstlichkeiten versorgt. Der Rabe nebenan bekam dagegen nichts zu essen. Beide Räume waren durch ein Sichtfenster direkt miteinander verbunden. Der wohlversorgte Rabe versteckte seinen Käse zügig. Einmal angelegte Depots wurden von ihm nicht nochmal angerührt. Bei geschlossenem Fenster ließ sich der Rabe sehr viel Zeit und verbesserte seine Depots, obwohl er den Vogel im Nebenraum durch seine Geräusche weiter ausmachen konnte.

In einem weiteren Versuch stand nur mehr ein kleines Guckloch offen, das dem Raben vorab gezeigt wurde. Mit dem Wissen, dass die hörbare Konkurrenz im danebenliegenden Raum durchs Guckloch linsen könnte, beeilte sich der Rabe erneut beim Verstecken der Nahrung. Die eigene Erfahrung, dass man durch das Guckloch schauen kann, trieb den Raben zur Eile an. Er konnte geistig Informationen verbinden und sich in den anderen Raben hineinversetzen. Raben sind demnach intelligent genug, um paranoid zu werden.

Soviel Cleverness hat allerdings eine Nebenwirkung: Um sie zu schulen, muss man experimentierfreudig sein – und Dinge tun, die scheinbar völlig unsinnig sind. So rodeln Kolkraben auf dem Bauch Schneehänge herunter, Dohlen setzen sich auf Autospiegel, um rasant in der Gegend herumgefahren zu werden und Saatkrähen picken auch schon einmal an Autoreifen herum und lassen sich dann die herauszischende Luft ins Gesicht blasen. Einen Überlebensvorteil bietet das erst mal nicht. Aber es scheint den Vögeln Spaß zu machen – und wer so etwas Komplexes wie Spaß empfinden kann, der muss schon ganz schön schlau sein. [178] [179]

Wie bei der Mafia: Diebische Krähen verschonen die Familie

Richte dich nie gegen die Familie! Diese hehre und lebenserhaltene Regel der Mafia gilt auch bei Krähen als Verhaltenskodex. Beim Kampf um das begehrte Essen sind Krähen (Corvus caurinus) gegenüber verwandten Artgenossen eher zahm, konnten Wissenschaftler der Universität Washington beobachten.

Zwar beklauen Krähen auch ihre Familienangehörigen, hier gehen sie jedoch etwas rücksichtsvoller vor: Sie schleichen um ihren Verwandten herum und hoffen darauf, dass er ihnen einen Happen von der Beute überlässt.

Bei Nichtverwandten gehen die Krähen dagegen schon mal zum Angriff über und versuchen dem Artgenossen die Beute zu entreißen. Die Eigenschaft, Verwandte von Nichtverwandten unterscheiden zu können und sich ihnen gegenüber auch anders zu verhalten, wurde damit bei Vögeln zum ersten Mal beobachtet. [180]

Protestantische Krähen: Die hohe Kunst der Selbstbeherrschung

Kolkraben und Aaskrähen können überaus selbstdiszipliniert sein – wenn es sich auszahlt. Ähnlich wie im berühmten Stanford-Marshmallow-Experiment wurde den Vögeln eine Belohnung in Aussicht gestellt, wenn sie einer Versuchung widerstehen. Mehr als fünf Minuten Selbstdisziplin brachten manche von ihnen auf, ergab ein Experiment von Wissenschaftlern aus Straßburg, Edinburgh und Wien. Inwieweit die Rabenvögel Zurückhaltung übten, hing freilich von der Dauer der Wartezeit und auch von der Qualität der erwarteten Belohnung ab. Menschenkinder und Rabenvögel verhalten sich während der Wartezeit vergleichbar: die Verlockung wird weggelegt, aufgenommen, wieder weggelegt... [175]

Die beiden schwedischen Zoologen Can Kabadayi und Mathias Osvath testeten nun die protestantischen Verzichtskünstler bis aufs Äußerste. Gefangene Kolkraben mussten einen Stein bestimmter Größe in ein Rohr fallen lassen, woraufhin unten ein Stück Fleisch herauskam. Die Vögel mussten den passenden Stein allerdings bereits 15 Minuten vor dem Versuch aus mehreren Steinen auswählen – und diese Zeit des Bedürfnisaufschubs wurde von den Forschern dann noch auf 17 Stunden erweitert.

Dazu bekamen die Kolkraben neben den Steinen auch noch Essen zur Auswahl, das allerdings weniger begehrenswert für sie war als die Fleischbrocken, die sie später zur Belohnung für den richtigen Gebrauch der Steine erhielten. „Die Vögel mussten also Selbstkontrolle beweisen", schreibt die Welt, „und das schafften sie auch. In drei Vierteln der Versuche verschmähten die Tiere den Schnellimbiss und warteten lieber geduldig auf den Festschmaus." Schwedische Kleinfamilienmenschen schneiden da deutlich schlechter ab. Sie müssen ihrer Brut den Bedürfnisaufschub über Jahrzehnte hinweg anerziehen, und über 50 Prozent scheitern letztlich an der Konsumgesellschaft. [181]

Die Krähen und das Mädchen

Dies ist eine Geschichte von Fürsorge und Zuneigung zwischen einem Mädchen und einigen Raben.

Die Beziehung von Gabi Mann zu den Krähen begann 2011, als das Mädchen vier Jahre alt war. Die Kähen hatten beobachtet, dass die Kleine öfters etwas von ihrem Essen fallen ließ und behielten sie deshalb im Auge. Gabi belohnte die Aufmerksamkeit und als sie schließlich zur Schule ging, teilte sie den Inhalt ihrer Brotbox mit ihnen. Schon bald warteten die Krähen auf Gabis Bus, in der Hoffnung auf eine weitere Essensspende. Seit 2013 füttern Gabi und ihre Mama Lisa die Krähen täglich und lassen nicht mehr nur ab und zu etwas fallen. Morgens wird das Vogelbad mit frischem Wasser gefüllt und sie verstreuen Cashewnüsse und Hundefutter im Garten.

Es dauerte nicht lange und die ersten Geschenke tauchten auf. Die Krähen ließen glänzende Schmuckstücke auf den Tabletts liegen: einen Ohrring, ein Scharnier, einen glänzenden Stein., ein Metallstück mit dem Wort „Best". Das schönste Geschenk, so Gabi, war ein kleines Herz. Das Mädchen hält die Gaben in Ehren und sammelt sie - sorgfältig katalogisiert - in Setzkästen.

Einmal verlor Mama Lisa beim Fotografieren den Deckel ihres Objektivs und fand ihn schließlich neben dem Vogelbad. Die Kameraaufzeichnungen belegen, wie eine Krähe mit dem Deckel angeflogen kommt und ihn tatsächlich im Vogelbad gründlich abspült, bevor sie ihn am Rand plaziert.

Lisa: „Sie beobachten uns die ganze Zeit. Ich bin sicher, sie wussten, dass ich ihn fallengelassen habe. Und ich bin sicher, sie wollten ihn zurückgeben." [182]

Spieglein, Spieglein …

Der Spiegel gilt als Symbol für Eitelkeit und Wollust. Andererseits steht er auch für Selbsterkenntnis, Klugheit und Wahrheit. Hält man anderen Arten einen Spiegel vor, reagieren viele nicht. Womöglich sind sie schlichtweg uneitel. Aber da wir Menschen uns im Spiegel erkennen und gern betrachten, und ganz sicher eitler als klug sind, hält man es eben für ein Zeichen von Dummheit, nicht auf das Spiegelbild zu reagieren.

Von der Klugheit der Elstern überzeugten sich die Bochumer Biopsychologen um Dr. Helmut Prior am Lehrstuhl von Prof. Dr. Onur Güntürkün.

Die Forscher wurden für acht kleine Elstern zu Zieheltern. Ihr Rundum-die-Uhr-Einsatz für die Brut wurde durch außergewöhnliche Ergebnisse belohnt. Mit Hilfe ausgeklügelter Experimente gelang es, das Verhältnis der Vögel zu ihrem Spiegelbild näher zu bestimmen. Die Elstern spazierten vor dem Spiegel auf und ab und präsentierten sich davor auch mit Gegenständen. Spiegelte sich eine Schachtel mit Essen, gingen sie hin, war die Schachtel im Spiegel allerdings leer, ignorierten sie sie zumeist. Aufschlussreich war schließlich auch der „Markierungstest", bei dem die Elstern mit einem roten Fleck unter dem Schnabel markiert wurden, den sie nur im Spiegel sehen konnten. Die rot markierten Elstern begannen sich nach einem Blick in den Spiegel häufig zu putzen. Zeigte man ihnen zur Kontrolle Bilder, ausgestopfte oder lebende markierte oder nicht markierte Elstern hinter einer Glasscheibe anstatt des Spiegelbildes, reagierten sie nicht. [183]

Großes Herz bei kleinen Tieren

Lange galt Empathie, also die Fähigkeit, sich in das Denken und Fühlen eines Anderen hineinzuversetzen, als Domäne des Menschen und möglicherweise noch einiger nahverwandter Primaten. Doch nun haben Wissenschaftler erstmals belegt, dass auch angeblich „einfache" Säugetiere wie Mäuse Mitleid empfinden können.

Jeffrey Mogil, Professor für Psychologie an der amerikanischen McGill Universität, sein Doktorand Dale Langford und weitere Forscher des Labors für Schmerzgenetik führten Versuche zur Schmerzreaktion bei Mäusen durch. Dabei stellten sie fest, dass Mäuse, die zusehen mussten, wie ihr Käfiggenosse Schmerzen erlitt, später selbst weitaus empfindlicher auf Schmerz reagierten als Mäuse, die allein gehalten und getestet wurden.

Diese Ergebnisse belegen erstmals eine Form der „Schmerzansteckung" bei Tieren. Gleichzeitig beleuchten sie auch die Rolle von sozialen Faktoren im Umgang mit Schmerzreizen – bei Mäusen und auch beim Menschen. „Wir wissen, dass soziale Interaktion eine sehr wichtige Rolle im chronischen Schmerzverhalten beim Menschen spielt", erklärt Mogil.

Auch was die Mitleidsfähigkeit der Forscher betrifft, ist die Studie sehr aussagekräftig. Sie brachte leider kein positives Ergebnis. Womöglich wurde die Fähigkeit des Menschen, Mitleid zu empfinden, stark überschätzt. Zumindest erstreckt sie sich regelmäßig nicht auf Mäuse. Da können die noch so viel Mitgefühl aufbringen. [184]

Singende Mäuse können Melodien lernen

Mäusemänner quieken nicht nur, sie können auch singen. Letzteres tun sie um die Damen zu bezirzen. Sie können die für Menschen unhörbaren Ultraschallgesänge variieren – und von mitsingenden Konkurrenten Tonfolgen lernen, eine seltene Kunst, die nur bei Delfinen, Papageien und Menschen bekannt ist.

Erich Jarvis und Gustavo Arriaga von der Duke Universität in Durham (USA) stellten dabei fest, dass der Gesang vom Gehör kontrolliert wird. Diese Rückkopplung ist für den Gesang notwendig und sorgt für konstante Frequenzen und Rhythmen, fanden die Forscher heraus. Darüber hinaus zeigte sich, dass Mausmänner, die mit fremden Sangeskünstlern zusammenkamen, ihren Gesang mit der Zeit in der Tonhöhe aneinander anglichen und damit lernten. Und erst kürzlich berichtete Frauke Hoffmann vom Konrad-Lorenz-Institut für Verhaltensforschung in Wien in der Zeitschrift „Physiology & Behavior", dass weibliche Hausmäuse (Mus musculus) den Gesang der Männer einschätzen können: Sie waren in der Lage, Fremde und nahe Verwandte am Gesang zu unterscheiden. [185]

Ratten können die Folgen
ihres Handelns voraussehen

Bisher waren die meisten Wissenschaftler davon ausgegangen, dass allein Menschen kausale Zusammenhänge verstehen können. Welch ein Hirngespinst! Ratten trafen in einem Experiment korrekte Vorhersagen über die Folgen einer eigenen Handlung, auch wenn sie diese nie zuvor hatten ausprobieren können, berichtete der Psychologe Prof. Michael Waldmann.

Bisher habe man gedacht, „dass Tiere erlebte Abfolgen lediglich dazu nutzen, um Assoziationen zwischen Ereignissen und deren Auswirkungen zu bilden." Solche Assoziationen spiegeln aber nicht notwendigerweise den tatsächlichen Zusammenhang zwischen Ursache und Wirkung wieder.

Die Ratten wurden im Experiment zunächst mit einem Lichtreiz konfrontiert, auf den regelmäßig ein Ton und Futter folgten. Dann wurde ihnen der Ton allein vorgespielt. Die Tiere erwarteten daraufhin wieder Futter an derselben Stelle wie zuvor. Diese Lernleistung deute noch nicht zwingend auf kausales Denken, betonte Waldmann, sondern könnte, wie bei der Pawlowschen Konditionierung, auch Ausdruck assoziativen Lernens sein.

Aber: Im nächsten Test befand sich im Rattenkäfig ein den Tieren unbekannter Hebel. Wenn sie aus Neugier gelegentlich darauf drückten, erklang wieder der bekannte Ton. Nach den Vorhersagen der Assoziationstheorien hätten die Tiere wieder nach Futter suchen müssen, so die Göttinger Forscher. Tatsächlich schlossen die Ratten jedoch korrekt, dass sie selbst Ursache des Tons waren. Dies zeige, dass die Tiere kausal denken können. Waldmann hält daher die These, dass kausales Denken allein Menschen vorbehalten ist, für unhaltbar. [186]

Ratten erkennen den Schmerz im Gesichtsausdruck

Ratten sind sehr intelligent, aber auch sehr sensibel. So helfen sie Artgenossen und erwidern Gefallen ähnlich wie manche Menschen es tun. Sie empfinden Reue und verziehen bei Schmerzen das Gesicht. Aber kann das Gegenüber den Schmerzausdruck als solchen erkennen?

Satoshi Nakashima von den NTT Communication Science Laboratories in Kanagawa und seine Kollegen sind dieser Frage nachgegangen. Für die Studie fotografierten die Forscher zunächst Ratten mit neutralem Gesichtsausdruck und solche, die wegen eines leichten Elektroschocks am Fuß kurzzeitig unter Schmerzen litten.

Diese Portraits wurden dann in zwei Räume einer Versuchsarena gehängt. In einem wurden nur neutrale Gesichter aufgehängt, in dem anderen die schmerzverzerrten. Dann setzten die Forscher 104 Ratten nacheinander in die Arena und beobachteten, wie sich die Tiere verhielten. Als Kontrolle wurden bei einigen Durchgängen die Bilder künstlich verwischt oder zerschnitten.

Die Ratten bevorzugten die Räume mit den neutralen Rattenportraits. Den Raum mit den schmerzverzerrten Gesichtern ihrer Artgenossen mieden sie dagegen. Bei den verfremdeten Portraits trat dieser Effekt nicht auf, die Ratten entschieden sich gleich häufig für einen der beiden Räume.

„Das deutet darauf hin, dass Ratten dazu fähig sind, die Gefühle von Artgenossen durch visuelle Signale wahrzunehmen", konstatiert Nakashima. Sie erkennen den Schmerz im Antlitz des Anderen. [187]

Ratten begreifen Regeln

Erfahrungen zu verallgemeinern und sie auf unbekannte Situationen anzuwenden nennt man Abstraktionsvermögen. Lange glaubten die Menschen, als Einzige über diese Fähigkeit zu verfügen. Alles nur Größenwahn. Auch andere Tiere haben diese Fähigkeit. Ratten können offenbar nicht nur Muster lernen, sondern zugleich die abstrakten Regeln begreifen, die dahinter stecken.

Der Psychologe Robin A. Murphy vom University College in London und seine Mitarbeiter spielten Ratten vor dem Essen Tonfolgen vor. Diese variierten nach einem bestimmten Muster wie „hoch-tief-hoch" oder „tief-tief-hoch". Anschließend spielten die Psychologen die Tonfolgen ohne Essensausgabe ab und beobachteten die Ratten. Diese konnten die „Melodien" sehr wohl unterscheiden. Hörten sie nämlich das gelernte Muster, eilten sie zur Essensausgabe und steckten ihre Köpfe in den Trog.

Nun kam das eigentliche Experiment. Die Forscher transponierten die Tonfolgen um ein gutes Stück nach oben oder unten. Das Signal klang damit völlig anders, nur die Reihenfolge von tieferen und höheren Tönen war gleich geblieben. Trotzdem erkannten die Ratten es sofort. Sie hatten sich also nicht die Töne gemerkt, sondern die Regel hinter deren Abfolge.

Dass die Nager über ein erstaunliches Abstraktionsvermögen bei akustischen Wahrnehmungen verfügen, zeigen auch Ergebnisse spanischer Forscher von vor zwei Jahren. Demnach können Ratten Sprachen wie Holländisch und Japanisch unterscheiden. [188]

Der edle Samariter –
Ratten helfen selbst Fremden

Wie Du mir, so ich Dir – dieses Motto gilt offenbar auch in Rattengesellschaften. Prof. Michael Taborsky und Dr. Claudia Rutte von der Abteilung Verhaltensökologie des Zoologischen Instituts der Universität Bern haben herausgefunden, dass Ratten sogar unbekannten Artgenossen helfen, wenn sie zuvor gute Erfahrungen in Sachen Nachbarschaftshilfe gemacht haben.

Die Wissenschaftler trainierten Rattendamen darauf, in einem Käfig durch das Ziehen eines Stäbchens Nahrung im benachbarten Käfig freizugeben, damit eine andere Ratte es zu sich nehmen konnte. Die Ratten, denen durch die trainierten Ratten so zu Nahrung verholfen wurde, revanchierten sich. Ratten hingegen, die untrainierte Nachbarn hatten und deshalb keine Hilfe erhielten, zeigten sich später weniger kooperativ gegenüber anderen.

Die getesteten Ratten erhielten für ihre Hilfe keine Belohnung, da das Futter jeweils nur der anderen Ratte zugute kam. Obwohl für sie also kein Vorteil daraus erwuchs, zeigten sich Ratten, denen selber geholfen worden war, um 20 Prozent hilfsbereiter als diejenigen Tiere, die keine Hilfe erhalten hatten. Noch höher stieg die Hilfsbereitschaft, wenn einer Ratte eine Nachbarin beigesellt wurde, die ihr bereits zuvor geholfen hatte: Dann betätigten sie das Stäbchen gar um 50 Prozent häufiger.

„Es handelt sich hier klar um ein soziales Verhalten, das von sozialer Vorerfahrung beeinflusst wird", betont Rutte. „Unsere Studie zeigt erstmals, dass anonyme soziale Erfahrung einen Einfluss auf die Kooperationsbereitschaft hat – nicht nur bei Menschen, sondern auch bei Ratten."
189

Killekille –
Ratten sind kitzlig

Shimpei Ishiyama und Michael Brecht von der der Humboldt-Universität Berlin untersuchten ein wenig erforschtes Phänomen, über das bereits Aristoteles und Darwin nachdachten: Das Kitzeln. Die Forscher wollten herausfinden, ob auch Ratten kitzlig sind.

Und sie sind es. Werden Ratten am Bauch gekitzelt, reagieren sie ähnlich wie wir. Sie kichern – im Ultraschallbereich von 50 Kiloherz –, vollführen Freudensprünge und laufen aktiv auf die Hand der Forscher zu, um weitergekitzelt zu werden. Bei einer bloß sanften Berührung blieben die Rufe und auch das aktive Folgen dagegen aus, wie die Wissenschaftler berichten.

Das ist mehr als nur ein Reflex, denn beim Gekitzeltwerden feuern spezielle Hirnzellen, die auch beim Spielen anspringen. Das deutet darauf hin, dass das Kitzeln ein evolutionär alter sozialer Vorgang ist, wie Forscher in „Science" berichten.

„Mit den 50 Kilohertz-Vokalisierungen zeigen die Ratten eine positive Stimmungslage", erklären Ishiyama und Brecht. Es entspricht in etwa einem unwillkürlichen Lachen oder Kichern beim Menschen. Ähnlich wie bei uns löst das Gekitzeltwerden demnach auch bei den Ratten ein eher angenehmes Gefühl aus.

Auch Ratten sind dabei nicht an jedem Körperteil und in jeder Situation gleich kitzlig. Selbst am Bauch, der kitzeligsten Stelle bei der Ratte, folgte nicht immer eine Reaktion: Verängstigte Ratten sprachen auf kein Kitzeln mehr an.

„Das bestätigt Charles Darwins Idee, dass ‚der Geist in einem angenehmen Zustand sein muss', damit ein Kitzeln Gelächter auslösen kann", sagen Ishiyama und Brecht. „Die Kitzelreaktion ist demnach kein simpler Reflex, der immer bei bestimmten Berührungen ausgelöst wird." Auch bei uns Menschen ist die Kitzligkeit stimmungsabhängig, wie Studien bereits zeigten. [190]

Auch Ratten träumen von der Zukunft

Wie Menschen können auch Ratten im Schlaf für die Zukunft planen. Dies haben Caswell Barry und Freyja Olafsdottir vom University College in London nun in einem Experiment nachgewiesen.

Für ihren Versuch setzten sie Ratten in einen gegabelten Gang, bei dem ein Arm leer war, der andere ein begehrtes Essen enthielt. Der Zugang zu diesem Arm war jedoch noch versperrt.

Anschließend wurden die Ratten in einen Ruhekäfig gesetzt, in dem sie eine Stunde schlafen konnten. Während des Schlafs maßen die Wissenschaftler die Hirnströme der Ratten ab.

Als die Tiere später erneut in den, diesmal zugänglichen T-Gang durften wurden erneut ihre Hirnströme gemessen. Wie sich zeigte, waren im Schlaf genau die Zellen im Hippocampus des Rattengehirns aktiv, die normalerweise als „mental map" dienen. Das Muster der Hirnaktivität entsprach dabei nicht nur dem zuvor tatsächlich absolvierten Weg – es spiegelte auch den Weg zum Futter wider. Obwohl die Ratten diesen Abzweig des Ganges nie betreten hatten, nahm ihre mental map diesen Weg quasi vorweg. „Das ist das Überraschende", sagt Koautorin Freyja Olafsdottir vom University College. „Wir sehen hier den Hippocampus für die Zukunft planen, er übt die neuen Wege ein, die die Ratten später zum Futter zurücklegen müssen."

Die Ratten denken die wesentlichen Dinge im Leben also genau wie wir unbewusst schon mal vorab durch. Und wenn es im Traum ist. [191]

Das tut mir leid!
Ratten können Reue empfinden

Wenn Menschen merken, dass sie sich falsch verhalten haben, dann empfinden sie Bedauern und Reue. Dies ist etwas anderes als bloße Enttäuschung, denn es setzt voraus, dass man sich an die entscheidende Situation oder Handlung erinnert und den Zusammenhang mit den Konsequenzen begreift. „Wir empfinden dann Reue, wenn uns klar wird, dass die enttäuschten Erwartungen unsere eigene Schuld sind – das Ergebnis einer falschen Entscheidung oder Handlung", erklären Adam Steiner und David Redish von der University of Minnesota in Minneapolis.

Um herauszufinden, ob auch andere Tiere Reue empfinden können, entwickelten die Forscher ein Experiment. In einer Arena konnten Ratten vier abgetrennte Zonen mit jeweils einem exklusiven Nahrungsmittel betreten. Das Essen war aber nicht unmittelbar zugänglich, stattdessen ertönte mit dem Betreten dieser Zone ein Ton. Seine Höhe zeigte den Ratten an, wie lange sie waren mussten, bevor der Futterspender aktiv wurde – je höher der Ton, desto länger die Wartezeit.

Zunächst zeigte sich, dass Ratten ungern ihre Geduld überstrapazieren: Betraten sie eine Zone mit einem zu hohen Ton – also einer zu langen Wartezeit –, verließen sie diese Zone fast sofort wieder. Die Wartebereitschaft war allerdings umso höher, je beliebter das angebotene Essen war.

Was aber, wenn sich eine Ratte nun gegen das Warten entschied, nur um dann in der nächsten Zone eine noch längere Wartezeit für schlechteres Futter vorzufinden, also eine falsche Entscheidung getroffen hat? Bei einem Menschen wäre das eine klassische Situation, die Reue und Bedauern hervorruft. Aber war dies auch bei den Ratten der Fall? Offensichtlich: Die Ratten blickten in dieser Situation auffallend oft zur vorangehenden Zone zurück. Zudem veränderte sich auch ihre Geduldsschwelle in den nächsten Zonen: Sie waren nun bereit, längere Wartezeiten in Kauf zu nehmen. Auch die Hirnaktivität veränderte sich: Im orbitofrontalen Cortex zeigten die Hirnströme das gleiche Muster wie in der Futterzone, die die Ratten zu früh verlassen hatten – als würden sie im Geiste diese Situation noch einmal durchspielen. „Unsere Ergebnisse deute darauf hin, dass die Ratten tatsächlich etwas der menschlichen Reue Ähnliches empfanden", konstatieren die Forscher. Bei diesen laufen nämlich im Gehirn die gleichen Vorgänge ab. [192]

Auch Ratten helfen aus Mitleid

Ratten sind hilfsbereiter und sozialer als bisher angenommen: Sie befreien gefangene Artgenossen aus einem Käfig, selbst wenn sie dafür keine Belohnung erhalten, haben Inbal Ben-Ami Bartal von der University of Chicago und ihre Kollegen herausgefunden.

Für ihre Studie hatten die Wissenschaftler jeweils eine Ratte in einen röhrenförmigen Käfig gesperrt, der sich nur von außen öffnen ließ. Eine zweite Ratte lief außerhalb dieses Käfigs frei herum und konnte ihren gefangenen Artgenossen sehen und hören.

Die Angst und der Stress der gefangenen Ratte übertrugen sich offensichtlich auf den Gemütszustand der freilaufenden Ratten. Diese umkreisten den Käfig, bissen ihn und kontaktierten ihren Artgenossen durch die Käfigöffnungen. Diese „emotionale Ansteckung" sei bereits eine Form der Empathie.

Doch die Ratten fühlten nicht nur mit ihren Artgenossen mit, sie handelten auch: Nach einiger Zeit des Probierens gelang es ihnen, die Käfigtür zu öffnen und ihren Artgenossen zu befreien. „Wir haben ihnen nicht gezeigt, wie sie die Tür öffnen können, und es ist auch nicht ganz einfach. Aber die Ratten versuchten es wieder und wieder, bis es schließlich gelang", sagt Bartal. Die Ratten befreiten ihre Artgenossen selbst dann, wenn sich der Käfig in einen anderen Raum öffnete und damit der soziale Kontakt hinterher als Motivation fehlte.

In einem weiteren Experiment hatten die freilaufenden Ratten die Wahl, entweder den Käfig mit ihrem Artgenossen zu öffnen oder einen Behälter mit Schokolade. Den maximalen Vorteil hätten die Tiere, wenn sie erst den Schokoladenvorrat plündern würden, bevor sie ihren Artgenossen befreien. Stattdessen hätten die Ratten in der Hälfte der Durchgänge zuerst den Käfig geöffnet und dann die Schokolade mit dem befreiten Artgenossen geteilt. [193]

Liebe macht Meerschweinchen dumm aber glücklich

Dass die Liebe sprichwörtlich „blind" macht, ist keine neue Erkenntnis. Dass akut Verliebte einen deutlich veränderten Hormonhaushalt besitzen, ist ebenfalls bekannt. Zumindest was Menschen betrifft.

Verliebtheit ist aber nicht auf Menschen beschränkt, sondern auch zum Beispiel bei Meerschweinchen möglich. Und auch bei diesen führt die Verliebtheit zu tiefgreifenden Veränderungen im Organismus. Ein Forschungsteam um Ivo Machatschke vom Department für Verhaltensbiologie der Universität Wien untersuchte das räumliche Lern- und Erinnerungsvermögen bei verpaarten und einzeln gehaltenen Hausmeerschweinchen. Dabei zeigte sich: Singles sind einfach intelligenter. Und: „Die Leistung der als dumm verschrienen Meerschweinchen entspricht jener der vermeintlich klügeren Ratten".

Die Meerschweinchen wurden mehrere Wochen alleine bzw. gemeinsam gehalten. Im Anschluss untersuchten die Forscher an fünf aufeinander folgenden Tagen den Lernerfolg anhand eines Labyrinths, das es für Meerschweinchen zu überwinden galt. Als Lernanreiz diente ein an jeweils gleicher Stelle platzierter Leckerbissen. Dabei verbesserten einzeln gehaltene Tiere ihre Lernleistung deutlich. Hingegen gab es bei verpaarten Meerschweinchen keine Verbesserung", so Machatschke. Eine der möglichen Ursachen für das schlechtere Abschneiden der Paare liegt in der unterschiedlichen Stressbelastung. Bereits in einer früheren Studie konnte das Team um Machatschke zeigen, dass als Paare gehaltene Meerschweinchen deutlich höhere Mengen des vom Gehirn produzierten „Liebes- und Glückshormons" Oxytocin aufweisen als einzeln gehaltene Tiere. Liebe macht Menschen und Meerschweinchen eben auch glücklich. [194]

Der Frust des Hörnchens

Mikel Delgado und seine Kollegen von der University of California in Berkeley haben den Frust in der Tierheit untersucht. Frustration ist bereits von einigen Tierarten bekannt, doch wie sie entsteht und welchem Zweck sie dient, war noch weitgehend unklar. Nun haben Forscher die Hintergründe des Frusts genauer untersucht.

Die Forscher trainierten freilebende Fuchshörnchen auf dem Campus zunächst, kleine Behälter zu öffnen, um an leckere Walnüsse zu kommen. Nach neun Erfolgserlebnissen wurden die Probanden dann allerdings mit unerfreulichen Überraschungen konfrontiert: Einige bekamen eine leere Kiste, bei anderen war sie verschlossen, und eine dritte Gruppe fand in dem Behälter statt der leckeren Walnuss nur ein fades Maiskorn.

Frustriert schnippten die Hörnchen auf die Enttäuschungen hin hektisch mit dem Schwanz und zwar umso intensiver, je größer die Frustration war. Am meisten ärgerten sich die Tiere über die verschlossene Kiste. Bei den Hörnchen lässt sich der emotionale Zustand beim Lösen von Aufgaben im Gegensatz zu anderen Tieren demnach recht einfach ablesen, sagen die Forscher.

Nachdem die Nager ihre akute Schwanz-Schnipp-Frustphase überwunden hatten, probierten sie neue Strategien aus, um an die Nuss in der Kiste zu kommen: Sie nagten an ihr, warfen sie um oder versuchten sie wegzuschleppen.

Den Forschern zufolge könnte man das Schwanz-Schnippen und die „zornigen" Bisse in die verschlossene Kiste mit menschlichem Verhalten in Frust-Situationen vergleichen: Wenn man ein Geldstück in einen Getränkeautomaten geworfen hat, aber das Produkt nicht herauskommt, wird man sauer – manche fluchen oder treten den Automaten sogar. Allerdings geht dies dann meist in ein Problemlösungsverhalten über: Menschen versuchen, die Ursache des Problems zu ergründen oder Lösungsstrategien zu entwickeln. Ähnliches Verhalten zeigten die Hörnchen offenbar auch, belegten die Beobachtungen der Forscher. [195]

Eichhörnchen arbeiten mit gezielten Täuschungsmanövern

Wenn Eichhörnchen sich beobachtet fühlen, legen sie leere Nussdepots an, um mögliche Futterdiebe in die Irre zu führen. Das haben Forscher der Wilkes-Universität in Philadelphia beobachtet. Es handle sich ihres Wissens nach um den ersten Beleg für gezielte Täuschungsmanöver bei Nagetieren, schreiben Michael Steele und Kollegen.

Wenn Eichhörnchen einen Leckerbissen übrig haben, vergraben sie ihn für schlechtere Zeiten, jeden in einem eigenen Loch. Die Wissenschaftler beobachteten die in Amerika verbreiteten Grauhörnchen (Sciurus carolinensis) dabei, wie sie Löcher gruben und anschließend nur so taten, als würden sie etwas hineinschieben. Die leeren Depots bedeckten die Nager sogar mit Erde und Blättern.

Dieses Verhalten war bei Anwesenheit von Artgenossen häufiger, berichten die Forscher. Nachdem Steele eine Gruppe Studenten losgeschickt hatte, um die Futterdepots der Grauhörnchen zu plündern, nahmen die Täuschungsmanöver der wildlebenden Nagetiere auch in Gegenwart menschlicher Beobachter zu. Ein Eichhörnchen lässt sich halt nicht gern beklauen. [196]

Vampirfledermäuse: Echt nett zum Nachbarn

Ausgerechnet bei Vampirfledermäusen wiesen Forscher erstmals Altruismus bei Nicht-Primaten nach.

Sich als Vampir durchschlagen zu müssen, verlangt einem so einiges ab. Schon der einseitigen Kost wegen. Vampirfledermäuse sind da sehr speziell, sie ernähren sich ausschließlich von Blut, und das muss regelmäßig sprudeln. Spätestens alle drei Tage brauchen sie eine warme Mahlzeit. Selbst erwachsenen Vampiren gelingt das nicht immer. Unerfahrene Jungvampire gehen jede dritte Nacht leer aus. Rein rechnerisch müssten die Vampire bei ihrem Grundbedarf längst ausgestorben sein.

Der Biologe Gerald Wilkinson hat sich deshalb in einer Vampirkolonie eingemietet, um hinter die Strategien der Vampire zu kommen. In einem hohlen Baumstamm und auf dem Rücken liegend, schaute der Forscher stundenlang hinauf zu dem dichten Gedränge kleiner Leiber. Und was sah er da? Vampire, die mit vollen Mägen zur Kolonie zurückkehrten, gaben den hungrig gebliebenen etwas ab. Als wissenschaftliche Sensation wertet Wilkinson, dass Vampire nicht nur den Nachwuchs und andere Verwandte durchfüttern, sondern auch Artgenossen, mit denen sie nicht verwandt, aber häufig zusammen sind.

Trotzdem kriegt nicht jeder Hungerleider was ab. Dem Blutaustausch zwischen nicht verwandten Tieren liegt dabei das Prinzip der Gegenseitigkeit zugrunde. Die Vampire teilen ihre Kost nur mit solchen Artgenossen, die ihnen in ähnlicher Not etwas abgegeben haben. Wenn einer genießt, ohne zu teilen, lässt die Quittung nicht lange auf sich warten. Der Schmarotzer wird von den anderen Koloniemitgliedern nicht mehr gefüttert. Egoisten müssen im Fall der Fälle verhungern.

Am meisten jedoch überrascht den Biologen, dass die Fledertiere den Hunger eines Artgenossen nachempfinden. Woher sonst wüssten sie, was ihm fehlt? Und sie erwarten eine Gegenleistung. Warum sonst reagieren sie auf deren Ausbleiben mit Sanktionen? [197]

Fledermäuse belauschen sich beim Essen

Für bessere Chancen auf eine schmackhafte Mahlzeit belauschen Fledermäuse ihre Artgenossen, die gerade auf der Jagd sind. Das haben Forscher um Yossi Yovel von der Tel Aviv University herausgefunden, indem sie mehrere Tiere mit kleinen GPS-Geräten und Ultraschall-Rekordern ausgestattet haben, anhand derer sie nachvollziehen konnten, in welchem Maß einzelne Individuen während der Nahrungssuche interagierten.

Fledermäuse orten ihre Beute über Ultraschallrufe. Ihre Mahlzeit finden sie so aber nur, wenn diese sich in einem Umkreis von zehn Metern aufhält. Den Jagdruf anderer Artgenossen können Fledermäuse dagegen auch über eine Distanz von 100 Metern hinweg wahrnehmen – und wenn sie ihm folgen, dann kommen auch sie in die Nähe der Beute.

Yovel und sein Team nennen diese Strategie auch den „bag of chips effect": Wenn jemand in einem dunklen Kino eine Tüte Chips öffnet, dann wissen sofort alle anderen Kinobesucher Bescheid, dass sich gerade jemand einen Snack gönnt, und können vermutlich auch relativ genau einschätzen, wo diese Person wohl sitzt. Genauso machen es auch Fledermäuse, wenn sie sich an den Artgenossen orientieren, die bereits etwas Essbares gefunden haben. Statt sich allein auf die Suche zu begeben, spannen die Tiere ein ganzes Netz an Sensoren auf. [198]

Fledermäuse erkennen ihre Kumpel an der Stimme

Fledermäuse der Art Indischer Falscher Vampir sind gesellig: Zu Hunderten hängen sie tagsüber gemeinsam in Höhlen ab. Aber auch nachts sind sie keine Einzelgänger: Immer wieder treffen sie sich in kleinen Sozialgruppen an sogenannten Nachthangplätzen. Dort hängen sie eng nebeneinander und häufig fast schon aneinander geschmiegt. Diese Körperkontakte zwischen einzelnen Tieren interpretieren Wissenschaftler als individualisierte Beziehungen – es sind Freunde.

Hanna Kastein von der Tierärztlichen Hochschule Hannover und ihre Kolleginnen isolierten zunächst einzelne Fledermäuse und spielten ihnen dann Kontaktrufe aus einem Lautsprecher vor. Alle Fledermäuse reagierten mit einer Drehung zum Lautsprecher – egal, ob diese von Körperkontaktpartnern, Nicht-Körperkontaktpartnern oder unbekannten Tieren stammten. „Unter diesen Umständen zeigen die Fledermäuse keine klare Präferenz für Rufe von Körperkontaktpartnern", erklärt Kastein. „Offensichtlich haben Rufe von Artgenossen eine starke Wirkung auf diese sozialen Tiere, wenn sie vorübergehend isoliert werden."

Nun veränderten die Forscherinnen ihr Experiment. Sie spielten den Fledermäusen zunächst wiederholt Rufe einer bekannten Fledermaus vor, bis sie nicht mehr auf die Rufe reagierten. Danach ertönte der Ruf eines anderen Gruppenmitgliedes, eines unbekannten Individuums oder aber der gleichen Fledermaus wie vorher. Jetzt zeigte sich: Die Tiere reagierten stärker auf Rufe anderer Individuen als auf die der vorher vorgespielten Fledermaus. „Dies beweist, dass die Fledermäuse die Stimmen unterscheiden", sagt Kastein. Es lasse auch vermuten, dass die Tiere individuelle Beziehungen bilden. [199]

Fledermäuse fragen sich
zum nächsten Schlafplatz durch

Fledermäuse kommunizieren viel, laut und komplex. Forscher um Yossiv Yovel von der Tel Aviv University haben eine Gruppe von Fledertieren belauscht und ihre Gespräche mit einem Sprachprogramm für menschliche Sprache analysiert.

Sowohl die Stimmlage als auch die Lautstärke passen die Fledermäuse ihren jeweiligen Gesprächspartnern an. So wird mit Frauen beispielsweise anders kommuniziert als mit Männern. Die Forscher konnten die Inhalte der Fledermaus-Gespräche grob in vier Themenbereiche gliedern: Schlafplatz, Futter, Annäherung und Beschwerden aller Art. Eine Beschwerde darüber, dass eine andere Fledermaus zu nah herangerückt ist, klingt dabei anders als eine Beschwerde darüber, dass jemand den Lieblingsschlafplatz an der Höhlendecke geklaut hat.

US-Biologen um Gloriana Cheverri von der Boston University haben nun einen weiteren Einsatzbereich solcher Laute identifiziert: die Wohnungsvermittlung.

Die Wissenschaftler fingen mehrere Amerikanische Haftscheibenfledermäuse in Costa Rica ein und setzten jeweils ein Gruppenmitglied in ein zuvor ausgewähltes aufgerolltes Bananenblatt. wie sie typischerweise von den Fledermäusen zum Schlafen benutzt werden. Ein anderes Mitglied derselben Gruppe wurde dann freigelassen und beobachtet. Gleichzeitig zeichneten die Forscher alle Lautäußerungen der im Blatt hockenden und der umherfliegenden Tiere auf.

Die freigelassene Fledermaus begann sofort nach ihren Bekannten zu suchen, und stieß dazu gezielt ganz bestimmte Laute aus, die die Forscher als Frage-Rufe bezeichnen. Die im Blatt hockenden Tiere antworten nach nur Sekundenbruchteilen. [200]

„Und jetzt pressen. Pressen!" Fledermaushebamme steht Gebärenden zur Seite

Der Fledermaus-Spezialist Thomas Kurz von der Universität Boston hat bei seinen Beobachtungen von Rodriguez-Flughunden in Gefangenschaft in Gainesville entdecken dürfen, dass Fledermäuse offenbar Geburtshilfe praktizieren. Wie im Journal of Zoology berichtet sahen er und seine Forschungsgruppe eine Flughündin, die eine Schwangere bei der Geburt unterstützt. Die schwangere Frau hing in der typischen Fledermausposition mit dem Kopf nach unten und den Füßen nach oben. Die Hebamme demonstrierte ihr die korrekte Position, um vernünftig zu gebären, und die schwangere Fledermaus machte es ihr nach. Die Hebamme leckte die Genitalien der Gebärenden und als das Baby geboren war, leckte sie es ab und half ihm, zu den Zitzen der Mama zu krabbeln, so dass es trinken konnte. Interessant war für die Forscher, dass die Hebamme nicht mit der Mutter verwandt war. Kunz schloss aus der Beobachtung, dass das kooperative Verhalten „typisch für Fledermäuse ist, die in Kolonien leben." [201]

Flughunde sprechen Dialekte
und werden persönlich

Flughunde sind die größeren Verwandten der Fledermäuse und leben wie diese in teils riesigen Kolonien von bis zu 50.000 Individuen. Israelische Forscher werteten das Geschwätz in einer Kolonie von Nilflughunden aus und entdeckten Muster. Bei der Auswertung stellten die Forscher fest, dass sich der Geräuschpegel in einer Kolonie in unzählige individuelle „Streitgespräche" auflöst, die sich um Futter oder den kuscheligsten Schlafplatz drehen. Die „Platz da" oder „Rück' mal 'n Stück" – Rufe haben dabei eine doppelt individuelle Note: Sie enthalten Informationen über den Rufer selbst und wenden sich zugleich jeweils an ein konkretes Gegenüber.

Und das laute Durcheinander ist gerade für die Babys entscheidend. Denn diese lernen die Sprache nicht von ihrer Mutter, sondern von der Gruppe, in der sie aufwachsen. Für ihre Studie haben Yovel und seine Kollegen schwangere Flughund-Frauen in drei unterschiedliche Gruppen aufgeteilt. Insgesamt 14 Babys brachten die Frauen zur Welt und zogen sie groß. Ein Jahr lang wurden jeder Gruppe die Laute einer bestimmten Flughundkolonie vorgespielt. Diese sprachen aber einen anderen Dialekt als die jeweiligen Mütter.

Nach einem halben Jahr hatten sich die jungen Flughunde tatsächlich den Dialekt der Aufnahmen angeeignet. Auf ihre Mütter haben die Jungen nicht gehört. [202] [203]

Mama ist schuld –
Und die Geschwister sowieso

Das Verhältnis eines Menschen zu seinen Eltern, Brüdern und Schwestern entscheidet mit darüber, welchen Charakter er entwickelt. Hat Mama sich gekümmert? Waren die Geschwister fies? Gab es Gewalt in der Familie? All das hat Folgen für die Entwicklung der Persönlichkeit bei Menschen. Das Gleiche gilt bei anderen Tieren: Ratten, deren Mütter weniger Brutpflege betrieben, sind später anfälliger für Stress. Entscheidend ist jedoch nicht nur die Zuwendung durch das Muttertier. „Selbst Geschwister haben bei Tieren Einfluss auf das Verhaltensprofil", sagt Norbert Sachser, Professor für Verhaltensbiologie an der Universität Münster.

Forscher um Áron Tulogdi vom Budapester Institut für experimentelle Medizin untersuchten die Bedeutung der Kindheitserfahrungen. Sie setzten 3wöchige Rattenbabys in Einzelhaltung.

Das blieb nicht ohne Folgen: Die isoliert aufgewachsenen Ratten waren später aggressiv, reagierten ängstlich auf ihre Käfiggenossen und schliefen getrennt von ihnen. Die Forscher sahen darin Gemeinsamkeiten mit Menschen, die in der Kindheit Schlimmes erleben. Und es gab noch eine weitere Parallele. Die hospitalisierten Ratten legten sich schon bald zu den anderen Tieren zum Schlafen. Allerdings blieben sie auch weiterhin aggressiver. Die Angriffslust war damit Teil des Charakters der Tiere geworden. Auch beim Menschen lassen sich soziale Phobien bei Menschen gut therapieren, aggressives Verhalten hingegen nur schwer.

Eine Untersuchung von Forschern der Universität Bayreuth und der University of California ergab, dass Wildkaninchen mit hohem Geburtsgewicht in Verhaltenstests mutiger und viel entdeckungsfreudiger sind als ihre leichteren Wurfgeschwister. Das galt auch noch Monate später, wenn sich das Gewicht der Tiere angeglichen hatte. Einen möglichen Grund sahen die Forscher in der Rollenverteilung innerhalb der Kaninchenfamilie. Die kräftigeren Neugeborenen hätten gegen leichtere Geschwister in Spielen und Rangkämpfen öfter gewonnen. Dadurch entwickelten sie

vermutlich forschere Charakterzüge, die sie auch später behielten. Die leichteren und schwächeren Kaninchenbabys hingegen hätten öfter einstecken müssen und seien darum wohl ängstlich geblieben.

„Einiges deutet darauf hin, dass die Persönlichkeit auch noch rund um die Geschlechtsreife geprägt werden kann", sagt Sachser. Möglicherweise könnten dann unvorteilhafte Eigenschaften korrigiert werden, die ein Tier in frühen Lebensphasen erworben hat. Ein menschliches Gehirn entspricht auch danach in seinen Grundmustern dem von Ratten und Kaninchen. [204]

Dory, die Lebensretterin

Die Weltpresse berichtete 2004 über einen einem 10 Kilogramm schweren Lebensretter. Das Riesenkaninchen „Dory" hatte seinem Adoptivpapa Simon Steggall das Leben gerettet. Nach einem Bericht der „Sun" war der 42jährige Diabetiker auf Grund seiner Krankheit auf seinem Sofa im englischen Warboys bewusstlos geworden, ohne dass Ehefrau Vicky dies bemerkte. Sie dachte, er schliefe.

Dory aber bemerkte, dass etwas nicht in Ordnung war. Sie hüpfte aufgeregt auf der Brust des Mannes herum, was die Frau aufmerksam werden ließ: „Wenn ein zehn Kilogramm schweres Kaninchen auf deiner Brust hüpft, wacht man auf. Simon tat das aber nicht."

Vicky verständigte den Arzt, der den Unterzuckerten wieder zu sich kommen ließ. „Mein Arzt sagte, er habe schon von Katzen und Hunden gehört, die sich so verhalten, aber noch nie von einem Kaninchen", erzählte Simon beeindruckt. Wie der inzwischen wieder genesene Simon Steggall der Zeitung „Sun" sagte, spüre er noch leichte Schmerzen im Brustbereich, aber Dory sei er bis zu seinem Lebensende dankbar. [205]

Und noch eine Lebensretterin – Kaninchen „Rabbit" bewahrt ihre Familie vor verheerendem Feuer

In Australien ist es gleich ein Ehepaar, das ihrem Kaninchen „Rabbit" nicht weniger als das nackte Leben zu verdanken hat. Das sechs Monate alte Kaninchen kratzte energisch an der Schlafzimmertür und weckte die beiden, als ihr Haus in Melbourne schon lichterloh in Flammen stand. Michelle und Gerry Finn flüchteten in letzter Minute – natürlich mit „Rabbit", wie die Polizei berichtete.

„Wir haben tief und fest geschlafen", sagte Michelle Finn später. Sie war erstaunt, dass Rabbit die Hitze und den Rauch überhaupt überlebt hat. Das Kaninchen lief immer frei im Haus herum und wurde nur in den Käfig gesperrt, wenn Gäste kamen. [206]

Ein unvergleichlicher Schafskopf

Schafe sind sehr soziale Tiere. Inmitten ihrer Artgenossen fühlen sie sich am wohlsten. In ihrer Herde pflegen Schafe auch sehr starke soziale Kontakte. Bisher ging man davon aus, dass die Schafe ihre Kollegen anhand von äußerlich auffälligen Merkmalen wie Hörnern unterscheiden. Wissenschaftler in England haben das genauer untersucht und Erstaunliches herausgefunden: Die Tiere können Freunde und Verwandte am Gesicht erkennen.

Die Forscher des Babraham-Instituts in Cambridge trainierten die Schafe darauf, am Ende eines Y-förmigen Ganges eines von zwei Gesichtern auszuwählen. Das eine Bild zeigte einen Herden-Kollegen, das andere einen völlig Fremden.

Wurde den Schafen der gesamte Kopf gezeigt, wählten die Versuchstiere immer das richtige Gesicht. Wurden allerdings aussagekräftige Merkmale wie Ohren und Hörner abgedeckt, fiel es den Schafen schon etwas schwerer, sich für das richtige Gesicht zu entscheiden. Allerdings konnten die Schafe auch jetzt noch sehr gute Bekannte ausmachen.

Bis zu 50 Artgenossen konnten sich die Schafe auf diese Weise merken, und das über einen längeren Zeitraum. Erst nach etwa zwei Jahren stellten die Forscher deutliche „Erinnerungslücken" fest. [207]

Schafe erkennen unsere Gesichter

Und auch menschliche Gesichter können sich Schafe erstaunlich schnell einprägen, haben Franziska Knolle und ihre Kollegen von der University of Cambridge herausgefunden. Elektrophysiologische Studien zeigen sogar, dass die Schafe dabei neurale Netzwerke aktivieren, die denen bei Menschen und Affen sehr ähnlich sind.

Die Wissenschaftler hatten acht walisische Bergschafe einem Trainingsprogramm unterzogen, bei dem diese sich vier Gesichter von Prominenten einprägen sollten: Jake Gyllenhaal, Barack Obama, Fiona Bruce und Emma Watson. Die Portraits dieser Prominenten wurden dabei jeweils mit einem in Hautfarbe und Geschlecht ähnlichen, aber den Schafen unbekannten Gesicht kombiniert.

Und siehe da: Die Schafe erkannten Obama und Co. Selbst im Halbprofil lag die Trefferquote der wolligen Probanden noch immer bei 68 Prozent, wie die Forscher berichten. Die Schafe erkennen unbekannte Menschen sogar aus veränderter Perspektive noch. „Diese Fähigkeit war bisher nur beim Menschen nachgewiesen", erklären die Forscher. Beeindruckend war auch die Reaktion der Schafe, wenn sie im Test zum ersten Mal das Foto einer ihnen sehr vertrauten Person sahen: Das Tier musterte erst das Bild seines Hirten, dann das parallel dazu präsentierte Portrait eines Unbekannten. Erst dann schien es zu merken, dass das erste Foto das Abbild einer bekannten Person war und wählte dieses aus. Der Transfer von der gewohnten dreidimensionalen, realen Ansicht zum zweidimensionalen Bild klappte demnach zwar ohne Training, aber mit leichter „Denkpause".[208]

Schafe können abstrakt denken

An der Universität von Cambridge wird die Intelligenz von Schafen systematisch erforscht.

In der ersten Stufe eines entsprechenden Experiments sollten sie lernen, dass in einem gelben Eimer immer eine Belohnung steckt. Schafe lernen das, Mäuse, Ratten, Affen, Menschen – jeder.

Steckte die Belohnung nicht mehr im gelben, sondern im blauen Eimer begriffen die Schafe diese Umkehrung sehr schnell, so die Neurowissenschaftlerin Jennifer Morton. Auch den Wechsel der Eimerfarben auf grün und lila verstanden die Schafe. Dann wurde es richtig schwierig. Die Farben blieben, aber statt der Eimer gab es einen Kegel und einen Würfel. Die Schafe mussten lernen, dass es nun nicht mehr um Farben geht, sondern um Formen. „Ratten und Mäuse schaffen das nie, wohl aber die Schafe." Damit finden sich Schafe in einer sehr exklusiven Klasse wieder: Bislang haben nur Menschen und Primaten das durchschaut. [209]

Die schlauen Schafe von Yorkshire

Zwar wächst auf den grünen Hügeln von Yorkshire saftiges Gras, aber hin und wieder schmeckt es den Schafen auf der anderen Seite der Weide besser. Sind sie dann auch noch hungrig, können sie unerwartet clever sein. Das jedenfalls musste ein Bauer feststellen, dessen Herde sich Tricks ausgedacht hat, um ein drei Meter breites Weiderost zu überwinden. Die Straßengitter waren vor zehn Jahren eigens in die Wege eingelassen worden, um die Schafe am Verlassen ihrer Wiesen zu hindern.

Kein Ding für die Schafe: Manche Tiere legten sich auf die Seite und zogen sich über die Rollen, andere kugelten über sie hinweg, bis sie auf der anderen Seite angelangt waren.

„Ich habe gesehen, wie sie das machen, und sie stellen sich ziemlich schlau an", betonte das Gemeinderatsmitglied Dorothy Lindley gegenüber der Zeitung „The Guardian" und dem Radiosender BBC.

Und was taten die schlauen Schafe auf der anderen Seite? Sie grasten ein Cricket-Spielfeld und einen Friedhof ab. Dort gab es wohl die saftigsten Gräser.

Seitdem haben die Tiere nicht nur ihre erstaunliche Rolltechnik vervollkommnet, sondern auch gelernt, über 1,5 Meter hohe Zäune zu springen und sich durch 20 Zentimeter große Löcher zu zwängen. Die Freiheit führt eben auch das Volk der Schafe. [210]

Selbstmedikation –
Schlaue Schafe essen sich selbst gesund

Auch Forscher an der Utah State University untersuchten die Lernfähigkeit von Lämmern. Sie versahen ihr Futter mit einer Übelkeit erregenden Substanz und offerierten ihnen kurz darauf das Gegenmittel. Die Lämmer behielten die Lektion und erinnerten sich noch Monate danach daran und suchten sich bewusst die heilsame Substanz.

Auch Cécile Ginane vom französischen Institut für Landwirtschaft Inra untersucht die Fähigkeit von Schafen, zu abstrahieren und Pflanzen zu unterscheiden. Lämmern wurde in Versuchsreihen unter anderem mit einer Übelkeit auslösenden Substanz eine Abneigung gegen bestimmte Gräser und Gemüse antrainiert. Dann beobachtete Cécile Ginane deren Essverhalten. Das Ergebnis: Die Lämmer ließen auch von Form, Geschmack oder Geruch her ähnliches Futter links liegen. Cécile Ginane: „Sie können also aufgrund von Eigenschaften ihr Futter in Kategorien einteilen und entsprechend Vorlieben oder Abneigungen entwickeln. Sie verbinden ihr Futter mit den Konsequenzen und übertragen dieses Wissen auf ähnliche Pflanzen." [211]

Ziegen schätzen geistige Herausforderungen

Auch Ziegen schätzen geistige Herausforderungen – solange sie ihnen gewachsen sind. Darauf deuten die Lernversuche von Biologen aus Dummerstorf bei Rostock hin.

Diese hatten bei Zwergziegen beobachtet, dass die Tiere sehr schnell lernen, verschiedene Zeichen zu unterscheiden und auf bestimmte Symbole zu reagieren. Sie lernen rasch, nur auf eine bestimmte Figur zu reagieren. Und haben sie eine Lernaufgabe erfolgreich bewältigt, scheinen sie das förmlich zu genießen.

Gleichzeitig erfassten die Forscher per Brustgurt den Herzschlag der Tiere und leichte Schwankungen der Herzfrequenz, die sogenannte Herzratenvariabilität. „Wir haben herausgefunden, dass die gleichzeitige Analyse beider Parameter einander ergänzende Rückschlüsse hinsichtlich der Belastung der Tiere in den Lernversuchen zulässt", so Langbein.

Langbein und seine Kollegen ermittelten, dass neue Lernaufgaben anfangs zu geringerem Erfolg und zu Veränderungen der Herzaktivität führen, was auf eine Frustration der Ziegen hindeutet. Kennen die Tiere die Art von Lernaufgabe bereits, sind sie jedoch konzentriert bei der Sache und zeigen im Erfolgsfall sogar Anzeichen von Entspannung. [212]

Ziegen erinnern sich an komplizierte Tricks

Ziegen haben ein exzellentes Gedächtnis. Auch nach Monaten erinnern Hausziegen sich noch daran, wie mehrstufige Automaten funktionieren – die meisten zumindest. Die Wissenschaftler um Alan McElligott von der Queen Mary University of London hatten zwölf Hausziegen getestet. Um an Futter aus einer Plastikbox zu kommen, mussten die Tiere zunächst an einem Hebel ziehen und diesen dann mit dem Maul nach oben drücken. Neun der Ziegen hatten nach 8 bis 22 Versuchen den Dreh raus. Im Schnitt brauchten sie zwölf Anläufe.

Nach einer Pause von einem Monat und dann noch einmal nach zehn Monaten bekamen die Ziegen den Futterautomaten erneut in den Stall gehängt. In beiden Fällen erinnerten sich die Tiere schnell wieder an den Trick. Gerade mal 36 Sekunden Überlegungszeit brauchten die Ziegen im Durchschnitt nach einem Monat Pause, nach zehn Monaten erinnerten sie sich nach 39 Sekunden. Diese Geschwindigkeit weise auf ein exzellentes Langzeitgedächtnis hin.

Allerdings gab es auch eine Ziege mit Lernschwierigkeiten, die auch nach 22 Versuchen keine Fortschritte gemacht hatte. Zwei weitere wurden früh aussortiert, weil sie die Box mit ihren Hörnern bearbeitet hatten. Klarer Fall von ADHS. Die Quote der Schulversager erscheint ziemlich menschlich. [213]

Ziegen meckern Dialekt

Dialekte und Akzente sind von Menschen, Singvögeln und Walen bekannt. Aber auch das Gemecker von Ziegen kann sich von Gruppe zu Gruppe unterscheiden.

Elodie Briefer und Alan McElligott von der Queen Mary University of London haben Hinweise gefunden, dass junge Hausziegen so etwas wie einen Akzent entwickeln können. Diese Schussfolgerung ziehen die Forscher aus akustischen Analysen des Gemeckers von vier Ziegengruppen, die entweder Voll- oder Halbgeschwister sind und den gleichen Vater haben.

Diese Ziegen wurden in zwei unterschiedlichen sozialen Situationen abgehört: Im Alter von einer Woche, wenn die Tiere meist mit ihren Vollgeschwistern in einem Versteck zusammenbleiben, und als sie fünf Wochen alt waren, wenn sie soziale Gruppen auch mit gleichaltrigen Halbgeschwistern bilden.

Wie erwartet ähnelten sich die Rufe der genetisch nahen Geschwister. Doch nach der fünften Woche zeigte sich auch ein Effekt in den sozialen Gruppen: Sie meckerten zunehmend auf ähnliche Weise, hatten also so etwas wie einen Gruppendialekt entwickelt. [214]

Mein Kind hat gerufen

Ziegenmamas erkennen ihre Kinder auch am Klang ihrer Stimme – und das noch 18 Monate nach der Geburt – selbst, wenn sie dann schon mehr als ein Jahr voneinander getrennt waren.

Biologen um Eloide Briefer von der Queen Mary University of London haben herausgefunden, dass Ziegenmütter sich noch lange an die Stimme ihres Nachwuchses erinnern.

Die Wissenschaftler untersuchten im Rahmen eines sadistischen Experiments neun Mutter-Kind-Paare Afrikanischer Zwergziegen. Die Forscher nahmen die Rufe der Zicklein auf, als diese fünf Wochen alt waren.

Im Alter von fünf bis sechs Monaten wurden die Jungtiere von ihren Müttern getrennt. Vom zwölften bis zum 18. Monat nach der Geburt spielten die Biologen den Müttern dann die alten Aufnahmen ihrer Kinder vor. Zur Kontrolle ließen sie auch die Rufe anderer Zicklein ertönen. Alle Mütter hatten zwischenzeitlich ein weiteres Kind zur Welt gebracht und waren dabei, es großzuziehen.

Die Reaktionen der Ziegenmütter waren eindeutig: Bei den Lauten ihrer eigenen Kinder reagierten sie schneller, schauten länger in Richtung des Lautsprechers und antworteten öfter selbst mit Rufen.

Eine Lautanalyse mit dem Computer ergab zwar eine Ähnlichkeit der Rufe der Geschwisterkinder, aber die Übereinstimmung war zu gering, als dass sich damit die Reaktion der Mutter erklären ließ. Ihr Gedächtnis muss zu ihrem ersten Kind zurückreichen, schließen die Forscher daher. 215

Mehr als nur Muh

Kühe sind sanftmütig, schwerfällig und – selbst im Vergleich zu anderen Nutztieren – von einem eher schlichten Gemüt. Mit diesem jahrhundertealten, überdies appetitfördernden Vorurteil wollen Forscher an der Universität im britischen Bristol aufräumen: Offenbar fehlte es den Wiederkäuern bisher schlicht und einfach an Möglichkeiten, ihren Intellekt unter Beweis zu stellen.

Kühe haben ein riesiges Gehirn, das mehr Gehirnwindungen vorweist als das von Hunden und fast so viele wie ein menschliches Gehirn.

Professor Donald Broom bewies anhand der Gehirnwellen, dass Kühe durch geistige Herausforderungen stimuliert werden. Sobald sie ein Problem lösen, zeigen sie Erregung, eine höhere Herzfrequenz, einige sprangen sogar vor Freude in die Luft. „Wir nennen das den Eureka-Moment", so Broom.

Auch das Sozialleben der Rinder ist viel komplexer als bisher angenommen: Innerhalb der Herde gibt es Freundeskreise von zwei bis vier Kühen, die viel Zeit miteinander verbringen, sich gegenseitig belecken und Fellpflege treiben. Umgekehrt kann eine Abneigung zwischen zwei Kühen Monate oder sogar Jahre anhalten. Neid und Trauer, sogar Zukunftsängste gehören zum Gefühlsrepertoire der Unpaarhufer.

„Menschen haben immer angenommen, dass Tiere weniger leiden, weil sie ein kleineres Gehirn haben. Das ist wirklich ein armseliges Beispiel für Logik," sagt Professor John Webster. Die Tiere hätten jedoch „die Kapazität, Glücksmomente zu empfinden und diese aktiv zu suchen." Und die suchen sie offenbar sogar dort, wo man es bei den sanftäugigen Tieren kaum vermuten würde: in den Freuden gleichgeschlechtlicher körperlicher Liebe. "Kühe sehen so ruhig aus – in Wirklichkeit sind sie aber lesbische Nymphomaninnen", so Webster. Da biegt sich der Chauvi vor Lachen. Vor Männerphantasien sind eben auch Forscher nicht gefeit. [216]

Mutterliebe

Unzählige Anekdoten erzählen vom reichen emotionalen Leben der Rinder. Eine besondere Geschichte kann eine amerikanische Tierärztin erzählen, die zu einem Hof gerufen wurde, auf dem eine Kuh, die gerade ein Kalb zur Welt gebracht hatte, einfach keine Milch gab.

Die Kuh lebte auf einem Milchbetrieb, der die Rinder auf die Weide ließ. Dort hatte sie ihr fünftes Kalb zur Welt gebracht, und als sie mit ihrem neugeborenen Baby zum Stall kam, musste sie alleine in den Melkstand gehen, während ihr das Kalb weggenommen wurde, wie dies immer geschah.

Wie alle anderen Kühe lief sie jeden Morgen nach dem ersten Melken hinaus auf die Weide, kehrte zum Melken am Abend zurück und wurde über Nacht wieder auf die Weide gelassen. Doch das Euter der Kuh blieb leer. Zweimal wurde die Tierärztin Holly zum Hof gerufen, aber die Kuh war gesund. Am elften Tag nach der Geburt hatte der Bauer die Lösung gefunden. Er war der Kuh nach dem morgendlichen Melken auf die Weide gefolgt und dort fand er den Grund für das Rätsel: Die Kuh hatte Zwillinge zur Welt gebracht und nur ein Baby zum Bauern gebracht und das andere im Wald am Rande der Weide versteckt. Obwohl Holly Cheever den Landwirt anflehte, die Kuh und ihren Sohn beisammen zu lassen, verlor sie auch dieses Kind – in die Hölle der Kälberboxen. [217]

Die Rache der Rinder

Rinder sind möglicherweise zur Rache fähig, wenn ihnen Unrecht angetan wurde. Dies ist anekdotenhaft beschrieben. Zu Weltruhm brachte es 1992 ein afrikanischer Büffel mit seiner erfolgreichen, tödlichen Vergeltungsaktion an zwei Großwildjägern,

Ein südafrikanischer Banker und ein Berufsjäger hatten den Büffel im Sambesi-Tal angeschossen und verwundet. Am nächsten Tag nahmen sie seine Spur wieder auf. Plötzlich brach der Bulle aus dem dichten Unterholz hervor, nahm den Banker auf die Hörner und tötete ihn auf der Stelle. Danach spießte das Tier auch dessen Begleiter auf.

Solche Racheaktionen sind dabei nach Erzählungen nach nicht ungewöhnlich. Den Büffeln ist es offenbar auch bewusst, wer aus einer Jägergruppe auf sie geschossen hat. Knapp 80 Millionen Aufrufe zählt bisher ein achtminütiges Video zweier Amateurfilmer, die 2004 bei einer Fotosafari im südafrikanischen Kruger-Nationalpark folgenden Vorfall dokumentierten: Ein Löwenrudel überfiel an einer Wasserstelle eine Büffelherde und erbeutete ein Kälbchen. Minuten später kehrte eine ganze Herde Stiere zum Tatort zurück und umzingelte das Löwenrudel, das sich um das scheinbar gerissene Büffelkälbchen versammelt hatte. Mit Soloangriffen schlugen sie daraufhin jeden Löwen einzeln in die Flucht, bis dann das längst tot geglaubte Kälbchen aufstand und mit der Großfamilie davonzog.

Im bayerischen Pfaffenhofen ha 2014 ein Stier einen Bauern angegriffen, als dieser versuchte, einer Mutterkuh das Neugeborene wegzunehmen. Der Kidnapper starb noch am Tatort, dessen angetraute Komplizin wurde mit Beinverletzungen ins Krankenhaus geflogen. [218] [219] [220]

Die Freiheit führt das Rind

Immer wieder kommt es vor, dass Rinder auf dem Weg in den Tod im Schlachthof alle ihre Kräfte zusammennehmen und fliehen – als ob sie wüssten, was ihnen bevorsteht. Es ist auffällig, dass diese Flüchtlinge aus denjenigen Gruppen stammen, die auch bei Menschen noch am ehesten maximale Kräfte aufbringen: Männer und Mütter. Meistens werden diese Tiere auf der Flucht von der Polizei „zur Gefahrenabwehr" erschossen, aber dank des Engagements von Tierschützern gelingt es immer wieder, sie zu retten und auf einen Lebenshof zu bringen. Die erste Kuh, die mit ihrer Flucht Weltpresse erreichte, war 2011 Yvonne. 100 Tage versteckte sie sich in den Wäldern bei Mühldorf am Inn. Sogar aus Indien kamen Aufrufe, die Kuh zu retten. Dies taten schließlich österreichische Tierschützer von Gut Aiderbichl mit Hilfe des ehemaligen Zoodirektors Henning Wiesner und Betäubungspfeilen nach wochenlangem Suchen. 2016 schaffte es in Kaiserslautern die Kuh Johanna, über die 1,50 Meter hohe Rampe der Tötungsbucht zu springen und in die Pfälzer Wälder zu fliehen. Dort blieb sie vier Wochen lang. Der Verein *Rüsselheim* setzte ein Kopfgeld für die lebende Ergreifung aus. Auf einem Autohof wurde sie schließlich gesichtet und eingefangen. Zwei Monate später bekam sie auf einem Lebenshof in Hessen eine Tochter. 2017 gelang gleich mehreren Rindern eine spektakuläre Flucht in einen Lebenshof. Kuh Elli versteckte sich wochenlang in den Schaumburger Wäldern, bis man sie schließlich auf den Lebenshof *„Wilde Hilde"* Oldenrode bei Moringen brachte, wo sie später noch eine Tchter gebar. In Stolberg entkam der mächtige Bulle Valentin. Er wurde mithilfe einer Lockkuh wieder eingefangen und dann vom Verein *Rüsselheim* mitsamt Lockkuh Valentina freigekauft. Er kam wie Monate zuvor der Bulle Jonathan auf den Lebenshof von *Rüsselheim*. Jonathan war bei der Verladung zum Schlachthof entkommen, rannte fünf Kilometer durch das Nürnberger Land und floh schließlich in den Garten einer Tierschützerin.

In dem polnischen Dorf Skupowo war eine Kuhherde von einem Betrieb ins Freie geflohen. Die meisten Kühe konnte der Halter wieder einfangen, aber bei einer Kuh gelang dies nicht. Sie schloss sich eine Herde Bisons an.

Als die Medien erstmals davon berichteten, lebte sie schon seit drei Monaten im Naturpark Belowjescha in einer Bisonherde, die sie beschützt und es nicht zulässt, dass man ihr nahe kommt, berichtet der TV-Sender Polsat. [221] [222] [223] [224] [225] [226] [227]

Kontakte zu den erwähnten Lebenshöfen:
Rüsselheim e.V.: http://www.ruesselheim.com/
„Wilde Hilde": https://www.wildehilde-lebenshof.de/

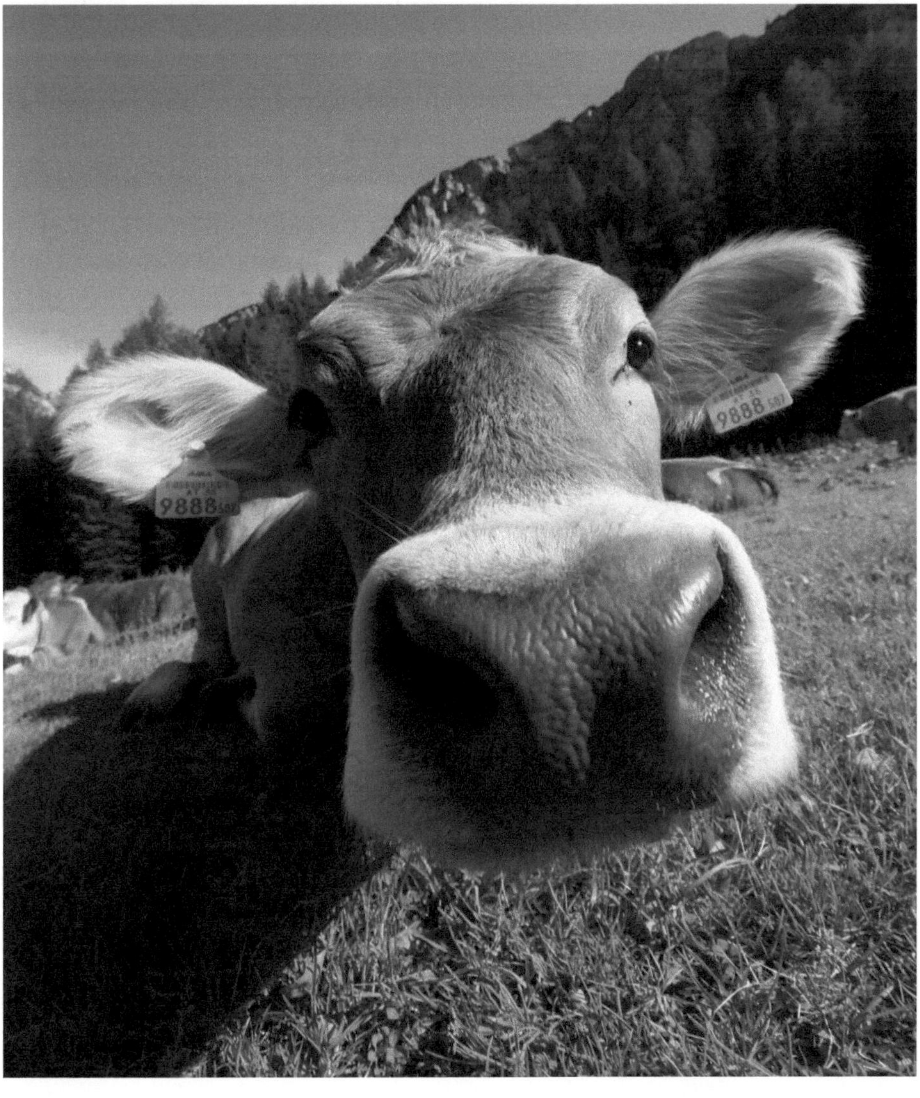

© Oliver Weber / Fotolia

Auch Giraffen trauern um ihre Lieben

Der US-Verhaltensforscher Fred Bercovitch vom Primatenforschungszentrum der japanischen Kyoto University beobachtete 2012 im „South Luangwa National Park" in Sambia Thornicroft-Giraffen. Dabei bemerkte er eine Giraffenkuh, die ihre Beine spreizte, um sich ihrem toten Baby zu nähern. Sie beschnupperte ihr Kalb, leckte es mehrmals ab und stieß es immer wieder an. Zwei Stunden untersuchte die Mutter ihren Nachwuchs, ehe sie dann verschwand. Normalerweise spreizen Giraffen ihre Beine nur, um zu essen und zu trinken. Außerdem ist es ungewöhnlich, dass sie am Boden liegende Objekte inspizieren.

Bisher dachte man, dass Giraffen und andere Huftiere nur eine geringe Bindung zu ihren Kindern pflegen. Doch ist dieser nur einer von drei beobachteten Fällen von Trauer, die Bercovitch in einer Studie analysiert hat. Bei den anderen beiden Fällen verhielten sich Giraffenkühe ebenfalls atypisch. 2010 trug sich ein Vorfall im „Soysambu Conservancy" in Kenia zu. Dort sah die Biologin Zoe Muller eine Rothschild-Giraffe, wie sie abwechselnd mit siebzehn anderen Giraffenkühen ihr totes Baby vier Tage lang bewachte. Das Kalb war einige Zeit nach der Geburt verstorben. 2011 berichteten Forscher von einem Fall in Namibia, bei dem eine Herde von Giraffen an einer Stelle Halt machte, an der drei Wochen vorher eine junge Genossin verstorben war. Ein Giraffenbulle spreizte seine Beine und beschnüffelte den Leichnam, vier Herdenmitglieder taten es ihm gleich. Studienautor Bercovitch sieht in den Beobachtungen einen Beweis dafür, dass Giraffen eine Vorstellung von Leben und Tod haben und um ihren Nachwuchs trauern: „Es zeigt sich, dass ihr Verhalten eine stärkere Bindung mit ihren Nachkommen belegt, als bisher angenommen."

Im Münchner Tierpark Hellabrunn starb 2015 der 23jährige Giraffenbulle Togo nur elf Tage nachdem seine Partnerin wegen ihrer starken Schmerzen euthanasiert worden war. Man vermutete offen, dass die Trauer über den Verlust seiner Kabonga eine Rolle gespielt hat. Der Tod seiner Frau hatte ihm das Herz gebrochen, schrieben die Medien. [228][229]

Pferde können über Symbole kommunizieren

Cecilie Mejdell vom Norwegischen Veterinärinstitut in Oslo und ihre Kollegen haben untersucht, ob Pferde auch lernen können, gezielt mit uns zu kommunizieren.

Für ihr Experiment trainierten die Forscher 22 Freizeitpferde verschiedenster Rassen zunächst darauf, drei verschiedene Symbole zu erkennen und zu unterscheiden: einen senkrechten schwarzen Balken, einen waagerechten Balken und ein leeres weißes Feld. Dann brachte man den Pferden bei, dass ihnen beim Schnauzenstupser auf den senkrechten Balken die Decke abgenommen wurde, beim waagerechten Balken bekamen sie eine Decke übergeworfen. Das weiße Feld stand für „keine Veränderung".

Nach dieser Vorbereitung wurden die Pferde wie üblich tagsüber auf die Weide gelassen und die Biologen beobachteten, was nun geschah. Und tatsächlich: An heißen Sommertagen stupsten alle 22 Pferde gezielt das Symbol mit dem senkrechten Balken an. An zwei Tagen mit Dauerregen und kaltem Wind wählten dagegen 20 der 22 Pferde das Symbol mit dem waagerechten Balken und signalisierten damit: Ich möchte eine Decke bekommen.

Nach Ansicht der Forscher belegt dies eindeutig, dass Pferde nicht nur abstrakte Symbole unterscheiden können, sondern auch schnell begreifen, dass diese Symbole ein Mittel zu Kommunikation sein können. „Die Pferde nutzten ihre Erkenntnis dazu, um ihre Vorliebe bezüglich der Decken zu kommunizieren", so Mejdell und ihre Kollegen. „Sie hatten erkannt, dass sie so je nach Wetter ihren Komfort erhöhen oder beibehalten können." [230]

Mach mal, ich hab Dir das Zeichen gegeben! Pferde bitten Menschen gezielt um Hilfe

Monamie Ringhofer und Shinya Yamamoto von der Kobe University in Japan haben die kommunikativen Fähigkeiten der Pferde nun mit weiteren Experimenten untersucht. Sie konfrontierten acht Pferde mit einem Problem: Sie versteckten Karotten in einem Eimer, den das Tier alleine nicht erreichen konnte. Anschließend ließen sie den Betreuer des Pferdes zu seinem Tier kommen.

Und tatsächlich: Alle Pferde versuchten ihren Menschen zu Hilfe zu holen. Sie suchten intensiv seine Nähe, schauten ihm direkt in die Augen, berührten ihn und stupsten ihn vermehrt an. Wurde hingegen kein Essen versteckt, beobachteten die Wissenschaftler signifikant weniger dieses Verhalten.

Die Pferde scheinen sogar das Vorwissen ihres Betreuers einzubeziehen, wie ein zweites Experiment offenbarte. Dabei verglichen Ringhofer und Yamamoto, ob es einen Unterschied machte, dass der menschliche Proband das Verstecken der Karotten mit angesehen hatte oder ob er nichts von den Leckereien im Eimer wusste. Das Ergebnis: Wusste der Betreuer nichts davon, gaben die Tiere deutlich mehr Signale.

„Dies belegt, dass Pferde über visuelle und körperliche Signale mit ihren Menschen kommunizieren – und dass sie ihr Verhalten dabei als Reaktion auf den Kenntnisstand der jeweiligen Person flexibel verändern können", schreibt das Team. Ein solches Verhalten zeuge von hohen kognitiven Fähigkeiten. [231]

Pferde erkennen unseren Gesichtsausdruck

Pferde beobachten unseren Gesichtsausdruck ganz genau und können erkennen, ob wir sie anlächeln oder grimmig dreinschauen. Amy Smith und ihre Kolleginnen von der University of Sussex in Brighton haben dies in einem Experiment mit 28 Pferden aus verschiedenen Reitställen untersucht.

Die Forscher zeigten den Pferden Fotos einer ihnen unbekannten Person. Dies lächelte auf dem einen Bild, die andere Abbildung zeigte sie mit grimmigem, zähnefletschendem Ausdruck. Die Wissenschaftlerinnen beobachteten die Reaktion der Pferde und maßen dabei ihren Herzschlag.

Die Reaktion auf die wütenden Gesichtsausdrücke war deutlich. Der Puls stieg an und die Pferde bewegten ihren Kopf, um die wütenden Gesichter mit ihrem linken Auge zu mustern. (Ähnlich wie Hunde neigen Pferde dazu, Bedrohungen verstärkt mit ihrem linken Auge zu beobachten). Auf die freundlichen Gesichter reagierten die Pferde dagegen kaum.

Die Reaktion der Pferde belegt, dass diese Tiere auch über die Artgrenze hinaus Emotionen erkennen können. „Wir wissen schon seit langem, dass Pferde über ein komplexes Sozialverhalten verfügen", erklärt Smith. „Aber dies ist der erste Nachweis, dass sie auch zwischen positiven und negativen menschlichen Gesichtsausdrücken unterscheiden können." Dies sei auch deshalb beachtlich, weil die Morphologie der Gesichter von Mensch und Pferd ziemlich verschieden sei. [232]

Pferde:
Gram steht ins Gesicht geschrieben

Pferde bekomme wie Menschen Sorgenfalten, wenn sie etwas bedrückt. Sara Hintze von der Uni Bern und ihre Kollegen wollten diesem Phänomen näher auf die Spur kommen. Dafür haben sie in einer Studie die Falten über den Augen der Tiere näher untersucht. Bei Pferdekennern war bereits bekannt, dass diese bei Schmerzen verstärkt auftreten.

Zunächst erstellten die Wissenschaftler eine Skala über die Anzahl, die Form und den Winkel der Falten. Dann stellten sie die Pferde auf die Probe. Die Forscher setzten insgesamt 16 Tiere positiven oder negativen Situationen aus: Sie kraulten sie oder gaben ihnen ein Leckerli bzw. erschreckten sie durch Schwenken einer Plastiktüte oder fütterten nur das Nachbarpferd.

In den angenehmen Situationen flachten die Falten über den Augen ab. Bei Futterneid hingegen wurden sie steiler. Das Erschrecken wirkte sich gar nicht auf ihre Form und Position aus. Vor allem der Winkel der Falten verrate, ob sich das Pferd gerade wohlfühlt oder nicht.

Die Tiere drücken also ihre Gefühle ähnlich aus wie wir Menschen. Denn auch wir ziehen unsere Augenbrauen zusammen und legen unsere Stirn in Sorgenfalten, wenn es uns nicht gut geht. Bei Mensch und Pferd ist dafür derselbe Muskel verantwortlich: Die Falten entstehen durch die Kontraktion des inneren Augenbrauenhebers. [233]

Lebensretter Schwein

Immer wieder erregen Schweine Aufmerksamkeit, weil sie als Lebensretter auftreten. Im Januar 2018 wurde auf youtube ein Video aus Südchina hochgeladen. Es zeigt ein verzweifelt schreiendes Schwein auf einer Schachtbank, als plötzlich ein anderes Schwein anstürmt, seinen Kumpel von der Schlachtbank zieht und die Schlachter attackiert. Deutlich ist zu sehen, wie es sich zunächst rasch über den Zustand des Kollegen informiert, bevor es die Menschen angreift.

2002 erlangte ein Schwein namens Lulu aus Beaver Falls Weltruhm mit der heldenhaften Rettung ihrer Pflegemama Jo Ann, 61. Diese hatte einen Herzinfarkt erlitten. Lulu weinte erst große Tränen und quetschte sich dann durch die Hundeklappe, wobei sie sich verletzte, lief zu einer Straße und legte sich in den Verkehr. Schließlich hielt ein Mann an und ließ sich von Lulu zu Jo Ann führen. So wurde dann endlich der Notarzt gerufen. 15 Minuten später und Jo Ann hätte den Herzinfarkt nicht überlebt. 1984 rettete das Hausschwein Priscilla den 11jährigen Anthony Melton aus Houston vor dem Ertrinken. Im Jahr 2000 rettete das Schwein Pru in Whales seine Besitzerin aus einem Sumpfloch. 1999 rettete das erst zweimonatige Ferkel Spammy seinen kleinen Freund Spot, ein Kälbchen, aus einem brennenden Schuppen. Das 40kg schwere Schwein hatte offenbar ein Loch in die Schuppenwand gebrochen, aus dem das Kälbchen entkommen konnte. Die Feuerwehr fand die beiden verrußten Tiere nach dem Löschen des Brandes auf einer nahegelegenen Wiese.

All das sind Anekdoten und Anekdoten werden in der Wissenschaft wenig ernst genommen, schließlich erfüllen sie nicht die Voraussetzungen für einen wissenschaftlichen Beweis, sondern stellen allenfalls „Fingerzeige" dar. Das Ernstnehmen von solchen Fingerzeigen als wertvolle Indizien, mit denen man das Gegenüber einschätzt, gilt zwischenmenschlich als elementares Handwerkszeug zur Gestaltung einer funktionierenden Beziehung. Gegenüber Tieren gilt diese bewährte Vorgehensweise nicht mehr, da gilt sie als „Vermenschlichung". Nichts ist hinderlicher für Täter als Empathie. Man sieht nur, was einem in den Kram passt. [234] [235] [235] [236] [237]

Ehrenrettung für das Schwein

Schweine sind sehr soziale Wesen. Forscher an der Penn State University fanden heraus, dass ihr Gruppenleben ähnlich komplex ist wie bei Primaten.

Neuere Beobachtungen lassen bei Schweinen sogar auf eine Fähigkeit zur Selbstmedikation schließen. Bei in den Niederlanden gehaltenen Schweinen hat man beobachtet, dass Schweine, die mit einem Darm-Antiseptikum behandelt worden waren, plötzlich begannen, den Urin ihrer Artgenossen zu trinken. Untersuchungen des Medikamentes führten zu dem Ergebnis, dass es ein Absterben der Nebennierenrinde nach sich zog und dass dadurch der Aldosteron-Spiegel im Blut bei den mit den Medikamenten behandelten Schweinen absank. Durch das Trinken des Urins von unbehandelten Schweinen waren die Tiere jedoch in der Lage, den Verlust des Aldosterons wieder auszugleichen.

Untersuchungen an der Pennsylvania University haben ergeben, dass Schweine mit einem Joystick im Maul an einem Monitor Erkennungsaufgaben sehr gut lösen können. Man geht davon aus, dass sie vergleichbare kognitive Fähigkeiten haben wie die Primaten. Dazu Dr. Sarah Boysen, Curtis' Kollegin: „(Schweine) sind imstande, sich mit einer Intensität zu konzentrieren, die ich nie bei einem Schimpansen gesehen habe."

Und die australische Tiertrainerin Joanne Kostiuk, die bei Schweinchen Babe die Ferkel dressierte, versichert, sie könne einem Schwein etwas in 20 Minuten beibringen, wofür sie bei einem Hund eine Woche brauche. „Was Sie von einem Hund erwarten können, können Sie auch bei einem Schwein voraussetzen", bestätigt der Verhaltensforscher Manteuffel. „Das Schweinegehirn ist dem menschlichen nicht unähnlich. Vor allem der Hippocampus, das Hirnzentrum für Lernfähigkeit, ist sehr gut ausgebildet." [238]

Optimisten und Pessimisten –
Auch Schweine haben Charakter

Schweine haben, so das Ergebnis einer Studie der University of Lincoln, offenbar ähnliche Persönlichkeitsstrukturen wie Menschen und sind – wie wir – anfällig für Stimmungsschwankungen.

Die Forscher um Luxy Asher und Linda Collins führten diesbezüglich ein relativ kompliziertes Experiment durch. Sie wählten zunächst 36 vier Wochen alte Schweinchen aus, zwölf Mädchen und 24 Jungen. Diese testeten die Wissenschaftler darauf, ob sie eher neugierig und aufmerksam oder eher zurückhaltend und unmotiviert waren.

In einem zweiten Schritt brachten sie den Schweinen bei, dass das Buffet in einer bestimmten Ecke des Studienstalls leckere Schokolade enthält. Steht der Trog in einer anderen Ecke, so enthält er bittere Kaffeebohnen. Alle Schweine lernten schnell, welcher Trog die Leckerei enthielt. Dann wurde der Futtertrog verrückt und die Schweine konnten nicht mehr anhand seiner Position im Raum auf dessen Inhalt schließen. Die Schweine selbst waren in zwei verschiedenen Wohnbereichen untergebracht worden. Der eine Wohnbereich war behaglich mit viel Heu und Stroh ausgestattet. Der spartanische Stall hingegen enthielt kaum Stroh. Die Optimisten und die Pessimisten wurden jeweils zur Hälfte in luxuriösen oder in spartanischen Boxen gehalten.

Dann folgte der eigentliche Test. Die Schweine wurden in den Versuchsraum gelassen, wo der Schokoladentrog verstellt worden war. Die Schweine reagierten wie Menschen in vergleichbaren Situationen tun würden:

Die pessimistischen Schweine, die in schäbigen Boxen gehalten worden waren, interessierten sich kaum für den verstellten Futtertrog, sie waren zu pessimistisch, um glauben zu können, dass ein falsch stehender Trog etwas richtig Leckeres enthalten könnte. Die pessimistischen Schweine aus der Luxusbox rafften sich teilweise zu ein wenig Neugier auf. Sie erkundeten die Box und fanden als Überraschung dann doch ein Leckerchen.

Bei den optimistischen Schweinen sah das anders aus. Die Positivdenker aus der Luxusbox stürmten begeistert los und suchten alles ab, auch in den Trog an der ungewohnten Stelle. Die Optimisten aus der spartanischen Box waren ebenfalls noch recht interessiert bei der Sache.

Die Forscher um Luxy Asher und Linda Collins interpretieren ihre Ergebnisse so: Pessimistische Schweine, die schlechte Laune haben, sind zu nichts zu motivieren. Pessimistische Schweine mit guter Laune können sich schon mal zu ein wenig Aktivität hinreißen lassen. Optimistische Schweine lassen sich auch von einer schlechten Wohnbox nicht die Laune verderben. [239]

Das empathische Schwein

Es gibt Schweine, die wissen Bachs Klavierwerk Invention 13 in a-Moll wirklich zu schätzen. Die tierischen Connaisseurs leben in Universitätsställen im niederländischen Waningen, Box an Box benachbart mit den größten Bach-Hassern ihrer Spezies. Das musikalische Borstenvieh stammt aus der hauseigenen Zucht der Universität. Forscher haben die Schweine auf Bachs Melodien konditioniert: Einige Tiere durften beim Klang des Klaviers ins Schweineparadies – massig Stroh, Artgenossen zum Spielen und neun versteckte Schokorosinen. Die anderen wurden allein in ein enges, kahles Zimmer geschickt. Ziel des Experiments? Die Antwort auf die Frage, ob Schweine Empathie empfinden können – ob sie mitleiden, wenn sie spüren, der Nachbar hat Angst.

Die Forscher teilten ihre Versuchstiere in Sechsergruppen ein. Je zwei Schweine der Gruppe lernten, mit Musik entweder Schokorosinen oder Einsamkeit zu verbinden, der Rest blieb musikalisch unvorbelastet. Und ja, die Schweine, die nicht wussten, was die Musik zu bedeuten hatten, ließen sich von ihren Kumpeln anstecken, sie zeigten sich mitfühlende, empathisch: Mit den glücklichen Ferkeln voller Vorfreude spielten sie, mit den ängstlichen litten sie: Urinierten, quiekten vor Angst. Die neue Studie ist ein weiterer Grund, das Schwein besser zu behandeln, sagt der Wiener Tierarzt Johannes Baumgartner. Der Universitätsprofessor ist seit 20 Jahren in den Massenställen Europas unterwegs. Seine überraschendste Erkenntnis: In vielem reagieren Schweine ähnlich wie Menschen. [240]

Das bin ja Ich!
Schweine erkennen sich im Spiegel

Wenn Tiere einen Spiegel vor die Nase gehalten bekommen, reagieren sie meistens entweder gar nicht bzw. ignorieren das Spiegelbild. Oder sie versuchen mit dem Spiegelbild zu spielen oder greifen es an.

Die acht Schweine, die Donald Broom an der britischen University of Cambridge und seine Kollegen fünf Stunden lang immer zu zweit in eine Box mit einem Spiegel steckten, studierten zunächst ihre eigene Reflexion, die ihres Kumpanen und das Bild ihrer Umgebung sehr sorgfältig. Einige Schweine grunzten ihr Spiegelbild an, eines schubste den Spiegel gar so fest mit der Nase an, dass er zerbrach.

Die Schweine interpretierten zunächst das Bild möglicherweise als einen weiteren Artgenossen – ein klassischer Fehler, den viele Tierarten machen. Doch überraschenderweise änderten die Schweine ihr Verhalten innerhalb der fünf Stunden und lernten, was der Spiegel tatsächlich zeigte und wie ihre eigenen Bewegungen mit denen im Spiegel zusammenhingen.

Sie konnten dieses Wissen sogar umsetzen, offenbarte der zweite Teil der Studie. Dabei wurde jedes Schwein einzeln in eine Box gesetzt, die wiederum einen Spiegel enthielt. Zusätzlich gab es dort auch noch einen Futternapf. Den konnten die Tiere aber nur im Spiegel sehen, weil er hinter einer Abdeckung versteckt war. Sieben der acht getesteten Schweine ließen sich davon nicht beirren: Zielstrebig wandten sie sich vom Spiegel ab und liefen direkt auf den Napf hinter der Barriere zu – nicht einmal 25 Sekunden brauchten sie, um den Trick zu durchschauen. [241]

Frei Schnauze:
Malendes Schwein verdient
mit Kunstwerken Vermögen

Der neue Star der Kunstszene kommt aus Südafrika. Pigcasso ist knapp 200 Kilogramm schwer und malt mit dem Mund. Sie wurde als Ferkel von einem Mastbetrieb gerettet und lebt nun auf einem Lebenshof.

Wenn Pigcasso nicht gerade isst, sich die Nackenborsten im Garten scheuert oder schläft, dann steht sie vor der Leinwand und lässt ihrer Kreativität freien Lauf. Ihre Werke sind das, was man expressionistisch oder abstrakt nennt: farbenfroh und mit deutlicher Strichführung. Die Videos einer Session erreichen bis zu 20 Millionen Menschen in den sozialen Netzwerken. Touristen wollen sich mit ihr fotografieren lassen.

„Wir zwingen sie nicht", sagte Tierschützerin Joanne Lefson, die die Farm Sanctuary SA gegründet hat, dem Portal „The Citizen". „Sie malt, wenn sie Lust dazu hat." Dass Pigcasso ein künstlerisches Talent besitzt, entdeckte Lefson beim Spielen. Sie wollte ihre neue Mitbewohnerin unterhalten, doch statt sich den Ball zu schnappen, war Pigcasso von Pinseln fasziniert. Mit einem Clickertraining, bei dem erwünschtes Verhalten verstärkt wird, zeigte Lefson ihr schließlich, wie sie Farbe auf die Leinwand bringen kann.

Pigcassos Werke werden im Online-Shop der Farm verkauft, alle natürlich mit einer Signatur des Künstlers: der in Farbe getauchten Schnauze. Bis zu 2500 Euro drückt die Kundschaft für ein Werk ab. Bisher hat Pigcasso 50.000 Euro verdient, Geld, das in den Erhalt des Lebenshofes fließt. [242]

Pekaris beim Trauern gefilmt

Ein Grundschüler hat mit einer Wildkamera Nabelschweine beim Trauern gefilmt. So jedenfalls deutet die Biologin Mariana Altrichter vom Prescott College das gefilmte Verhalten der Pecaris. Altrichter hatte zuvor jahrelang das Sozialverhalten der Pekaris untersucht und wusste, dass die Tiere innige Familien- und Gruppenbande besitzen.

Die Aufnahmen zeigen, wie die Pekaris zunächst den Leichnam des Artgenossen untersuchen, an ihm riechen, ihn beißen und ihn anstarren. In der Folge schlafen einige Tiere sogar neben dem Toten und versuchen sogar, den Körper empor zu drücken. Selbst als sich ein Rudel Kojoten dem Leichnam nähert, verteidigen die Nabelschweine diesen und vertreiben sogar die zahlenmäßig überlegenen Wildhunde. Erst als diese am zehnten Tag den toten Körper ergattern und zerstückeln, wenden sich auch die Pekaris von diesem ab und kehren nicht mehr zu ihm zurück.

Die Forscherin hatte keine Kenntnis davon, dass Pekaris schon dabei beobachtet worden waren, wiederholt zu Leichnamen von Gruppenmitgliedern und anderen Artgenossen zurück zu kehren. "Diese Aufnahmen sind ganz erstaunlich: Sie zeigen nicht nur eine unmittelbare Reaktion auf den toten Artgenossen, das Verhalten hielt für ganze 10 Tage an", zitiert "National Geographic" die Vorsitzende der Peccary Specialist Group innerhalb der International Union for Conservation of Nature (IUCN). Noch nie zuvor wurde eine Reaktion auf den Tod eines Artgenossen von einer der drei in Herden lebenden unterschiedlich großen Pekari-Arten beobachtet bzw. beschrieben." [243]

Ich bin dann mal weg – Hirsche meiden Jäger mit dem Alter geschickter

Reifere Rothirschdamen gehen mit zunehmendem Alter Jägern immer geschickter aus dem Weg. Mit neun bis zehn Jahren sind sie für ihre menschlichen Verfolger praktisch unerreichbar. Eine Gruppe von Wissenschaftlern um den Biologen Henrik Thurfjell von der kanadischen University of Alberta versah 49 Rothirschfrauen im Alter von ein bis achtzehn Jahren in den kanadischen Provinzen Alberta und British Columbia mit Sendehalsbändern und beobachtete die Tiere über einen Zeitraum von zwei bis fünf Jahren.

Dabei fanden sie heraus, dass ältere Tiere offenbar gleich mehrere Methoden gelernt haben, um nicht erschossen zu werden. So bewegen sie sich weniger und senken damit die Wahrscheinlichkeit einer gefährlichen Begegnung mit Jägern. Erfahrene Tiere verbergen sich außerdem vor allem in der Nähe von Straßen verstärkt im Wald oder anderem unübersichtlichen Gelände – insbesondere in der Morgen- und Abenddämmerung. Die Rothirsche reagieren zudem auf die Bewaffnung der Jäger. Sie suchen während der Jagdsaison für Bogenschützen eher zerklüftetes Terrain und Anhöhen auf, da die mit einem Bogen ausgerüsteten Jäger sich sehr viel dichter an ihre Beutetiere heranpirschen müssen.

Für Tiere kann es lebenswichtig sein, sich neuen Verfolgern oder Jagdmethoden anzupassen. „Vor allem Wildschweine sind ausgesprochen schlau", bestätigt Torsten Reinwald, Sprecher des Deutschen Jagdverbands (DJV). So hätten etwa mit Sendehalsbändern ausgerüstete Wildschweinfrauen unmittelbar vor Jagdbeginn beim Klappern der ersten Autotür ihre Familie aus der Gefahrenzone an die Reviergrenze geführt. „Nach Ende der Jagd kamen sie zurück", berichtet Reinwald.

Über die finnischen Bären in grenznahen Gebieten wird berichtet, dass diese jedes Jahr unmittelbar vor Beginn der Jagdsaison im Herbst nach Russland über die Grenze verschwinden. Dort ist es für sie sicherer. [244]

Trunksucht bei Familie Elch. Skål

Wenn im September durch frühen Schneefall in Schweden das Fallobst auf den Wiesen zu gären beginnt, ist nicht nur auf der Münchener Wiesn die Zeit des großen Besäufnisses, sondern auch für Elche in Schweden. Jedes Jahr machen die Trunkenbolde von sich reden, manchmal auch international.

2005 überfiel in Östra Göinge eine Gruppe Elche sternhagelvoll das Altenheim Skogsbrynet und fing an zu randalieren. Die verschüchterten Alten riefen die Polizei, die allerdings wenig Eindruck auf die Elche machte. Erst als ein paar Jäger mit gezückten Gewehren anrückten, verzogen sich die Trunkenbolde in den Wald, um dort ihren Rausch auszuschlafen.

2011 mussten Polizei und Rettungskräfte eine betrunkene Elchkuh aus einem Baum befreien, in dem sie sich verfangen hatte. Erst nachdem einige Äste abgesägt worden waren, konnte man die Betrunkene aus dem

Baum bergen. Die taumelte ein paar Meter um dann erstmal berauscht niederzusinken. Alk macht nämlich auch Elche müde.

2013 haben auf der Insel Ingarö bei Stockholm fünf Elche in angetrunkenem Zustand einen Mann belästigt und bedroht. Anschließend entzogen sie sich dem Zugriff durch die Polizei. Die Elche hatten sich am Nachmittag in den Garten begeben, um sich am Fallobst ordentlich einen Rausch anzutrinken. Die gärenden Äpfel ließen ihren Alkoholpegel steigen, und als am Abend der Hausbesitzer heimkehrte, verweigerten sie diesem den Zutritt zum Grundstück. Der ratlose Mann alarmierte daraufhin die Polizei. „Die Polizei begibt sich zum Ort des Geschehens, um die Elche zu vertreiben. Sie muss aber feststellen, dass diese offenbar gewarnt worden waren und sich deshalb intelligenterweise entfernt haben", heißt es im Ereignisprotokoll auf der Website der Stockholmer Polizei.

Für den Hang zum Rausch sind Skandinavier bekannt und berüchtigt. Auch Rentiere haben da übrigens einen Weg gefunden. Im Winter graben sie Fliegenpilze aus und verzehren sie. Die Pilze enthalten psychoaktive Substanzen wie Muscimol, das mit der Wirkung von LSD vergleichbar ist.
245 246 247

Gute und schlechte Mütter gibt es auch bei Robben

Wildlebende Meeressäuger besitzen nämlich individuelle Persönlichkeiten. Es gibt fürsorgliche, überängstliche oder eher gelassene Robbenmamis. Das Ergebnis ihrer neuen Studie überraschte selbst die Forscher um Sean Twiss von der Durham University in England.

Über zwei Jahre hinweg hatten die Forscher eine Gruppe Seerobben an der Küste der schottischen Insel North Rona beobachtet. Dabei verglichen sie einerseits das Verhalten verschiedener Robbenmütter gegenüber ihren Jungen, andererseits das Verhalten der weiblichen und männlichen Tiere gegenüber einer potenziell gefährlichen Störung in Form eines ferngesteuerten Roboterfahrzeugs.

„Einige Robbenmütter sind sehr ängstlich und wachsam und kontrollieren ihre Jungen ständig, andere kümmern sich kaum um sie, selbst wenn sich eine potenzielle Gefahr nähert", sagt Erstautor Sean Twiss von der Durham University in England. „Man würde eigentlich erwarten, dass selbst normalerweise unaufmerksame Mütter ihr Verhalten in einer bedrohlichen Situation ändern." Doch das sei nicht der Fall gewesen. Unaufmerksame Mütter seien in allen Situationen unaufmerksam geblieben, fürsorgliche fürsorglich.

Nach Ansicht der Forscher sprechen diese Beobachtungen für starke Persönlichkeitsunterschiede bei den Robben. Warum sich diese so entwickelt und erhalten haben, sei aber unklar. Einen Zusammenhang mit dem Alter oder der Größe der Robben habe man nicht feststellen können.

„Wenn mütterliche Fürsorge einen Überlebensvorteil darstellt, fragt man sich, warum die Selektion nicht ein einheitlicheres, optimales Verhalten begünstigt hat", sagt Koautor Patrick Pomeroy von der University of St Andrews. Ob die Jungen weniger fürsorglicher Mütter benachteiligt seien, wolle man nun herausfinden. [248]

Zu faul zum Selberfangen:
Sammy, die Schnorrer-Robbe

Eigentlich sind die Geschichten, die das Leben schreibt, diejenigen, die uns wirklich etwas über Tiere erzählen, und nicht etwa die hochgelobten akademischen Studien. Zum Beispiel erzählt uns folgender Bericht etwas über die Fähigkeit von Robben, Menschen in ihren Lebensraum zu integrieren und mit ihnen zu kooperieren.

Die Kooperation in diesem Falle lautet: Ich erfreue Dich mit meiner Anwesenheit und Du rückst etwas Essen für mich und meinen Kumpel raus. Sammy, so heißt der vorwitzige Robbenmann, kommt seit Jahren jeden Tag bei einem Restaurant in Dublin vorbei und fordert seine Mahlzeit ein. Manchmal bringt er auch seine Freundin mit. Beim Überqueren der Straße achtet er sogar auf den Verkehr.

Der Betreiber des Lokals, Alan Hegarty, teilte der BBC mit, dass die Robbe schon seit vier Jahren vorbeikäme, um seine drei Kilogramm Fische einzufordern. Am Valentinstag soll Sammy sogar zusammen mit einer Robben-Dame gekommen sein: „Sie blieb, offensichtlich war das kein One-Night-Stand", erzählte der Lokalbetreiber. [249]

Seelöwe
rettet Selbstmörder

Warnhinweise und Notruftelefone für Suizidgefährdete gibt es einige auf der Golden Gate Bridge. Den Sprung von der berühmten Brücke überleben weniger als ein Prozent. Einer von ihnen wurde im Jahr 2000 auf wundersame Weise gerettet – von einem Seelöwen.

Die Geschichte wurde am Rande einer Polizeikonferenz in Australien zum Thema mentale Probleme durch einen Anti-Suizid-Aktivisten aus den USA publik, als der von seiner wundersamen Rettung durch einen Seelöwen erzählte. Er sei als 19-Jähriger in suizidaler Absicht von der Golden Gate Bridge im kalifornischen San Francisco gesprungen, berichtete Kevin Hines. Als er in dem eiskalten Wasser aufgeschlagen sei, habe er unter sich eine Kreatur gesehen, die er für einen Hai gehalten habe. „Ich dachte, er beißt mir ein Bein ab, und geriet in Panik.“

Aber das seltsame Wesen habe ihn immer weiter gestupst, so dass er nicht untergegangen sei. Ein Beobachter des Vorfalls erzählte ihm später, dass er in Hines' Lebensretter einen Seelöwen erkannt habe. Der Seelöwe sei bei ihm geblieben, bis das Boot der Küstenwache eintraf. [250]

Gestatten: Otter, Werkzeugmeister

Otter sind wahre Meister im Werkzeuggebrauch. Schon lange ist bekannt, dass sie ambossförmige Steine suchen, um Muscheln während des Schwimmens öffnen zu können. Dabei liegen sie lässig mit dem Rücken auf der Wasseroberfläche, platzieren den Stein auf ihrem Bauch und schlagen Krebse und Muscheln daran auf. Ihren Lieblingsstein bewahren die Otter in einer Art Felltasche unter dem Arm auf und in einer ruhigen Minute spielen sie auch damit und werfen den Stein von einer Hand in die andere.

Von Rousseaus Erziehungsmethoden scheinen Otter allerdings weniger beeindruckt zu sein. Geht das Kind auf die Nerven, fesseln sie es gelegentlich mit Seetang, um die Kontrolle nicht zu verlieren. Den Seetang benutzen sie auch, um Beutetiere wie Krebse zu fixieren.

Der Stein-Amboss-Gebrauch gehört dabei bereits seit Tausenden oder sogar Millionen von Jahren zum Otter-Alltag, haben Wissenschaftler herausgefunden. Sie beobachteten 100 nicht miteinander verwandte Seeotter und erkannten, dass alle Tiere die Taktik mit dem Stein-Amboss zum Muschelknacken in gleicher Weise anwenden. Sogar Otterwaisen, die von Geburt an auf sich allein gestellt waren, unterscheiden sich in ihrem Werkzeuggebrauch nicht von anderen, die ohne jegliches Training oder Erfahrung waren. [251]

Die Trauer der Wölfe

Man kann Trauer nur fühlen und verstehen, messen kann man sie nicht. 2013 gab es einen Vorfall in der Lausitz, der Wissenschaftlern zu denken gab. „Die Trauer der Wölfe" übertitelte die Sächsische Zeitung deshalb auch ihren Bericht über den Unfall.

Auf einer Bundesstraße wurde eine junge Wölfin bei einem Verkehrsunfall tödlich verletzt. Leider nichts Ungewöhnliches in einer Region, in der seit Jahren wieder Wölfe leben. Unfälle gibt es immer wieder – vor allem mit unerfahrenen Wolfswelpen.

Doch dieses Mal kam alles anders als bisher erlebt. Die 26jährige Fahrerin rief die Polizei und die Beamten nahmen den Unfall auf. Da kam plötzlich ein zweiter junger Wolf aus dem Wald – vermutlich ein Geschwister der Verstorbenen. Er zog seine tote Schwester zum Waldrand und fing an, sie zu beerdigen. Als die Polizei sich näherte, fletschte der Wolf die Zähne.

Die Beamten blieben auf Abstand und informierten das Kontaktbüro Wolfsregion Lausitz. Erst als Wolfsexpertin Ilka Reinhardt am Unfallort ankam, zog sich der Wolf in den Wald zurück. [252]

Wenn Wölfe heulen

Das Heulen der Wölfe fasziniert seit Menschengedenken. Welche Funktionen dieser charakteristische „Gesang" besitzt, ist bisher aber nur in Teilen geklärt. Forscher um Friederike Range vom Messerli-Forschungsinstitut an der Veterinärmedizinischen Universität führten ein Experiment mit neun Wölfen durch, die auf dem Gelände des Wolf Science Center in zwei Rudeln leben. Für ihre Studie analysierten die Forscher zunächst die soziale Struktur in den beiden Rudeln: Wer ist der Boss und wer hat eher weniger zu sagen? Wer hängt mit wem häufig ab, wo gibt es besonders enge Freundschaften?

Dann führten Wissenschaftler jeweils einen der Wölfe aus dem Rudel. Wie meist der Fall, begannen die zurückgebliebenen daraufhin zu heulen. Die Forscher zeichneten die Reaktion der Wölfe detailliert auf und entnahmen zudem vor und nach dem Entfernen des Rudelmitglieds eine Blutprobe, um zu messen, wie hoch der Stresshormon-Pegel der Tiere war.

Das Ergebnis: nicht jedem Wolf wird gleich intensiv nachgeheult. Je nach sozialer Stellung des Entführten und auch abhängig von der individuellen Freundschaft zum fehlenden Wolf wurde heftiger oder weniger heftig herumgeheult. So heulte das Rudel insgesamt stärker, wenn ein ranghoher Wolf fehlte. Einzelne Wölfe heulten besonders lang und stark, wenn ein ihnen nahestehendes Rudelmitglied fehlte.

„Das zeigt, dass das Heulen keine simple, unkontrollierte Gefühlsreaktion auf die Trennung von einem Artgenossen ist", sagt Range. [253]

Der Wolf, ein Musterschüler

Wölfe sind bessere Schüler als Hunde: Sie sind kooperativer als ihre zahmen Nachfahren und stellen sich in Experimenten geschickter an. Forscher der Veterinärmedizinischen Universität Wien fanden heraus, dass Wölfe weit besser in der Lage sind, von ihren Artgenossen zu lernen als Hunde.

Für das Experiment trainierten die Wissenschaftler zwei Mischlingshunde, mit ihrer Pfote eine Box zu öffnen, in der Essen versteckt war. Anschließend ließen sie der Reihe nach Wölfe und andere Hunde dabei zuschauen, wie die Lehrer-Hunde an das Futter gelangten. Alle 14 Wölfe schafften es, den Schließmechanismus mit exakt der zuvor beobachteten Pfotenbewegung zu betätigen. Von den 15 getesteten Hunden hingegen schafften es nur vier, und das teils zufällig mit den Zähnen. Einige Monate später wiederholten die Forscher den Test mit dem gleichen Ergebnis. Es lag also nicht an der schnelleren kognitiven Entwicklung der Wölfe.

Wölfe in freier Wildbahn „... müssen im Rudel zusammenarbeiten, wenn sie ihre Territorien verteidigen oder große Beutetiere jagen", schreiben die Forscher zur Erklärung. Daher ist die Fähigkeit, die Handlungen ihrer Artgenossen zu verfolgen, überlebensnotwendig. Hunde in Gefangenschaft seien auf diese Beobachtungsgabe nicht mehr so stark angewiesen. Stattdessen sei die Beobachtung der Artgenossen wohl durch etwas Neues abgelöst worden: die Fähigkeit, den Menschen als Partner zu akzeptieren und zu verstehen. [254]

Talentierter Bär bekommt in Helsinki eigene Ausstellung

In der finnischen Hauptstadt Helsinki ist im Januar 2017 eine sehr ungewöhnliche Gemälde-Ausstellung mit dem Titel „Starke und weiche Berührungen" eröffnet worden. Der Künstler ist der 423 Kilogramm schwere Braunbär Juuso, 17, aus Kuusamo in Lappland. Er kam als Waise zu dem Bärenschützer Sulo Karjalainen und lebt seitdem auf dessen Bären-Schutzhof.

Als dort einmal ein Gebäude gestrichen wurde, bekam Juuso ein wenig Farbe auf den Fuß und begann zu malen. „Wir geben ihm Farben, Furniersperrholz und Papier", erläutert Pasi Jantti, Mitarbeiterin des Tierzentrums in Kuusamo, wo der Bär wohnt, den künstlerischen Prozess. „Er arbeitet nur, wenn er alleine ist, wobei er sitzt und seine Füße bewegt."

Für die bärigen Gemälde wurden bisher bereits 8000 Euro an Kaufpreisen erzielt. Der Erlös kommt sechs jungen Bären zugute, die sich ebenfalls in der Obhut der Tierschützer befinden. [255]

Der Feind meines Feindes ist mein Freund

Wenn Braunbärenfrauen Kinder zur Welt bringen, müssen sie sich vor allem vor den männlichen Vertretern ihrer Spezies in Acht nehmen: Bärenmänner greifen nämlich aggressiv die Kinder anderer Väter an, um mit deren Müttern schneller eigene Kinder zeugen zu können. Die fremden Blagen stehen da nur im Wege herum.

Bärenmütter haben sich nun eine Strategie überlegt, wie sie ihre Kinder effizienter schützen können: Sie nutzen Menschen als Schutzschild. Um ihrem Nachwuchs die bestmöglichen Überlebenschancen zu verschaffen, zieht es skandinavische Braunbärenmütter offenbar ausgerechnet in die Nähe des Menschen. Es scheint für schlaue Bärenmütter das kleinere Übel zu sein, sich mit dem anderen Todfeind zu verbünden. Wissenschaftler um Sam Steyaert vom University College of Southeast Norway überwachten zwischen 2005 und 2012 mit Hilfe von GPS-Halsbändern 26 Braunbärenmütter in Schweden. Jene Mütter, deren Jungtiere das Jugendalter überlebten, hielten sich überwiegend nahe menschlichen Siedlungen auf, im Schnitt nur 783 Meter vom Menschen entfernt. Dort lebten die Bären in dichter Vegetation – vermutlich, um den Kontakt zwischen beiden Spezies möglichst gering zu halten. Vor allem während der Paarungszeit suchten die Bärenmütter menschliche Nähe. Danach zogen sich die Tiere mit ihren Jungen wieder tiefer in den Wald zurück. [256]

Hatschi heißt ja –
Wildhunde entscheiden demokratisch

Ein internationales Forscherteam um Reena Walker von der Brown University im US-amerikanischen Providence und Neil Jordan von der University of New South Wales in Sydney hat in Botswana untersucht, wie Wildhunde Entscheidungen treffen.

Bei Afrikanischen Wildhunden wird Demokratie großgeschrieben: Sie stimmen darüber ab, ob sie zur Jagd aufbrechen sollten. Das Rudel kommuniziert demnach über ein heftiges, stoßweises Ausatmen durch die Nase, das stark an ein Niesen erinnert. Kurz bevor die Gruppe auf die Jagd geht wird gehäuft geniest. Dies dient der Abstimmung und Entscheidungsfindung. Die Abstimmung hilft dem Rudel dabei, einen Gruppenkonsens aufzubauen – und das in einem Sozialsystem, das eigentlich eher despotischer Natur ist, da die dominantesten Männer und Frauen das Rudel anführen.

„Je mehr Nieser auftraten, desto wahrscheinlicher war es, dass das Rudel loszog und auf die Jagd ging", erzählt Neil Jordan. Hatschi heißt also „Ja". Die Zahl der Nieser müsse eine bestimmte Schwelle überschreiten. Allerdings haben die verschiedenen Stimmen nicht alle dasselbe Gewicht.

Wenn das dominante Paar sich an der Abstimmung nicht beteiligte, waren etwa zehn Nieser nötig, bevor das Rudel sich auf den Weg machte. Wenn hingegen die Chefs in die Abstimmung involviert sind, braucht es nur wenige Nieser.

Die Wissenschaftler protokollierten und analysierten bei fünf Rudeln den Ablauf von insgesamt 68 sozialen Zusammenkünften. Nicht alle Treffen führten zu einem Ergebnis, also zum Aufbruch zur Jagd. Doch die Forscher fanden einen eindeutigen Unterschied zwischen ergebnislosen und erfolgreichen Versammlungen: Brach das Rudel tatsächlich auf, war zuvor deutlich häufiger geniest worden – im Schnitt etwa 7,5-mal statt 1,5-mal. [257]

Hunde erkennen menschliches Lächeln

Hundepapas und Hundemamas wissen es schon längst, nun ist es wissenschaftlich bewiesen: Hunde verstehen, wenn ein Mensch sie anlächelt. Dabei spielt es keine Rolle, ob der Hund den freundlichen Menschen kennt oder nicht.

Die Biologen Corsin Müller und Ludwig Huber von der Universität Wien haben in ihrem Experiment Testhunde mit Fotos trainiert, die nur obere oder untere Gesichtshälften zeigen. Die Hunde mussten also subtilere Zeichen wie etwa Lachfältchen um die Augen erkennen. Es zeigte sich, dass sie auch unter diesen Bedingungen mit bis zu 80-prozentiger Wahrscheinlichkeit menschliches Lächeln erkannten.

Leitautor Huber vermutet, „dass die Hunde einem lächelnden Gesicht auch eine positive Bedeutung zumessen". Denn es sei schwieriger, die Tiere auf zornige Gesichter zu trainieren, vermutlich weil sie vor diesen intuitiv zurückschrecken. [258]

Dackelblick ist bewusste Manipulation

Den berühmten Dackelblick gibt es offenbar wirklich. Die Biologin Juliane Kaminski von der Universität Portsmouth und ihr Team haben herausgefunden, dass Hunde gezielt ihre Mimik zu Kommunikationszwecken einsetzen. Die Wissenschaftler hatten Experimente mit insgesamt 24 Familienhunden verschiedener Rassen gemacht. Bei den Tests zeigten die Hunde mehr Gesichtsausdrücke, wenn sie die direkte Aufmerksamkeit eines Menschen hatten. In dem Fall kommt gerne der herzzerreißende Blick mit den hoch gezogenen Augenbrauen zum Einsatz.

Bislang gingen viele Experten aber davon aus, dass die tierische Mimik unfreiwilliger Ausdruck eines emotionalen Zustandes ist und kein absichtlicher Versuch der Kommunikation. Nur Tierfreunde wussten längst: Das machen die Tiere absichtlich! Es geht bei der Wahrheitssuche halt nichts über den direkten und liebenden Kontakt. [259]

Mein Mensch!

Hunde können eifersüchtig sein. Die Psychologin Christine Harris und deren Kollegin Caroline Prouvos haben dieses nagende Gefühl nun wissenschaftlich nachgewiesen.

Die beiden Forscherinnen untersuchten für ihre Studie bei 36 Hunden deren Hang zur Eifersucht. Dabei hatten deren Menschen die Aufgabe, sich entweder einem Eimer oder einer Hundeattrappe zuzuwenden, die bellen, wedeln und winseln konnte. Bei beiden Objekten sollten die Menschen heftige Zuneigung simulieren. In einer dritten Situation mussten die Probanden schließlich laut aus einem Buch vorlesen, das auch zusätzlich Geräusche von sich gab.

Die Hunde reagierten deutlich. Widmete sich ihr Mensch der Hundeattrappe, wurden 78 Prozent eifersüchtig: Sie schnappten, bellten und bedrängten ihren Menschen. Beschäftigten sich diese mit dem Eimer oder dem Buch, so blieben die Hunde deutlich gelassener. Die Hunde versuchten offenbar, die Nähe zwischen Menschen und der als Rivalen empfundenen Hundeattrappe zu stören. Offensichtlich nehmen Hunde ihre Paarbeziehung ernster als ihre Menschen. [260]

Hunde verfügen über ein „episodisches Gedächtnis"

Hunde erinnern sich selbst an unwichtige Dinge. Bisher dachte man, das könnten nur Menschen und Menschenaffen. Aber von wegen. Hunde erinnern sich an mehr als gedacht.

Forscher aus Budapest um Ákos Pogány haben in ihren Experimenten mit Hunden gearbeitet, die darauf trainiert sind, Menschen zu imitieren. Wenn ihr Mensch auf einen Stuhl steigt und ihnen den Befehl „Do it!" gibt, steigen sie auch auf den Stuhl.

Um zu zeigen, dass Hunde ein episodisches Gedächtnis haben, mussten diese nun etwas zu sehen bekommen und es gleichzeitig nicht für wichtig halten. Das schafften die Forscher, indem sie den Hunden den Befehl gaben, sich hinzulegen. Während die Hunde abgelenkt waren, drehten sich die Menschen zum Beispiel im Kreis. Die Hunde achteten also weniger genau auf den Menschen vor ihnen. Dann gaben die Versuchsleiter den Hunden den Befehl, sie zu imitieren: „Do it!". Die Tiere waren zwar kurz verblüfft, aber nach einigen Sekunden drehten sie sich im Kreis. Sie wussten also trotz Ablenkung noch, was in ihrer Umgebung passiert war.

Nur schlechter erinnern können sie sich in solchen Fällen. Aber keine Sorge, das ist völlig normal. Ákos Pogány: „Wenn sie etwas für unwichtig halten, können sie sich schlechter daran erinnern. Das ist beim Menschen genauso." [261]

Ziemlich beste Freunde

Die Beziehung zwischen Hund und Mensch ist tief und innig. Obwohl es sich um so grundverschiedene Spezies handelt: Der eine schaut auf fast zwei Meter Höhe auf sein Smartphone, der andere schnüffelt sich von Busch zu Busch. Der eine redet, der andere kräuselt die Lefze und hat damit schon alles gesagt. Aber es funktioniert. Die Bindung zwischen Menschen und ihrem ältesten Haustier sei vergleichbar mit der zwischen Eltern und Kleinkind, sagen Verhaltensforscher.

Zu verdanken ist dies den im Tierreich einzigartigen Fähigkeiten des Hundes, das Verhalten seines Menschen zu deuten. Angesichts ihrer enormen sozialen und kognitiven Fertigkeiten verdienen Hunde eigentlich den Titel „bester Menschenversteher".

So hat sich der Hund nicht nur ein nuancenreiches Gebell angeeignet, um sich in der lauten Menschenwelt bemerkbar zu machen. Er versteht umgekehrt auch menschliche Worte verblüffend gut. Mit passendem Training erreichen Hunde einen passiven Wortschatz von mehr als 1000 Begriffen. Dies entspricht dem aktiven Wortschatz eines Durchschnittsmenschen! [262]

Eins, zwei oder drei?

Hyänen leben in sehr komplexen Sozialverbänden, die aus bis zu 90 Individuen bestehen und in einzelne Untergruppen unterteilt sind. Sie sind möglicherweise sogar noch schlauer als Löwen. Jedenfalls können sie anhand des Geheuls fremder Artgenossen feststellen, ob sie es mit einem, zwei oder drei Rivalen zu tun haben. Ähnliche Fähigkeiten wurden bislang nur bei Affen und einigen Vogelarten beobachtet.

Die Wissenschaftler suchten daher nach weiteren Merkmalen für Intelligenz. Sie konzentrierten sich vor allem auf das Zählen, das zu den höheren kognitiven Fähigkeiten gehört, und testeten, ob Hyänen in der Lage sind, die Anzahl fremder Artgenossen zu ermitteln. Dazu spielten sie knapp 40 Tieren in Kenia das Geheul verschiedener Hyänenstimmen vor. Dabei verwendeten sie Aufnahmen von Tieren aus Tansania, Malawi und dem Senegal, um den lauschenden Hyänen vorzugaukeln, dass sich nicht zu ihrem Rudel gehörende Tiere in ihrem Revier aufhielten. Die Raubtiere bekamen hintereinander das Gebell und Gejaule von einer, zwei oder drei fremden Stimmen zu hören. Ergebnis: Je mehr Stimmen vertreten waren, umso unruhiger wurden sie.

Um eine genauere Differenzierung zu erhalten, entschieden sich die Forscher hier für das sequenzielle Abspielen der einzelnen Hyänenstimmen. So gewährleisteten sie, dass die Zuhörer tatsächlich einzelne Stimmen auseinanderhalten und den Überblick bewahren konnten.

Vor allem Letzteres spielt bei der Verteidigung des Reviers eine wichtige Rolle: Sehen sich Hyänen nur wenigen Angreifern gegenüber, reagieren sie deutlich aggressiver. Sehen sie sich hingegen in der Unterzahl, ziehen sie sich eher zurück, um blutige Konflikte zu vermeiden. Hyänen leben also nicht nur in ähnlich strukturierten Sozialverbänden wie Primaten, sondern scheinen auch ähnliche kognitive Fähigkeiten zu haben, resümieren die Forscher. [263]

Die Teamplayer

Hyänen sind sehr intelligent und bewältigen Problemstellungen, die eine gemeinschaftliche Vorgehensweise erfordern, sogar schneller als Schimpansen.

Evolutionsanthropologin Christine Drea von der Duke University stellte ein in Gefangenschaft aufgewachsenes Hyänenpaar vor die Aufgabe, an zwei Seilen gleichzeitig ziehen zu müssen, um an Essen zu gelangen. Die Hyänen lösten dieses Problem in kurzer Zeit und ohne die dafür notwendigen Bewegungen zuvor eingeübt zu haben. Später zeigten sie diesen Trick sogar unerfahrenen Partnertieren.

Vor die gleiche Aufgabe gestellt, benötigen Schimpansen und andere Primaten in vielen Fällen ein Vorabtraining, um die Kooperation und Koordination untereinander zu erlernen und erfolgreich anzuwenden.

Aus ihren Tests schließt die Evolutionsanthropologin, dass die Kooperation zwischen zwei Individuen schwerer ist als bislang angenommen. Die auch in freier Wildbahn in Rudeln jagenden Hyänen seien jedoch ein exzellentes Beispiel für die Entstehung kooperativer Problemlösungsstrategien und die Evolution sozialer Intelligenz. [264]

Hyänengekicher verrät Persönliches

Warum kichern Hyänen? Dieser Frage sind Nicolas Mathevon von der Université de Saint-Etienne und Frédéric Theunissen von der University of California in Berkeley nachgegangen. Zusammen mit Kollegen haben sie das typische Lachen von Tüpfelhyänen aus einem Freigehege aufgezeichnet und statistisch analysiert.

Bisher glaubte man, dass das Kichern von Tüpfelhyänen Ausdruck der Unterwerfung eines rangniederen Tiers im Streit ums Essen ist, wenn also Kollegen oder Raubtiere wie Löwen ihnen frisch gerissenes Wild streitig machen.

Wie die Forscher beobachten konnten, lachen die Tiere aber auch, wenn ihnen die Pfleger einen Knochen oder Fleisch hinhielten, aber nicht gaben. Die Forscher interpretieren dieses Kichern naheliegend als Frustäußerungen.

Und auch als Hilferuf macht das Gelächter Sinn: Eine einzelne Tüpfelhyäne hat keine Chance, sich gegen den Futterraub durch Löwen zur Wehr zu setzen, eine Gruppen von Tieren jedoch schon. Da das bedrängte Individuum zudem mitteilt, um wen es sich handelt, können seine Kollegen entscheiden, ob sie dem Ruf folgen oder nicht. Das würde auch erklären, warum der Ruf kilometerweit zu hören ist, obwohl er in einer direkten Konfrontation abgegeben wird. [265]

Mama ist die beste Lehrerin

Erziehung ist Vorbild. Und was bei Menschen gilt, funktioniert ebenso bei Hyänen. So lernen Hyänenjunge von Mama, welche Rudelmitglieder sie unterfuchteln und dominieren können.

Eine internationale Gruppe von Forschern des Berliner Leibniz-Instituts für Zoound Wildtierforschung (IZW) und der Universität Sheffield ist der Frage nachgegangen, wie die Frauen der Tüpfelhyänen Rang und Status an den Nachwuchs weitergeben. Bisher glaubte man, dass dies über die Gene oder über mütterliche Sexualhormone geschehe. Von wegen.

Die Studie basiert auf Fällen von Adoption unter Hyänen in der Serengeti und dem Ngorongoro-Krater in Tansania. Die Forscher werteten eigene Beobachtungen aus mehr als 20 Jahren aus und wiesen die genetische Mutterschaft mit Hilfe der Molekulargenetik nach. „Adoptierte Tüpfelhyänen hatten als erwachsene Tiere immer einen ähnlichen Rang wie die Adoptivmutter", sagte Marion East vom IZW. „Im Gegensatz dazu bestand kein Zusammenhang zwischen dem Rang adoptierter Nachkommen und dem Rang der genetischen Mutter."

Die Ergebnisse zeigen, dass junge Tüpfelhyänen aufgrund des Verhaltens ihrer Mutter bei Auseinandersetzungen mit anderen Gruppenmitgliedern erkennen, wen sie dominieren können. Wenn sie erwachsen sind, verteidigen sie die erlangte Position. Pestalozzi hatte eben doch Recht. [266]

Erdmännchen erkennen Stimmen

Erdmännchen besitzen eine Fähigkeit, die bisher nur bei Primaten bekannt war: Sie können ihre Artgenossen anhand der Stimme unterscheiden. Das stellte die Universität Zürich bei einem Freilandversuch in der Kalahari-Wüste fest.

Erdmännchenverbände sind gut organisiert und teilen sich in drei Gruppen auf: Wächter, Jäger und Babysitter. Bisher ging man davon aus, dass die Tiere ihre Artgenossen zwar diesen drei Gruppen zuordnen, sie aber nicht genauer unterscheiden können. Simon Townsend von der Universität Zürich hat nun Erdmännchen nacheinander zwei unterschiedliche, aber vom gleichen Gruppenmitglied stammende Rufe vorgespielt. Die Lautsprecher standen dabei an zwei verschiedenen Orten – ein in der Realität somit unmögliches Szenario. Zusätzlich wurde ein realistisches Szenario durchgespielt, nämlich aus zwei Richtungen die Rufe von zwei unterschiedlichen Artgenossen. Nach Angaben der Wissenschaftler hatten die Erdmännchen auf das unrealistische Szenario, also auf ein und dasselbe Tier an gleichzeitig zwei Orten, viel stärker reagiert als auf die Rufe von zwei unterschiedlichen Tieren. Daraus folgert das Team um Simon Townsend, dass Erdmännchen die einzelnen Individuen anhand ihrer Stimmen unterscheiden können. [267]

Erdmännchen sind gute und einfühlsame Pädagogen

Lehrer, die sich aktiv um ihre Schüler kümmern, wurden bisher nur unter Menschen vermutet.

Jetzt haben die Zoologen Alex Thornton und Katherine McAuliffe von der englischen University of Cambridge Ähnliches auch bei einer Gruppe wilder Erdmännchen im Süden Afrikas beobachtet.

Die Tiere leben in Gruppen mit bis zu 40 Mitgliedern. Für den Nachwuchs in ihrer Gruppe sorgen regelmäßig nur ein dominierender Mann und seine Frau. Die Erziehung der Jungen wiederum fällt Helfern zu, wie Thornton und McAuliffe die anderen erwachsenen Tiere in der Gruppe nennen. Sie bringen den kleinen Erdmännchen bei, wie sie lebende Grashüpfer zu fassen bekommen oder Skorpione verspeisen können, ohne vom giftigen Stachel erwischt zu werden.

Auffallend ist, dass die Erdmännchen-Erzieher ihre Schüler nach und nach an größere Herausforderungen heranführen, schreiben die Forscher im Wissenschaftsmagazin „Science". Ähnlich überraschend stellten sie fest, dass die älteren Tiere ihre Aufgabe ohne eigenen Nutzen und unter persönlichen Opfern erfüllen. So nahmen sie es auf sich, giftigen Skorpionen den Stachel zu entfernen, bevor sie die Leckerbissen den Jungen zum Probieren vorlegten.

Damit seien die gängigen Kriterien für echtes Lehren erfüllt, erklären die Forscher. „Romantisch ausgedrückt könnte man sagen, dass der Erwachsene die Hilfsbedürftigkeit des Jüngeren erkennt", sagte Steven Hopp, Tierverhaltensforscher am Emory and Henry College in den USA. Hopp hält die Studie seiner beiden Kollegen aus Cambridge für einen „klaren und eindeutigen Fall von Lehrverhalten". Sie zeige, dass solche Strategien im Tierreich wahrscheinlich weiter verbreitet sind als bisher vermutet. [268]

Erdmännchen stehen gemeinsam auf

Elf Jahre lang beobachten britische Forscher um Alex Thornton von der University of Cambridge fünfzehn verschiedene Gruppen von Erdmännchen, die in enger Nachbarschaft lebten. Dabei stellten die Wissenshaftler fest, dass bei diesen sowohl Langschläfer – als auch Frühaufsteherkolonien gibt. Und an ihren Schlafvorlieben halten die Gruppen eisern fest. Selbst wenn sich ihre Territorien überlappten, blieben die Gruppen durch ihr jeweiliges soziales Zusammenspiel erkennbar. Trotz völlig gleicher Umweltbedingungen hatten diese Nachbargruppen jeweils verschiedene Schafrhythmen – es gab Gruppen notorischer Langschläfer ebenso wie Frühaufsteher oder auch Mischformen.

Die Schlafvorlieben erwiesen sich während der Untersuchungszeit als sehr konstant, obwohl sich inzwischen mehrere Generationen in der Gruppe abwechselten und auch häufig Tiere zwischen den Gruppen wechselten. Und auch die Einwanderer übernahmen schon nach kurzer Zeit das typische Aufstehverhalten in ihrer neuen Gruppe.

Die Erdmännchen zeigen damit dauerhafte Traditionen, die sozial weitergegeben werden, schreibt Thornton. Sie haben keine eigentliche Ursache, und keine Vorteile außer dem für das Zusammenleben in der Gruppe, ergänzt das Forscherteam. Die Bildung von in der Gruppe weitergegebenen Traditionen gilt als einer der Hauptfaktoren bei der Ausbildung der Kultur beim Menschen und führte letztlich zu allen kulturellen Unterschieden. Die Erdmännchen der Kalahari zeigten, dass auch in ihren Gruppen bereits feine Unterschiede in Sitten und Gebräuchen ihre Bedeutung haben. [269]

Mangusten integrieren Flüchtlinge behutsam und fürsorglich

Zwergmangusten bilden zutiefst gesellige Grüppchen. In Gemeinschaften von 10 bis 30 Mitgliedern durchstreifen sie unter Führung einer Frau ihre Reviere in den Savannenlandschaften Südostafrikas. Sie helfen sich gegenseitig bei der Fellpflege und übernehmen wechselseitige Aufgaben. Immer hält eine Manguste Wache, um im Notfall die anderen Kollegen, die mit Sammeln und Suchen beschäftigt sind, vor drohender Gefahr zu warnen. Wirklich schwer wird es für die sensiblen Zwergmangusten, wenn sie von der Gemeinschaft isoliert werden. Dann schlagen sich die Verstoßenen möglichst rasch zu einer anderen Mangustensippe durch, um dort um Asyl zu bitten.

Forscher um Andrew Radford von der University of Bristol hat nun interessiert, wie die auf Harmonie bedachte Mangusten-Gemeinschaft einen hungrigen Zuwanderer integriert. Sie beobachteten dafür neun Zwergmangusten-Gruppen mit insgesamt 165 Mitgliedern in Südafrika. Die Forscher zählten insgesamt 22 Emigranten und 28 Immigranten in den verschiedenen Sippen im Testareal. Für Zwergmangusten ist es eine Katastrophe, wenn sie aus ihrer Gemeinschaft verstoßen werden. Sie magern meist deutlich ab und sind fix und fertig, bevor sie sich bei einer neuen Gemeinschaft um Aufnahme bewerben. In der neuen Gruppe angekommen sind die Neuzugänge erstmal kein gänzlich akzeptiertes Gemeindemitglied. Erst nach einem Monat dürfen die Flüchtlinge regelmäßig den Job des Wächters bei der Nahrungssuche übernehmen, aber die alteingesessenen Zwergmangusten vertrauen dem Neuankömmling anfangs zunächst nur sehr zögerlich. Erst nach etwa fünf Monaten sind die Immigranten meist vollständig integriert, schieben Wachdienstschichten wie die anderen und werden beim Alarmschlagen ernst genommen. Immigranten haben gute Chancen, nach und nach zu einem wertvollen Mitglied der Gesellschaft zu werden. Offenbar gehen Mangusten bei der Integration geschickter vor als Menschen. Sie haben weder AFD noch Bahnhofsklatscher und es funktioniert trotzdem... Oder gerade deshalb. [270]

Warzenschweine und Mangusten traut vereint

Von wegen Hauen und Stechen. Das Erfolgsmodell der Evolution ist die Kooperation. Das wissen auch Warzenschweine und Mangusten.

In einem Nationalpark in Uganda machen sich Warzenschweine und Mangusten gegenseitig das Leben angenehm. Es waren diesmal keine Wissenschaftler, sondern Touristen, die im Queen-Elizabeth-Nationalpark in Uganda die erstaunlichen Beobachtungen machten: Völlig entspannt erlaubten Warzenschweine einem Clan von Zebramangusten, auf ihnen herum zu klettern, um nach Parasiten zu stöbern.

Der Experte Andy Plumptre von der Wildlife Conservation Society hat dieses Verhalten nun erstmals in einer Studie wissenschaftlich beschrieben. „Solche Partnerschaften zwischen verschiedenen Säugetierarten sind selten – und diese besondere Beziehung zeugt von einem hohen Maß an Vertrauen zwischen den beiden Teilnehmern", sagt Plumptre. „Man muss sich die Frage stellen, was sonst noch alles zwischen manchen Arten abläuft, das wir nur nicht sehen können, weil die Tiere zu scheu sind". [271]

Eine Liebe in Indien

In dem indischen Dorf Antoli im Distrikt Waghodia Taluka hat sich eine unglaubliche Freundschaft entwickelt. Jeden Abend taucht dort ein Leopard auf, der eine Kuh besucht.

Nachdem die Dorfbewohner Wildhüter darüber informiert hatten, dass der Leopard deshalb immer wieder das Zuckerrohrfeld aufsucht, fuhr Wildhüter Rohit Vyas mit dem Waldhüter H. S. Singh und den Wildtierspezialisten Manoj Thakkar und Kartik Upadhyay zu dem Dorf, um das zu überprüfen.

„Es war unglaublich. Sie kamen sich ganz nahe, und die Kuh leckte dem Leoparden völlig furchtlos Kopf und Nacken", berichtet Vyas. „Jede Nacht fingen die Hunde zu bellen an, wenn der Leopard zwischen 21.30 und 22.30 Uhr kam, um die offensichtlich auf ihn wartende Kuh zu besuchen."

Die Forstbehörde, die den Leoparden ursprünglich einfangen wollte, gab ihre Bemühungen auf, als sie von dieser Freundschaft erfuhr. Der Leopard habe, so Vyas, auch keinem anderen Tier im Dorf etwas zuleide getan. Die Dorfbewohner würden von seinen Besuchen sogar profitieren, weil seitdem andere Tiere davon abgehalten würden, die Getreidefelder zu beschädigen – der Ernteertrag sei deshalb um dreißig Prozent angestiegen. [272]

Gender Mainsteam in der Savanne

Im Moremi Game Reservat in Botswana gibt es fünf Löwinnen, die anders sind. Auf den ersten Blick könnte man sie für Männer halten. Sie haben eine Mähne und irgendwie so einen burschikosen Auftritt.

Die fünf Löwinnen gebärden sich immer mehr wie ihre männlichen Artgenossen. Vor allem eine von ihnen fällt Forschern besonders auf. Sie brüllt regelmäßig, hatte Sex mit anderen Frauen und hat sogar zwei Jungtiere getötet, so, wie es männliche Löwen manchmal tun.

Seit 2014 beobachtet ein Team von Biologen die fünf Löwinnen. Ein Zwischenbericht nach zwei Jahren Beobachtungszeit dokumentiert, wie sich die maskulinen Damen verhalten und verändern. Besonders auf eine der Löwinnen, die besagt männlichste von ihnen, haben sie sich im Laufe der letzten Jahre fokussiert und ihr den seltsamen Namen „SaF05" gegeben.

Die Löwin ist offensichtlich bisexuell und nähert sich Frauen und Männern an. Bereits sieben Mal konnten die Forscher beobachten, wie sie versuchte, Sex mit Löwenladys zu haben. Diese waren davon allerdings gar nicht begeistert. Sie markiert außerdem vermehrt ihr Revier und brüllt öfter als es Löwinnen normalerweise tun. Trotzdem zeigt sie aber auch typisch weibliche Züge, da sie auch Sex mit Männern hat und in ihrem Rudel bleibt.

Die Forscher vermuten eine Hormonstörung. Bei Löwen können sie sich so eine homophobe Vermutung noch erlauben. By the way: wo bleiben hier eigentlich die Proteste der Lesbenverbände gegen diese homophoben Interpretationen? [273]

Von wegen Bestien: Geschichten von Moral und Mitgefühl bei Raubtieren

Im Samburu-Nationalpark in Kenia hat eine Raubkatze ihr Mutterherz für ein Antilopenkälbchen entdeckt. Sie habe – ausgerechnet am Valentinstag – die kleine Oryx-Antilope adoptiert und nehme sie vor hungrigen Löwen in Schutz, sagte ein Aufseher des Parks. „Sie ist weiter bei dem Kälbchen, und das Kälbchen ist wohlauf", so der Aufseher.

Die Löwin wird von Aufsehern in ihren Bewachungsbemühungen unterstützt, da andere Löwen herumschleichen, um offensichtlich die kleine Antilope zu reißen. Am Freitag habe die Löwin die Mutterantilope an ihr Kälbchen zum Füttern gelassen, sie dann aber wieder verjagt.

Bereits im Januar hatte die Löwin ein Oryx-Antilopenkälbchen adoptiert. Auch damals hatte sie gelegentlich die Antilopenmutter zum Füttern an das Kälbchen herangelassen. Die beiden blieben zwei Wochen zusammen, ehe ein Löwe das Antilopenbaby tötete, als die Löwin an einem Fluss Wasser trinken war.

Der Chefaufseher des Parks sagte der Zeitung „Daily Nation", man sorge sich jetzt um die Ernährung des Antilopenkälbchens. Die Löwin lasse niemanden heran und habe auch die Jagd aufgegeben. [274]

Die Schuldgefühle einer Mutter

Während einer geführten Safari im Madikwe Reservat wurden der Fotosafari-Guide Gerry Van Der Walt und seine Gruppe Zeugen eines außergewöhnlichen Zwischenfalls, der offenbar, dass Raubtiere eben doch nicht die gewissenlosen Killer sind, als die sie die meisten sehen.

Die Gruppe beobachtete eine Löwin, die gerade mit Appetit eine tote Antilope verspeiste. Doch plötzlich bemerkte die Löwin, dass ihre Beute schwanger gewesen war. Als sie nämlich die inneren Organe der Antilope aß, erblickt sie das Ungeborene und erschrak sichtlich.

Gerry erinnert sich: „Die Löwin half quasi bei der Geburt der Antilope und legte die junge Antilope vorsichtig auf den Boden. Sie verbrachte eine geraume Zeit damit, die Antilope zu beschnüffeln und zu untersuchen."

Nachdem die Löwin festgestellt hatte, dass das Ungeborene bereits tot war, legte sie seinen Leichnam hinter einen Busch. Sie verharrte in unmittelbarer Nähe der Sträucher. Die erwachsene Antilope rührte sie nicht mehr an. Die Löwin sah traurig aus. „Sie kehrte zurück und legte das Jungtier erneut auf den Boden, sah sich immer um und schien sehr nervös und angespannt zu sein, so als ob von irgendwo Gefahr drohe", sagte Gerry. „Sie stupste die junge Antilope wieder und wieder mit der Nase an. Dann hob sie sie an, als ob sie eines ihrer eigenen Kinder wäre."

Die Gruppe konnte beobachten, wie sie das Jungtier wieder zurück hinter die Sträucher trug und es vorsichtig im dichten Gras ablegte, so als ob sie es begraben wolle. „Sie stupste es noch ein paarmal an und schien immer noch sehr angespannt, so als ob sie entweder Hilfe oder Gefahr erwartete", so der Reiseführer. Die Löwin blieb neben der toten Mutterantilope liegen und traute sich nicht, sie zu verlassen. [275]

...und noch mehr moralische Löwen

Weltweite Aufmerksamkeit löste erst kürzlich eine Gruppe äthiopischer Löwen aus, die ein zwölfjähriges Menschenmädchen aus den Fängen ihrer Entführer befreiten und solange beschützten, bis die Polizei kam. Die Männer hatten das Kind sieben Tage lang festgehalten, dann kamen die Löwen dem Mädchen zur Hilfe und verjagten die Entführer. Medienberichten zufolge passten die Tiere anschließend auf das Mädchen auf, bis die Polizei das Kind in ihre Obhut nahm.

Das Kind sei von seinen Entführern wiederholt geschlagen worden, sagte ein Polizeisprecher. „Die Löwen haben sie bewacht und sie dann einfach wie ein Geschenk zurückgelassen." Wenn die Tiere nicht gekommen wären, hätten die Männer das Mädchen wahrscheinlich vergewaltigt und zwangsverheiratet, hieß es weiter. „Alle glauben, es ist ein Wunder, weil die Löwen normalerweise Menschen angreifen", so der Sprecher. Biologen erklärten, wahrscheinlich habe das Weinen des Mädchens für die Löwen wie das Schreien eines Welpen geklungen. Als ob Löwen blöde wären... [277]

Historische Tötungsverweigerer

Aus dem Zoo Schönbrunn berichteten Besucher im Jahre 1806: Der bengalische Tiger wird normalerweise mit Schlachtfleisch gefüttert, aber wenn er seine Krankheit hat (eine Art Augenentzündung), gibt man ihm lebende Jungtiere, deren warmes Blut heilend wirkt. Vor ein paar Wochen warf man ihm einen jungen Metzgerhund hin... Als der Hund sich von seinem ersten Schrecken erholt hatte, näherte er sich dem Tiger und leckte ihm die Augen, was dem Tiger so wohl tat, dass er seine Gier nach frischem Fleisch vergaß und den Hund nicht nur verschonte, sondern ihn aus Dankbarkeit zärtlich liebkoste ... Seit diesem Moment leben die Tiere in inniger Vertrautheit zusammen, und der Tiger wartet stets, bis sein Gefährte sich an den besten Bissen gelabt hat, ehe er seine Nahrung anrührt." [274]

„Ein Tiger, dem man ein junges Zicklein gegeben hatte, fastete zwei Tage lang, ohne es anzurühren; am dritten Tag, als der Hunger übermächtig wurde, verlangte er so ungestüm nach Nahrung, dass er den Käfig zerbrach, in dem er eingesperrt war: Das Zicklein rührte er auch jetzt nicht an." Plutarch [278]

Amur und Timur
Tiger und Ziege befreunden sich

In einem Zoo nahe der russischen Hafenstadt Wladiwostok lebten 2016 monatelang der Tiger Amur und die Ziege Timur zusammen in einem Gehege. Timur war dem Tiger als Lebendfutter serviert worden. Doch offenbar brachte Amur es nicht übers Herz, die Ziege zu töten und zu essen. Stattdessen freundeten sich die beiden an. Der Ziegenbock folgte der Raubkatze auf Schritt und Tritt. Timur übernahm dabei die Oberhand und übernachtete in dem Holzunterstand des Tigers, während Amur auf dem Dach seines Zuhauses nächtigte.

Leider hat die Geschichte kein Happy End. Die beiden Tiere sind nach Monaten der Freundschaft nämlich in Streit geraten. Amur, der Tiger, hat Timur, die Ziege, am Genick gepackt und von einem Hügel im Gehege geschleudert. Dabei war allerdings nicht das Raubtier mit Amur durchgegangen, sondern es lagen bei ihm nur die Nerven blank. Denn Timur habe seinen WG-Partner eine Stunde lang mit den Hörnern gestoßen und mit den Hufen getreten, sagte der Zooleiter Dmitri Mesenzew. „Ich bewundere in dieser Situation die Geduld von Amur, der so lange nachsichtig mit dem frech gewordenen Timur war." Irgendwann ist Amur dann wütend geworden und hat sich gewehrt. Dabei hat er die Ziege gepackt wie eine Tigermama dies bei einem aufsässigen Tigerkind tun würde. Der behandelnde Tierarzt Alexej Anossow sprach von Wunden, die „ziemlich schwer" seien. Doch sie zeigten auch, „dass der Tiger die Ziege nicht töten, sondern zurechtweisen wollte". Für Timur war dies allerdings zuviel. Er trug einen Schock davon und gefährliche Wunden, die schließlich in einer Moskauer Klinik auskuriert wurden.

Mit diesem Zwischenfall war dann die Freundschaft auch zu Ende, mittlerweile leben beide mit Artgenossen zusammen. Zoodirektor Dmitri Mesenzew sah die Freundschaft als Beweis, dass „unterschiedliche Arten friedlich koexistieren können". [279]

Die Rache des Tigers

Seine Geschichte wurde zur Romanvorlage und sogar verfilmt. Sie spielt in Primorjes in Sibirien, dem Reich des Amur-Tigers. 1997 nahm dort ein Tiger Rache an Wilderern. Juri Trusch, der die „Inspektion Tiger" leitet, wird ins abgelegene Bikin-Tal gerufen. Seine bewaffnete Einheit soll in der Region Primorje das Überleben der letzten Großkatzen sichern, doch diesmal geht es nicht um einen ermordeten Tiger, sondern um einen Mann. Als die Männer das kleine Dorf Sobolonje und die Jagdhütte des Wilderers Vladimir Markov erreichen, erwartet sie dessen verstümmelte Leiche.

Juri Trusch untersucht die Spuren näher und merkt, dass sich der Tiger eine ganze Zeit lang um die Hütte herumgetrieben hatte, vielleicht sogar einige Tage. Der Tiger hat nicht wahllos Menschen gejagt. Er hat Markov aufgelauert. Die Spuren sprechen eine deutliche Sprache. „Der Tiger hat nachts immer wieder die Hütte umkreist, hier etwas zerstört, dort etwas abgerissen, Blut an die Tür geschmiert, hier und da seinen Kot abgelassen. Im Grunde sagte er damit: Das gehört jetzt mir. DU gehörst jetzt mir", erzählt John Vaillant, der Autor des Dokumentar-Thrillers „Der Tiger. Auf der Spur eines Menschenjägers.

Markov schießt bei einer Gelegenheit auf den Tiger und vertreibt ihn dadurch erst einmal. Vielleicht ahnt er nun bereits, dass damit sein Todesurteil gefällt ist. Wie auf einer bizarren Abschiedstournee besucht Markov seine weit verstreut lebenden Nachbarn, bleibt aber nie lange, um keinen zu gefährden. Er schafft es nicht mehr bis nach Hause. „Das Gesetz des russischen Dschungels lautet: Wirst du von einem Tiger getötet, weil du versucht hast, ihn zu erschießen, ist das nur die Quittung", so Vaillant. „Das ist gerecht. Das ist der Ausgleich. In so einem Fall würde man den Tiger nicht mal verfolgen."

Doch der Tiger verschwindet nicht. Ums Dorf werden Spuren gefunden, ein Toilettenhäuschen wird verwüstet. In den Wald wagt sich niemand mehr. Außer einem – und der kommt nicht zurück. Die „Inspektion Tiger" findet nur noch die Kleider des zweiten Opfers. Der Tiger wollte den Unglücklichen nicht einfach fressen, er wollte ihn auslöschen. „Dieser Tiger wechselte seine Methoden, seine Kost, seine ganze Aufmerksamkeit innerhalb einer Woche von Waldtieren zu Menschen und ihrem Besitz, ihren Siedlungen und Hütten", sagt Vaillant. „Der Tiger entwickelte blitzartig eine völlig neue Kompetenz. Mit jedem neuen Angriff kannst du ihm dabei zusehen, wie er seine Technik weiterentwickelt. Ziemlich gruselig."

Die Menschen mit ihren Waffen sind doch stärker als der Tiger. Er wird erschossen. Man findet dutzende Kugeln in seinem Leichnam, schon mehrfach war er in seinem kurzen Leben bereits angeschossen worden. Und dafür hatte er Rache genommen an denen, die ihm den Platz als Herrscher der Taiga streitig machen wollten. [280]

Der Blick in die Zukunft

Der in einem Pflegeheim im US-Staat Rhode Island lebende Kater „Oscar" fasziniert das medizinische Personal mit einer besonderen Fähigkeit: Er scheint den Tod von Patienten vorauszusagen, indem er sich in deren letzten Stunden neben sie legt. In 25 Fällen traf seine „Vorhersage" bislang zu. Das Pflegepersonal ist inzwischen dazu übergangen, die Angehörigen zu verständigen, wenn sich der Kater zu einem Patienten gelegt hat. Denn das bedeutet in der Regel, dass der Kranke nur noch weniger als vier Stunden lebt.

Der zwei Jahre alte Kater wurde als Kätzchen adoptiert und wuchs in der Abteilung für Demenz des Pflege- und Rehabilitationszentrums Steere House auf. Nach etwa sechs Monaten fiel den Pflegern auf, dass „Oscar" in dem Heim seine eigenen Runden machte, ganz wie die Ärzte und Krankenschwestern. „Oscar" scheine seine Arbeit ernst zu nehmen, meint Dr. David Dosa von der Brown University in Providence im „New England Journal of Medicine". Ansonsten halte der Kater eher Distanz. „Er ist keine Katze, die sich besonders zu Menschen hingezogen fühlt." „Oscar" könne den Tod besser vorhersagen als die Menschen, die in dem Pflegeheim arbeiten.

Für Kleintierexperten wie Thomas Graves von der University of Illinois sind „Oscars" Fähigkeiten nichts Außergewöhnliches. „Katzen können das", sagte der Veterinär. „Hunde und Katzen können wahrscheinlich Dinge erspüren, die wir überhaupt nicht bemerken." [281]

Elefanten trösten sich gegenseitig

Elefanten empfinden Mitleid und können sich in die Gefühle anderer hineinversetzen. Artgenossen in Angst werden getröstet. Dies haben Beobachtungen von Joshua Plotnik und Frans de Waal vom Yerkes Primate Research Center in Atlanta ergeben. Eine solche Empathie war unter Tieren bisher nur von Menschenaffen, Hunden und einigen Krähenvögeln bekannt.

Die beiden Forscher wollten wissen, wie es bei Elefanten um das Mitleid bestellt ist. Ein Jahr lang beobachteten die Wissenschaftler 26 Asiatische Elefanten, die in einem Wildpark in Thailand unter halbnatürlichen Bedingungen gehalten werden.

Die Tiere leben in Gruppen zusammen und wandern den Tag über weitestgehend ungestört im Park herum. Essen und Baden finden an einem zentralen Ort statt und nachts werden sie von Mahouts in Unterstände gebracht.

Die Forscher beobachteten von Hochständen aus, wie die Elefanten reagierten, wenn einer von ihnen in Stress geriet. Die anderen Gruppenmitglieder reagieren meist unverzüglich, wenn einer aus ihren Reihen beispielsweise durch einen vorbeilaufenden Hund, eine Schlange oder die Anwesenheit eines angriffslustigen Artgenossen verängstigt wird. „Wenn ein Elefant Angst hat, spreizt er seine Ohren ab, sein Schwanz stellt sich auf und er stößt ein tiefes, niederfrequentes Grummeln aus oder trompetet", beschreibt Plotnik die typische Stressreaktion.

Und diese Angst berührt die Kumpane. Sie eilen zu ihrem gestressten Kameraden, berühren ihn mit dem Rüssel oder stecken ihm diesen sogar in den Mund. Wie die Forscher erklären, ist dies eine Art Umarmung nach Elefantenart: „Sie begeben sich damit in eine sehr verletzliche Position, denn sie könnten gebissen werden", sagt Plotnik. „Damit übermitteln sie ihrem Artgenossen wahrscheinlich das Signal: Ich bin hier um dir zu helfen und keine Bedrohung."

Gleichzeitig gaben die tröstenden Elefanten oft besondere Laute von sich, einen hohen, zirpenden Ton. „Ich habe diese Form der Vokalisation nie gehört, wenn ein Elefant alleine war", berichtet Plotnik. Er vermutet, dass dieser Laut den andern Elefanten beruhigen soll, ähnlich wie wir Menschen mit besonderen Tönen und Worten unsere Kinder trösten.

Und auch eine Art emotionale Ansteckung konnten die Forscher beobachten: Bemerkte eine Gruppe Elefanten, dass ein nahebei stehender Artgenosse Angst oder Stress hatte, rückten sie instinktiv näher zusammen und berührten einander beruhigend. Alles in Ordnung, ich bin ja da. [282]

Eine hilfsbereite Mutter

Forscher beobachteten während der Regenzeit in Kenia eine schwarze Spitzmaulnashorn-Mutter und ihr Junges auf einer Lichtung, auf der man Salz ausgestreut hatte, um Tiere anzulocken. Nachdem die Tiere etwas von dem Salz geleckt hatten, ging die Mutter weiter, doch ihr Junges war im tiefen Schlamm steckengeblieben. Es begann zu schreien, seine Mutter kehrte zurück, beschnüffelte und untersuchte es und eilte dann zurück in den Wald. Das Kalb fing wieder zu schreien an, die Mutter kehrte zurück und zeigte sich so hilflos wie zuvor. Entweder die Mutter begriff nicht, was geschehen war, denn ihr Kalb war nicht verletzt, oder sie wusste nicht, was sie tun sollte.

Eine Elefantengruppe erreichte die Salzlecke. Die Nashornmutter griff den Leitbullen an, der auswich und zu einer anderen Salzlecke ging, die etwa dreißig Meter entfernt von dem Rhinozerosbaby lag. Beruhigt kehrte die Nashornmutter zur Nahrungssuche in den Wald zurück. Ein ausgewachsener Elefant mit langen Stoßzähnen näherte sich dem Kalb, tastete es mit seinem Rüssel ab. Dann kniete der Elefant nieder und versuchte seine Stoßzähne unter das Kälbchen zu schieben, um es herauszuheben. Als er das tat, kam die Mutter aus dem Wald angeschossen, so dass der Elefant zurückwich und zu der anderen Salzlecke zurückging. Über mehrere Stunden versuchte der Elefant immer dann, wenn die Rhinozerosmutter in den Wald zurückgekehrt war, das Kalb aus dem Schlamm zu ziehen, doch jedesmal eilte die Mutter herbei, um ihr Kind zu beschützen, und der Elefant gab schließlich auf.

Die Elefanten zogen weiter. Ein Happy End gab es trotzdem: Am nächsten Morgen gelang es dem Kalb, sich mit eigener Kraft aus dem angetrockneten Lehm zu befreien und zu seiner wartenden Mutter zu eilen. [283]

Elefanten erkennen Menschen an der Stimme

In Kenia gibt es häufiger Konflikte zwischen Elefanten und den dort lebenden Massai. Vor allem erwachsene Männer des Hirtenvolks vertreiben die Elefanten von Siedlungen oder Wasserstellen – auch mit Gewalt. Die Elefanten haben sich ihre Feinde gemerkt. Aber nicht nur das: An der Stimme eines Menschen erkennen sie Alter, Geschlecht und Volkszugehörigkeit und können daraus Gefahren ableiten.

Im Amboseli-Nationalpark in Kenia spielten Karen McComb und Graeme Shannon von der University of Sussex 47 freilebenden Elefantenfamilien 142 Hörproben mit immer dem gleichen Inhalt vor: „Guck, guck, dort drüben kommt eine Gruppe Elefanten." Die Sprecher unterschieden sich in Alter und Geschlecht und gehörten entweder zur Volksgruppe der Massai oder zu der der Kamba – jede Ethnie sprach in der Aufnahme ihre jeweilige Muttersprache.

Die Reaktion der Elefanten auf die Aufnahmen war eindeutig: Auf Stimmen männlicher Massai reagierten die Elefanten besonders ängstlich, zogen sich zurück, suchten Schutz in der Herde und versuchten, die drohende Gefahr über ihren Hör- und Geruchssinn genauer zu identifizieren. Auf Tonaufnahmen männlicher Kamba, denen die Tiere in der Regel nicht begegnen, reagierten sie deutlich entspannter. Die Beobachtung legt nahe, dass Elefanten Sprachen unterscheiden können. Zusätzlich zeigt das Experiment, dass die Dickhäuter auch Alters- und Geschlechtsunterschiede zwischen Personen der gleichen Volksgruppe bemerken. Auf weibliche Massaistimmen reagierten sie ähnlich ruhig wie auf männliche Kambastimmen. Auch beim Klang der Stimme von Massaijungen blieben sie in der Regel gelassen.

In einer anderen Studie im Amboseli-Nationalpark wurde bereits 2007 gezeigt, dass kenianische Elefanten Massaimänner als Gefahr betrachten. Sie identifizierten ihren menschlichen Gegner an den typisch roten Massaigewändern und am Geruch. [284]

Der Elefant vergisst nie

Haben Elefanten tatsächlich ein „Gedächtnis wie ein Elefant"? „Ja", sagt die Verhaltensforscherin Marion East vom Berliner Leibniz-Institut für Zoo- und Wildtierforschung (IZW) klipp und klar. „Alle Forschungsergebnisse deuten darauf hin, dass diese Tiere wirklich ein sehr gutes Gedächtnis haben. Und zwar aus einem ganz einfachen Grund: Sie sind darauf angewiesen, um zu überleben."

Elefanten haben tatsächlich ein „Elefantengedächtnis". Sie können sich besser an Vergangenes erinnern als Menschen. Die ungewöhnliche Gesellschaftsstruktur der Elefanten und ihre extrem lange Lebenserwartung von knapp 90 Jahren wurden als ursächlich für das enorme Gedächtnis der Elefanten ausgemacht. Elefanten leben in sogenannten Fission-Fusion-Gesellschaften, die Mitglieder einer Gruppe bleiben nicht ständig zusammen. Immer wieder trennen sie sich und gehen eigene Wege. Wenn sich die ehemaligen Gruppenmitglieder dann irgendwann, nach Jahren oder gar Jahrzehnten, wieder begegnen, ist es sehr vorteilhaft, wenn sie sich sofort erkennen.

Während viele Menschen jedoch Schwierigkeiten haben, in einem solchen Fall einen alten Bekannten spontan korrekt einzuordnen, ist das für Elefanten kein Problem. Besonders gut ist dabei das akustische Erinnerungsvermögen ausgeprägt. Aber auch der ausgezeichnete Geruchssinn der Elefanten ist mit dem Gedächtnis gekoppelt. „Sie können beispielsweise verschiedene Menschengruppen an ihrem Geruch erkennen – und so diejenigen meiden, die ihnen nicht wohl gesonnen sind", berichtet East.

Einmal gelernt, bleiben solche Verbindungen offenbar ein Leben lang im Gedächtnis. Deshalb sind auch die alten Anführerinnen so wichtig für eine Gruppe. „Sie und ihre Erfahrungen spielen eine Schlüsselrolle für das Überleben der Gruppe", betont East. Gruppen mit älteren Matriarchinnen profitieren vom Wissen ihrer Anführerinnen, denn diese können sie zielsicher zu Wasserstellen führen, die unter ähnlichen Umständen in der Vergangenheit auch während der Dürre Wasser enthalten haben. [285]

Elefanten
befreien Antilopen

Naturschützer in Südafrika wurden 2003 in einem Privatpark Zeugen eines heldenhaften Einsatzes: Sie hatten eine Herde von Antilopen für eine Umsiedlung zusammen getrieben, als sich plötzlich elf Elefanten dem Gatter näherten.

Doch anders als erwartet, war die Gruppe nicht am Futter der Antilopen interessiert. Es waren Tierbefreier, die da anrückten. Die Leitkuh näherte sich dem Tor des Zauns und öffnete es vorsichtig mit dem Rüssel.

„In dem Moment merkten die Umstehenden, dass das keine Aktion für Futterdiebstahl werden sollte, sondern in der Tat eine Befreiungsaktion war", sagte einer der Naturschützer.

Die Elefanten sahen den Antilopen beim Verlassen des Gatters zu und trotteten dann ebenfalls davon. Mission erfüllt. [286]

Verletzte Elefanten wissen, wo ihnen geholfen wird

Der David Sheldrick Wildlife Trust (DSWT) betreibt das Ithumba Reintegration Centre in Kenia. 2015 tauchten dort einige wilde Elefanten auf, die mit vergifteten Pfeilen verwundet worden waren. Sie waren durch die afrikanische Wildnis dorthin gewandert, da sie offenkundig wussten, dass sie dort Hilfe finden können.

Keiner der verletzten Elefanten war zuvor im Ithumba Reintegration Centre gewesen. Jedoch hatte einer der Elefanten zuvor mit zwei Elefantendamen ein Verhältnis, die als Waisen im Zentrum aufgezogen worden waren. Der DSWT war sich sicher: das bedeutete, der Elefant verstand, dass dies ein sicherer Ort sein würde, weil es ihm von anderen Elefanten mitgeteilt worden war. Er wusste es quasi vom Hörensagen.

Ein Sprecher des DSWT sagte: „Wir sind sicher, dass Mwendes Vater wusste, dass sie, wenn sie zu den Palisaden zurückkehren würden, die Hilfe und Behandlung bekommen würden, die sie brauchten. Das ist mit allen verletzten Bullen hier im Norden so; sie alle kommen nach Ithumba, wenn sie in Not sind, und verstehen, dass ihnen hier geholfen werden kann."

Das Veterinärteam des Centers betäubte die Elefanten, entfernte in einem zweistündigen Eingriff alle Pfeile, und versorgte die Wunden. [287]

Wale können wie Menschen sprechen

Dass Wale singen, ist mittlerweile bekannt. Männliche Buckelwale singen auch gern mal was Neues, um die Damen zu beeindrucken. Mit manchen Liedern landen sie sogar regelrechte Unterwasserhits, die sich dann durch den Ozean verbreiten „Die Lieder starteten in einer Population, die an der Ostküste Australiens lebt und wanderten dann – nur die Lieder, nicht die Wale – bis nach Französisch-Polynesien", schildert Ellen Garland von der australischen Universität Queensland.

Pottwale kommunizieren in Dialekten und grenzen sich dadurch von Artgenossen anderer Gruppen ab. Sie lernen ihre Lautfärbung besonders häufig von Tieren, die sich ähnlich wie sie verhalten und schließen sich dann mit ihnen zusammen, schreibt Maurício Cantor von der Universität Dalhousie im kanadischen Halifax. Auch Blauwale sprechen Dialekt, je nachdem, in welcher Ecke des Ozeans sie zu Hause sind. Die Populationen haben unterschiedliche Kombinationen von Takt, Klangfarben und Tonhöhen. Die Blauwale des Ostpazifiks sind gewissermaßen die Oberbayern der Weltmeere. Die Tiere kommunizieren dort mit „tiefen, pulsierenden Klängen, gefolgt von einem Ton", erklärt David Mellinger von der Oregon State University.

Neuerdings fangen Wale auch an, mit Menschen zu sprechen und ahmen deren Tonfolgen nach. Einem Beluga namens Noc ist es gelungen, die menschliche Stimme zu imitieren. Der Weißwal lebte 15 Jahre im Becken der National Marine Mammal Foundation in San Diego. Wissenschaftler vermuten, dass er mit Menschen in Kontakt treten wollte – denn solche Geräusche sind für die Tiere ziemlich anstrengend. Wale produzieren ihren Gesang über ihre Nase und nicht wie Menschen über den Kehlkopf. Eine tiefe Tonlage und einen Rhythmus wie ein Mensch zu imitieren, ist für einen Wal mit immensem Aufwand verbunden. Meeresbiologen um Sam Ridgway vermuten: „So eine offensichtliche Anstrengung legt nahe, dass er in Kontakt treten wollte."

Auch Orcas können sprechen lernen. Sie imitieren dabei menschliche Laute, zeigt eine neue Studie. Ein Team um José Abramson von der Pontificia Universidad Católica de Chile (Santiago) hatte mit der 14-jährigen Schwertwalfrau Wikie aus einem französischen Aquarium Sprachexperimente gemacht und Wikie bekannte und unbekannte Geräusche vorgespielt. Einige kamen vom Tonband, einige wurden Wikie live vorgemacht. Schnell lernte sie, Wörter wie „Hello", „One, two" und „Bye-bye" zu bilden, bei manchen Geräuschen schaffte sie es auf Anhieb, sie nachzuahmen. [288] [289] [290]

Belugaafrau lernt Fremdsprache:
Sie spricht Delfinisch

In einem Delfinarium auf der Krim lernte 2013 ein 4jähriger Belugawal, Delfinisch zu sprechen. Der Weißwal war in das Delfinarium zu mehreren Delfinen gebracht worden. Allmählich hörte er auf, seine eigene Sprache zu sprechen und kopierte stattdessen die Sprache der Delfine.

Nach zwei Monaten sprach die Walfrau nur noch „Delfinisch", berichteten Elena Panova und Alexandr Agafonov von der Russischen Akademie der Wissenschaften. Die Meeresbiologen sammelten insgesamt 90 Stunden Audiomaterial, analysierten die Gespräche und verglichen sie mit denen ihrer Mitbewohner. Dabei stellten sie fest, dass nur der Belugawal die Delfine nachahmte, umgekehrt konnten sie nur ein einziges Mal feststellen, dass ein Delfin einen Ruf erzeugte, der dem des Beluga zumindest ähnelte.

Die Belugafrau imitierte sogar die individuellen Pfeiftöne, mit denen sich die Delfine jeweils beim Namen rufen. Die Wissenschaftler zweifeln, ob die Weißwalfrau auch versteht, was sie da sagt. Wahrscheinlich versuche sie sich lediglich durch die Lautnachahmung an die andere Art anzupassen, sozialen Kontakt und Anschluss zu finden und diesen zu stärken. Typisch Mensch: immer von sich auf andere schließen. Nur weil wir die Pfiffe nicht verstehen, muss das nicht zwingend auf die Wale zutreffen. [291]

Vom Ende des Privateigentums – Orcas auf Enteignungstour

Sie sind knallhart. Sie sind gefährlich. Und sie wissen, was sie tun: Jack the Stripper und seine Gang. Zehn Köpfe zählt die Bande, die vor der Küste Alaskas herumlungert, bis sie am Geräusch des Motors hört, dass ein Fischerboot einen Gang herunterschaltet.

Das Geräusch ist für die Tiere das Startsignal, denn es bedeutet: Die Fischer haben einen Schwarm Kabeljaufische gefangen. Und die Bande schlägt zu und holt die Fische aus den Netzen.

Leider ist die Aktion nicht gemeinnütziger Natur. Der Mundraub ist für die Pottwale die einfachere Alternative, statt in der Tiefsee nach Tintenfischen zu jagen.

„Die Viecher sind schlau", sagt Stephen Rhoads, der seit mehr als 20 Jahren vor Alaska als Kapitän eines Fischerbootes arbeitet, im britischen Fernsehen. „Jedes Jahr werden sie besser darin, unseren Fisch zu stehlen."

In den 1990er-Jahren ging es los mit den Angriffen, Jahr für Jahr schließen sich mehr Pottwale den Raubzügen an. Das „South East Alaskan Sperm Whale Avoidance Project" (Seaswap) – die „Soko Wal" vor Alaska – sammelt und archiviert Daten und Täterfotos von den Mitgliedern der Gang. Bekannt sind neben den zehn „Bad Boys", die am häufigsten den Fischern auflauern, inzwischen 110 weitere Täter. Die Experten gehen sogar von mindestens 235 Pottwalräubern aus.

Und jedes Jahr werden die Wale erfolgreicher. Schließlich finden die Wale vor den Küsten ein Mentorenprogramm vor. Die Alten bringen den Jungen das Flossenwerk bei, wie man erkennt, in welchem Gang ein Fischerboot fährt, wie man ein volles Netz am effizientesten ausräubert – und dass man nichts zu befürchten hat. [292]

Pottwale adoptieren
verkrüppelten Delfin

Biologen haben vor den Azoren eine Gruppe Pottwale beobachtet und wurden Zeugen eines erstaunlichen Umstands. Die Verhaltensökologen Alexander Wilson und Jens Krause vom Leibniz-Institut für Gewässerökologie und Binnenfischerei (IGB) entdeckten unter den Pottwalen einen behinderten Delfin, den die Pottwale offensichtlich unter ihre Fittiche genommen haben. Die Wale behandeln den Tümmler mit verkrümmtem Rücken wie ein eigenes Kind.

Über mehrere Tage beobachteten die Forscher, wie der Große Tümmler in der Gruppe von Pottwalen mitschwamm. Der Delfin suchte den Kontakt zu den Meeresriesen und positionierte sich sogar direkt vor dem gigantischen Mund einer ausgewachsenen Pottwalfrau, so wie es Pottwalbabys und -kinder tun. Auch die Pottwale suchten Körperkontakt zu dem ungewöhnlichen Gruppenmitglied mit der verkrümmten Wirbelsäule.

„Diese Tiere tolerieren den Delfin. Das ist erstaunlich, denn Pottwale wurden bisher noch nie in freundlicher Interaktion mit anderen Arten beobachtet", so Wilson. Die Forscher vermuten, dass sich der Delfin wegen seines Handicaps der Pottwal-Gruppe angeschlossen hatte. In den Gewässern der Azoren gibt es zwar kaum Feinde für Große Tümmler, aber vielleicht gestaltete sich das Zusammenleben mit anderen Tümmlern für den Behinderten schwierig.

Die Motivation der Pottwale, den Artfremden in ihre Clique aufzunehmen, ist dagegen unklar. „Man sollte nicht so weit gehen und von Mitleid sprechen – wir vermuten, dass die Großsäuger vielleicht einfach die Aufmerksamkeit des Delfins genießen", vermutet Wilson. Eine außerordentlich narzisstische Deutung der Beziehung. Spricht da ein Schelm von sich?
293

Delfine vergessen die Namen ihrer Freunde nie

Auch bei den Delfinen tragen die einzelnen Personen Namen. Sie rufen eine ganz persönliche, von Individuum zu Individuum unterschiedliche Abfolge von Pfeiflauten und signalisieren damit ihre eigene Identität.

In ihrer Jugend lauschen die Meeressäuger den Geräuschen in ihrer Umgebung und entwickeln im Laufe der Zeit daraus ein eigenes, neues Muster an Pfeiflauten: ihren Namen. Aufnahmen zeigen, dass etwa die Hälfte aller Pfeiflaute der Delfine aus diesen Signaturpfiffen besteht. Die Individuen rufen also regelmäßig ihren Namen ins Meer hinaus. Aber das ist nicht alles: Die Forscher beobachteten auch, dass diese Signaturpfiffe gelegentlich von anderen Artgenossen imitiert werden.

Stephanie King von der University of St. Andrews und ihre Kollegen wollten herausfinden, was es mit diesen kopierten Namenspfiffen auf sich hat, da die Funktion dieser Pfiffe bisher unklar war.

Die Auswertungen ergaben, dass die Pfiffkopien vor allem unter den Delfinen vorkamen, die in einem engen Verhältnis zueinanderstanden, zum Beispiel Mütter und ihre Kinder. In zwei Fällen imitierten auch Delfinmänner den Namenspfiff eines anderen Mannes, mit dem sie oft ihre Zeit verbrachten. Interessanterweise änderten die nachahmenden Delfine die Pfiffe ihrer Artgenossen immer ein klein wenig ab: „Die Kopien hatten beispielsweise eine etwas höhere oder niedrigere Frequenz als das Original", berichten die Forscher. Manchmal setzten die Delfine auch Bruchstücke ihres eigenen Erkennungspfiffs mit ein. Offenbar wollten sich die Delfine nicht als jemand anders ausgeben. Nach Ansicht der Wissenschaftler handelt es sich daher bei den nachgeahmten Signaturpfiffen der Delfine tatsächlich um eine Art „beim Namen rufen".

Doch was passiert, wenn sich die Delfine nach einiger Zeit trennen? Behalten die Delfine die Namen ihrer Freunde und Verwandten im Gedächt-

nis? Immerhin behalten die Delfine ihren individuellen Namen ein Leben lag bei.

Der US-amerikanische Wissenschaftler Bruck führte für seine Studie Tests mit 63 Delfinen durch. Er berücksichtigte dabei Beziehungen von drei Monaten bis 18 Jahren. Die Dauer der Trennung betrug mindestens sechs Monate. Die längste Trennung, die Bruck erfasste, erstreckte sich über einen Zeitraum von 20,5 Jahren.

Dann spielte der Wissenschaftler über einen Unterwasserlautsprecher den Delfinen zunächst die Pfiffe unbekannter Delfine vor und tat dies so lange, bis sich diese langweilten. Dann ließ er einen weiteren unbekannten Pfiff folgen oder aber den Signaturpfiff eines alten Bekannten.

Und tatsächlich: Ertönte der Name eines alten Kumpels fiel die Reaktion drastisch stärker aus. Dabei war es überraschenderweise egal, wie lange die Tiere früher Kontakt hatten, ob sie verwandt waren und wie lange sie getrennt gewesen waren – selbst die über 20-jährige Trennung schien die Erinnerung an den vertrauten Signaturpfiff nicht beeinträchtigt zu haben.

Da Delfine in freier Wildbahn eine Lebenserwartung von etwa 25 Jahren haben, behalten sie also sie die Namens-Pfiffe ihrer Bekannten ihr ganzes Leben lang im Kopf, resümiert Bruck. Die hier beobachteten 20 Jahre seien dabei der längste Zeitraum überhaupt, für den jemals ein soziales Gedächtnis bei Tieren nachgewiesen werden konnte. Delfine haben offenkundig ein besseres Namensgedächtnis als viele Menschen. [294]

Cliquen und Alianzen bei Delfinen

Die Gestaltung des Soziallebens ist bei Delfinen menschenähnlicher als gedacht. Michael Krützen vom Anthropologischen Institut und Museum der Universität Zürich hat mit australischen und US-amerikanischen Forschern die männlichen Allianzen der Delfine untersucht. Delfin-Männer bilden einerseits Bündnisse untereinander und leben andererseits in einer offenen, opportunistisch wechselnden Sozialstruktur. Studien in den 90er Jahren zeigten bereits, dass zwei bis drei männliche Delfine sehr eng miteinander kooperieren, um Delfinfrauen aufzureißen, indem sie sie von der Großgruppe isolieren. Diese sogenannten Allianzen erster Ordnung schließen sich manchmal zusammen, um Frauen, die von anderen Allianzen monopolisiert werden, zu entführen. Diese Verbindung unter Männern auf höherer Ebene ist jedoch teilweise höchst opportunistisch und kann je nach Kontext wechseln.

In diesen dynamischen Verbindungen bilden sich sogar Subkulturen, wie Janet Mann von der Georgetown University in Washington D.C. und

ihre Kollegen bei ihren Beobachtungen in der Shark Bay vor Australiens Westküste herausgefunden haben. Wie Menschen bewegen sich Delfine am liebsten unter ihresgleichen. So bilden sie bevorzugt Cliquen mit Artgenossen, die bei der Jagd das gleiche Werkzeug benutzen. In der Shark Bay haben einige Delfine gelernt, einen größeren Schwamm in den Mund zu nehmen, um damit wie mit einem Rechen den Meeresboden aufzuwühlen und damit kleinere Meerestiere aufzuscheuchen, die die Delfine gern verzehren. Jetzt zeigt sich, dass Delfine mit dieser Jagdstrategie bevorzugt sozialen Kontakt mit Delfinen eingehen, die ebenfalls diese Technik beherrschen. Die Forscher hatten annähernd 15000 Delfinsichtungen ausgewertet und die sozialen Kontakte von über 400 Delfinen analysiert. Zwar hatten die mit Schwämmen jagenden Delfine auch regelmäßige Kontakte mit Nicht-Schwammjägern, am häufigsten und engsten aber seien die zu Gleichgesinnten. Das sei erstaunlich, weil die Jagd selbst nie in Gruppen, sondern stets einzeln stattfinde.

Die Technik des Schwammeinsatzes zum Beutefang lernen die Kinder von ihren Müttern und sie wird auch nur auf diesem Weg von einer Generation zur nächsten weitergegeben. Gleichaltrige lernen dies hingegen nicht voneinander. In der Shark Bay beherrscht nur eine kleine Minderheit von 55 Delfinen diese Technik. [295]

Mausmakis sind schlauer als gedacht

Mausmakis sind die kleinsten Primaten weltweit. Früher zählte man die Lemuren zu den Halbaffen, heute erfasst man sie in der Unterordnung Feuchtnasenprimaten. Sie sind höchstens 15 Zentimeter groß und besitzen nur ein sehr kleines Gehirn. Aber dieses ist auf Zack, haben Marine Joly und Elke Zimmermann aus dem Institut für Zoologie der Stiftung Tierärztliche Hochschule Hannover festgestellt. Die Winzlinge verfügen nämlich über eine erstaunliche räumliche Planungsfähigkeit.

Sich die Lage von weit verstreuten Nahrungsstellen zu merken und bei Bedarf auch aufzusuchen, setzt hohe kognitive Fähigkeiten voraus, einschließlich der Fähigkeit, die täglichen Wege effizient zu planen und unnötige Wege zu vermeiden.

Elefanten und Menschenaffen schaffen das. Nun haben Joly und Zimmermann sieben Frauen des Grauen Mausmakis (Microcebus murinus) im nordwestlichen Trockenwald Madagaskars im Ankarafantsika-Nationalpark mit Miniatursendern ausgestattet und während zwei Trockenzeiten beobachtet.

Die zurückgelegten nächtlichen Wanderstrecken wurden mit einem neuen mathematischen Verfahren analysiert. So konnten die Wissenschaftler die Effektivität bei der Nahrungssuche modellieren oder ausschließen, dass die Mausmakis die Nahrungsstellen zufällig gefunden haben. Dabei ergab sich, dass die Mausmakis nach dem Verlassen des Schlafplatzes zielgerichtet verstreut liegende ergiebige Nahrungsplätze aufsuchen.

„Wir waren überrascht bei ihnen dieselben räumlichen Planungsfähigkeiten zu entdecken wie sie für Elefanten, Menschenaffen und andere höhere Primatenarten bereits beschrieben sind. Mausmakis eröffnen uns damit ein neues Bild der ökologischen Intelligenzleistungen unserer frühen Primatenvorfahren“, meint Joly. „Wir vermuten, dass ökologische Zwänge unabhängig von der Hirngröße und der Sozialität die Evolution der ökologischen Intelligenz von Tieren beeinflusst haben.“ [296]

Ich sehe was, was Du nicht siehst – Lemuren unterscheiden andere Lemuren am Gesichtsfarbmuster

Die Lemuren auf Madagaskar – vor allem die Männer – haben vielfältig gefärbte Gesichter, manche Arten sehen sich allerdings so ähnlich, dass Menschen sie kaum unterscheiden können. Für Rotstirnmakis ist das allerdings eine leichte Übung. Wissenschaftler am Deutschen Primatenzentrum (DPZ) – Leibniz-Institut für Primatenforschung haben herausgefunden, dass wildlebende Rotstirnmakis (Eulemur rufifrons) in der Lage sind, Artgenossen anhand von Gesichtsfarbmustern zu erkennen.

Ein Forscher-Team um die Verhaltensforscherin Hanitriniaina Rakotonirina von der Abteilung Verhaltensökologie und Soziobiologie am DPZ und der Universität Göttingen legten im Kirindy-Wald in Madagaskar lebenden Rotstirnmakis fünf Farbfotos vor. Diese bildeten die Gesichter von Lemurenmännern ab, die nicht im selben Verbreitungsgebiet vorkommen und keinen Kontakt zueinander unterhalten. Ein Foto zeigte das Gesicht eines Artgenossen, drei Fotos zeigten Gesichter von nahverwandten Arten - Weißkopfmakis (Eulemur albifrons), Braunen Makis (Eulemur fulvu), Roten Makis (Eulemur rufus) – und auf dem fünften Foto war ein genetisch weiter entfernter Verwandter, der Rotbauchmaki (Eulemur rubriventer), zu sehen. Die Zeit, die die Rotstirnmakis damit verbrachten, sich die Bilder anzuschauen, wurde mit abnehmender Verwandtschaft immer kürzer. Je näher beide Arten miteinander verwandt waren, desto intensiver wurden die Bilder betrachtet.

Vor allem die Frauen reagierten heftiger auf die Bilder. Für sie spielt es auch eine größere Rolle, mit welchem Kerl sie sich einlassen. Aus zwischenartlichen Verbindungen gehen häufig keine Kinder hervor. Die frühe Embryonalentwicklung ist oft gestört und die Embryos sterben früh. Wer hat schon Interesse an einem Kerl, der keine gesunden Kinder zeugen kann, wenn doch Familienplanung ansteht? [297]

Geschmäcker
sind verschieden

Menschen und Lisztäffchen mögen vieles miteinander gemeinsam haben, der Musikgeschmack ist es definitiv nicht. Die in Südamerika wohnenden Tamarine wollten sich partout nicht für Musik von Menschen erwärmen, jedenfalls nicht bei den Untersuchungen von Charles Snowdon von der University of Wisonsin in Madison und dem Musiker David Teie von der University of Maryland. Teilweise reagierten sie sogar ablehnend.

Die Forscher wollten herausfinden, ob Affen Musik als solche erkennen können und komponierten zu diesem Zweck verschiedene 30 Sekunden lange Musikstücke aus Tamarin-Lauten, die Gruppenzugehörigkeit ausdrückten oder die bei Angst oder in Konflikten ausgerufen werden. Während sie die Songs abspielten, registrierten die Forscher nichts Auffälliges. Unmittelbar danach allerdings begannen die Lisztäffchen, sich dem Musikstück entsprechend zu verhalten. Nach Liedern mit Angstrufen und Warnschreien konnten die Äffchen kaum stillsitzen und bewegten sich deutlich mehr als normal. Bei Gruppenzugehörigkeitslauten hingegen blieben sie entspannt.

Bei menschlicher Musik hingegen blieben die Affen weitgehend ungerührt. Nur ein Song löste überhaupt eine Reaktion aus: „Of Wolf and Man" der US-Metalband Metallica stimmte die Affen milde. [298]

Kinderstube und nicht Intelligenz – Über die Ausbildung des Altruismus

Die Bereitschaft, Anderen etwas Gutes zu tun, ohne davon selbst einen Vorteil zu haben, galt lange als eine exklusive Eigenschaft des Menschen. Aber genauso, wie Altruismus individuell variiert, so unterscheiden sich auch die verschiedenen Primatenarten in der Bereitschaft zur Uneigennützigkeit.

Was aber bestimmt, ob eine Primatenart selbstlos handelt oder eher nicht? Über diese Frage rätseln Forscher schon länger. Ein Team um die Schweizer Anthropologin Judith Burkhart glaubt nun, eine Antwort gefunden zu haben. Die Wissenschaftler testeten den Hang zu altruistischem Verhalten bei insgesamt 15 verschiedenen Primatenarten. Dabei beobachteten sie, ob einzelne Individuen bereit waren, andere Gruppenmitglieder mit Leckerbissen zu versorgen, auch wenn sie selbst dabei leer ausgingen. Einen ähnlichen Versuch führten die Wissenschaftler außerdem mit vier bis sieben Jahre alten Menschenkindern durch. Im Ergebnis verhielten sich Menschen und goldene Löwenäffchen fast immer hilfsbereit. Schimpansen dagegen taten dies eher sporadisch und andere Primaten wie Varis und Bartmakaken betätigten im Versuch einen Griff, der einem anderen Gruppenmitglied Futter spendete, überhaupt nicht – obschon gerade Makaken über hohe kognitive Fähigkeiten verfügen.

Eine intellektuelle Hochleistung scheint Altruismus also nun nicht zu sein, sondern vielmehr eine Frage des Charakters. Und der wird in der Familie gebildet. Es sei das gemeinschaftliche Großziehen der Kinder, das den Keim zum Altruismus lege, lautet das Ergebnis einer Verhaltensstudie der Züricher Anthropologin Judith Burkhart. „Spontanes selbstloses Verhalten findet man ausschließlich bei den Arten, bei denen Jungtiere nicht allein von der Mutter, sondern auch von anderen Gruppenmitgliedern wie Geschwistern, Vätern, Großmüttern, Tanten und Onkeln betreut werden", sagt Burkart. Andere Variablen, wie die kognitiven Fähigkeiten, die Gehirngröße oder die gemeinschaftliche Futtersuche haben dagegen offenbar keinen Einfluss. [299]

Und wer hat´s erfunden?
Der Faustkeil und die Kapuzineraffen

Der Faustkeil rangiert als Schlüsselbegriff für die Menschwerdung an oberster Stelle. Doch nun gerät dieses Kriterium ins Wanken. Denn nicht nur die Hominini (der Mensch und seine menschlichen Vorfahren) stellen Steinwerkzeuge nach einem immer gleichen Muster her, sondern auch Kapuzineraffen.

Ein Team um den Archäologen Tomos Proffitt hat Kapuzineraffen im brasilianischen Serra da Capivara Nationalpark beobachtet, wie sie immer wieder mit Steinen auf Steine schlagen. Dabei splittern sie nach einem bestimmten Muster einzelne Teile von den Steinen ab, bis spitze Formen entstehen, die wie Faustkeile aussehen und alle Kriterien für Werkzeug der Hominini erfüllen: Sie sind durch wiederholtes und kontrolliertes Splittern entstanden, sie haben scharfe Kanten, und es liegen bestimmte Muster vor. Proffitt und seine Kollegen fordern nun, dass Faustkeilfunde nun noch einmal überprüft werden – vor allem in Gegenden, in denen sich die Lebensräume von Hominini und Kapuzineraffen überschnitten haben. Möglicherweise wurden die gefundenen Faustkeile irrtümlich dem Menschen zugeschrieben und Teile der Menschheitsgeschichte müssten umgeschrieben werden.

Bisher wurden die Kapuzineraffen nur dabei beobachtet, wie sie Faustkeile herstellten, nicht jedoch bei der Benutzung der Werkzeuge. „Sie wurden nicht dabei beobachtet, wie sie mit den scharfen Kanten schneiden oder kratzen", gaben die Forscher an. Stattdessen zertrümmern sie die Steine, um Mineralien oder Flechten aus ihnen zu lecken. [300]

Auch Affen
mögen Nachäffer

Psychologen und Verkaufstrainer haben das „Spiegeln" der Ansichten des Gesprächspartners längst als erfolgversprechende, vertrauensbildende Taktik in der Ehe und Geschäftsbeziehungen erkannt. Menschen finden nämlich jene Personen besonders sympathisch, die ihr Verhalten nachahmen.

Bei Kapuzineraffen ist das nicht anders. Sie bevorzugen die Gesellschaft von Menschen, die ihr Verhalten imitieren, gegenüber solchen, die nicht derart auf die Tiere eingehen.

Forscher um Annika Paukner vom National Institute of Child Health and Human Development in Poolesville, Maryland, führten verschiedene Versuche mit Kapuzineraffen durch. Die Individuen konnten sich in drei miteinander verbundenen Käfigen aufhalten. Standen die Wissenschaftler vor den beiden äußeren, so hielten sich die Kapuzineraffen gleich häufig in jedem der Käfige auf. Auch wenn Paukner und Kollegen „auf Kapuzineraffenart" mit bunten Plastikbällen spielten verteilten sich die Kapuziner gleichmäßig. Bekamen die Affen aber selbst einen Spielball und ahmte einer der Versuchspersonen mit seinem Ball immer genau das nach, was der Affe gerade getan hatte, so blieben die Tiere verstärkt auf dessen Seite. Die Tiere interessierten sich aber nicht nur stärker für den Nachahmer, sie akzeptierten ihn auch eher als sozialen Partner, indem sie Gegenstände gegen Futter mit ihm tauschten. [301]

Glücklicher, wenn die Familie versorgt ist

Geben ist nicht unbedingt seliger denn nehmen. Aber fast. Zumindest gilt dies bei den Kapuzineraffen, haben Wissenschaftler um Frans de Waal von der Emory University in Atlanta im US-Bundesstaat Georgia herausgefunden. Denen geht es nämlich offenbar besser, wenn nicht nur sie zu essen haben, sondern auch die Familie und Freunde gut versorgt wissen.

Die Forscher hatten Kapuzineraffen vor die Entscheidung gestellt, ob sie eine Essensprämie allein erhalten wollten oder ob auch ein zweiter Affe mit versorgt werden sollte. Dabei statteten sie acht Kapuzineraffenfrauen mit zwei Arten von Spielchips aus. Einen Chip konnten sie gegen eine Apfelspalte für sich selbst eintauschen, für den anderen Typ erhielt auch ein zweiter Affe im Raum eine Köstlichkeit. Den Forschern fiel auf, dass die Affen bei Anwesenheit von nahestehenden Tieren meistens die soziale Option wählten.

„Der Umstand, dass die Kapuzineraffen überwiegend die prosoziale Option gewählt haben, muss bedeuten, dass es sie glücklich macht und befriedigt, wenn auch ein anderer Affe etwas zu fressen bekommt", sagte de Waal. Die Wissenschaftler erklärten dies mit der Fähigkeit der Kapuzineraffen zur Empathie, also zum Mitfühlen mit sozial nahestehenden Individuen. Möglicherweise aber sähen die Tiere ihren Freunden und ihrer Familie auch einfach nur gern beim Essen zu. [302]

Küss die Hand –
Kulturelle Rituale bei Kapuzineraffen

Langjährige Feldstudien eines internationalen Anthropologen-Teams um Susan Perry vom Leipziger Max-Planck-Institut für evolutionäre Anthropologie ergab, dass Kapuzineraffen spezielle Rituale benutzen, um ihre Beziehungen untereinander zu testen.

Die Wissenschaftler beobachteten mehr als 13 Jahre lang Weißschulter-Kapuzineraffen in verschiedenen Teilen von Costa Rica und konzentrierten sich dabei auf soziale Konventionen beziehungsweise Rituale. Dabei entdeckten sie eine Fülle von gruppen- bzw. cliquenspezifische Verhaltensweisen wie Beschnüffeln der Hände, Saugen an Fingern, Ohren oder Schwanz sowie verschiedene Spiele.

Beim Handschnüffeln legt sich ein Affe die Hand eines anderen auf Mund und Nase, als würde er eine Gasmaske auflegen, und atmet dann Minuten lang tief ein. Im Extremfall steckt er sich sogar zwei Finger seines Gegenübers in die Nasenlöcher.

Das am häufigsten beobachtete Spiel ist das „Finger-im-Mund-Spiel": Hierbei steckt ein Affe seinen Finger in den Mund des anderen, der dann vorsichtig auf den Finger beißt, so dass dieser nicht einfach wieder aus dem Mund gezogen werden kann. Daraufhin unternimmt der gefangene Affe alle möglichen Versuche und Verrenkungen, um seinen Finger wieder zu befreien. Hat er das dann einmal geschafft, steckt er seinen Finger erneut in den Mund des anderen Affen, oder aber der andere Affe macht das Gleiche jetzt mit ihm und das ganze Spiel beginnt von vorn.

Alle diese Rituale sind mit einer gewissen Portion an Risiko oder zumindest Unbequemlichkeit für einen oder sogar beide Beteiligten verbunden. Von daher werden Affen nur bei Paaren mit einer starken Bindung diese vermutlich eher lästigen Handlungen als angenehm empfinden. [303]

Besser als Josef Ackermann –
Affen sind echte Finanzexperten

Affen können genauso gut mit Geld umgehen wie ihre menschlichen Verwandten: Sie nutzen Rabatte, verstehen das Konzept der unterschiedlichen Kaufkraft und legen sogar was auf die hohe Kante. Doch auch bei ihnen verdirbt Geld den Charakter – es kann sie zu Betrügern und Dieben machen.

Die Rabattaktion war ein voller Erfolg: Die für den halben Preis angebotenen Geleewürfelchen gingen weg wie warme Semmeln, und selbst Großeinkäufe waren keine Seltenheit. Nicht reduzierte Ware hingegen verkam zum Ladenhüter, selbst die sonst sehr beliebten Äpfel. Eine alltägliche Situation? Im Prinzip schon – nur, dass es sich bei den Schnäppchenjägern nicht um Supermarktbesucher handelte, sondern um Kapuzineräffchen.

Und die entpuppten sich schnell als überaus pfiffige Kaufleute. Sogar die Sache mit der Kaufkraft durchblickten sie rasch. Als die beiden US-Forscher Sarah Brosnan und Frans de Waal bei ihren Kapuzineraffen unterschiedlich große Granitstückchen als Zahlungsmittel einführten, verstanden die Tiere recht schnell, dass ihre „Münzen" nicht alle gleich wertvoll waren – und dass man nur mit den größeren die wirklich leckeren Gemüsesnacks erstehen konnte.

Manchmal bringt Geld jedoch auch bei Primaten unangenehme Charaktereigenschaften ans Tageslicht. So erfand einer der Kapuzineraffen spontan das Konzept des Betrugs: Er bekam eine Gurkenscheibe in die Finger, die – oberflächlich betrachtet – den sonst verwendeten Münzen ähnelte, und versuchte sofort, sie dem Forscher unauffällig unterzuschieben.

Auch Diebstahl konnten die Wissenschaftler beobachten – und sogar einen Fall von käuflicher Liebe, in dem eine Frau einem Mann für Geld Sex gestattete. Den Verdienst setzte die Äffin direkt in Naturalien um: Sie kaufte sich ein paar leckere Trauben. [304]

Kapuzineraffen sind auch nur Börsenzocker

Der Hang zur ökonomischen Unvernunft ist tief verwurzelt und reicht, wie die Wissenschaftlerin Laurie Santos und ihr Kollege Venkat Lakshminaryanan von der Universität Yale in jahrelangen Verhaltenstests mit Kapuzineraffen gezeigt haben, mindestens 30 Millionen Jahre zurück.

Die Wissenschaftler brachten zunächst den Kapuzineraffen bei, Geldmünzen gegen Apfelstückchen einzutauschen. Dann begann das eigentliche Zocker-Experiment: Ein Wissenschaftler bot dem Äffchen zwei Äpfel an, gab ihm aber nach der Bezahlung nur noch eines – und zwar bei jedem zweiten Handelsgeschäft. Die Kollegin bot dem Affen einen Apfel an und gab in jedem zweiten Geschäft nach der Bezahlung noch ein Obststück dazu.

In der Gesamtschau erhielt also jeder Kapuzineraffe für sein Geld den gleichen Wert und im Durchschnitt 1,5 Apfelstückchen, aber die Affen zogen es vor, dort zu handeln, wo es hin und wieder ein zweites Apfelstück dazu gab. Das fiktive Plus hatte offenkundig eine ungeheure Anziehungskraft, verstärkt durch die Vermeidung des unangenehmen Gefühls, ein Apfelstück, das bereits vorgehalten wurde, wieder zu verlieren. Dieses Taktieren ist überaus menschlich, denn auch Menschen tun sich schwer, verlustreiche Aktien zu verkaufen, in der Hoffnung, dass die Kurse wieder steigen. Sie wollen unter allen Umständen vermeiden, ein Verlustgeschäft zu machen, weil so das eigene Versagen endgültig manifestiert wird.

Dies erklärt auch den so genannten „Besitztumseffekt" (Endowment effect), den die Yale-Wissenschaftler ebenso auch bei den Kapuzineraffen nachgewiesen haben. Man schätzt dabei den Wert eines Gutes höher ein, wenn man es besitzt. Entsprechend verlangten in den Experimenten die Affen einen höheren Preis für Obst, das sie bereits besaßen. [305]

Totenkopfäffchen
bilden soziale Netzwerke

Innovationen verbreiten sich bei Affen nicht einfach zufällig. Auch Totenkopfäffchen pflegen soziale Netzwerke, über die sie ihr Wissen teilen.

Forscher um Andrew Whiten vom Centre for Social Learning and Cognitive Evolution der schottischen University of St. Andrews wollten mehr über die Verbreitung von Kulturtechniken erfahren und trainierten in zwei Gruppen von Totenkopfäffchen jeweils die anführenden Männer darin, ein Gefäß mit kulinarischen Köstlichkeiten zu öffnen. In Freiheit sind es nämlich die Anführer, die über die Nahrungsquellen bestimmen und Vorbilder für das zu erlernende Verhalten bei der Nahrungsbeschaffung sein können. Das Forscherteam schulte jeden leitenden Affenmann in einer anderen Öffnungsmethode und brachte ihn danach in die Gruppe zurück. Das Resultat: gut sozial vernetzte Totenkopfäffchen lernten die neue Technik der Nahrungsbeschaffung von ihren ausgebildeten Chefs schneller als diejenigen, die eher am Rand des sozialen Netzwerkes standen. Das Alter spielte dabei keine Rolle. Das Team will nun seine Arbeit fortsetzen, um zu ergründen, ob es beispielsweise auch Subgruppen dieser Äffchen in den Netzwerken gibt, die Subkulturen begründen. [306]

Kapuzineraffen pfeifen auf teure Marken

Kapuzineraffen zeigen sich beim Kaufgeschäft deutlich rationaler als Menschen. Sie lassen sich nämlich nicht durch Preismanipulationen in die Irre führen wie Menschen.

Rhia Catapano von der Yale University in New Haven im US-Staat Conneticut untersuchte das Kaufverhalten von Kapuzineraffen. In einem ersten Experiment bekamen Affen, denen man zuvor das Bezahlen mit Wertmarken beigebracht worden war, zwei verschiedene Sorten Eis zum Kauf angeboten. Die eine Sorte Eis war dreimal teurer als die andere.

Menschen reagieren in solchen Situationen nach der Maxime „Was teuer ist, muss auch gut sein". Versuche haben gezeigt, dass Testpersonen bei einer Weinprobe einen teuren Tropfen besser bewerten als einen günstigeren – auch wenn es sich um genau das gleiche Produkt handelt.

Die Kapuzineraffen hingegen ließen sich vom Preis der Ware nicht beeinflussen und begannen nicht, das teurere Eis zu bevorzugen. In weiteren Experimenten bestätigten die Forscher unter anderem, dass die Affen tatsächlich das Preissystem verstanden. Sie kauften in einem Versuch tatsächlich sämtlich lieber das günstigere Produkt als das teurere.

Die menschliche Eigenheit, eine Ware nach ihrem Preis zu beurteilen, teilten die Kapuzineraffen nicht. Dies deute darauf hin, dass dafür besondere kognitive Fähigkeiten nötig seien, etwa die Gesetze des Marktes zu kennen, interpretierten die Wissenschaftler das Ergebnis. Wenn das mal kein Irrtum ist und sich das Ganze nicht sogar umgekehrt verhält: Vielleicht wollen sich die Kapuzineraffen einfach nicht zu Hanswursten der Habgier Anderer machen lassen wollen, sondern hören auf ihre innere Stimme. [307]

Echt fair: Affen haben einen Sinn für Gerechtigkeit

Gerecht muss es zugehen, sonst macht der Affe nicht mit! Kapuzineraffen lehnen Ungerechtigkeiten aus tiefsten Herzen ab. Werden sie im Vergleich zu ihren Artgenossen ungerecht behandelt, reagieren Affen nach neuesten Studien trotzig und verzichten sogar auf Belohnungen, die ihnen sonst verlockend erscheinen.

Für ihre Versuche trainierten Sarah Brosnan und Frans de Waal von der Emory-Universität in Atlanta (US-Bundesstaat Georgia) zunächst Kapuzineraffen darauf, Spielsteine gegen ein Stückchen Gurke einzutauschen. Um den Gerechtigkeitssinn der Affen auf die Probe zu stellen, erhielt einer von zwei Affen anschließend für einen Spielstein statt der Gurke eine viel begehrtere Weintraube. Beobachtete der andere Affe diese ungerechte Behandlung, weigerte er sich danach, seinen eigenen Spielstein einzutauschen oder verschmähte nach dem Tausch trotzig die kulinarische Belohnung.

Fuchsteufelswild wurden die Kapuziner, wenn der Versuchsleiter dem einen Affen eine Weintraube gab, ohne dass dieser irgendetwas dafür tun musste. Die Empörung der benachteiligten Affen ging so weit, dass sie gelegentlich sogar den Spielstein oder die Gurke wutentbrannt aus der Versuchskammer warfen.

Besonders erstaunlich sei, dass die Tiere freiwillig auf eine Leckerei verzichteten, die sie sonst unter fast allen denkbaren Umständen ohne Zögern akzeptierten, schreiben die Wissenschaftler. So verlief der Tauschhandel meist ohne Probleme, wenn die Forscher einem Affen ein Stück Gurke statt einer ebenfalls sichtbaren Weintraube anboten, während kein weiterer Affe in der Versuchskammer anwesend war. Dies zeige, dass die Tiere ihre eigene Belohnung mit der anderer verglichen. Und: Wer im Test die dickste Traube bekam, war rundum zufrieden, verzehrte seelenruhig den Schmaus und ließ die Kollegen meckern. Ganz so, wie Menschen es auch tun. Ungerechtigkeiten tun eben nur dann richtig weh, wenn man sie selbst erleidet. [308]

Ich bin Rhesus

Rhesusaffen erkennen sich selbst als handelnde Individuen und verstehen offenbar die Konsequenzen eigenen Tuns. Dies hat der Kognitionspsychologe Justin Couchman von der Universität Buffalo in Experimenten herausgefunden. Er ließ vierzig Studenten und vier Rhesusaffenmänner mit Hilfe eines Joysticks einen Cursor über Computerbildschirme bewegen. Sie mussten ein Quadrat mit dem Symbol auf dem Monitor umkreisen. Gleichzeitig erstellte der Rechner eine weitere Cursorbahn, die jedoch spiegelbildlich zu der des jeweiligen Probanden verlief.

Sowohl die menschlichen Versuchsteilnehmer als auch die Rhesus-Affen waren anschließend in der Lage, den selbst gezogenen Cursorverlauf mit hoher Treffsicherheit zu bestimmen. „Das weist darauf hin, dass Affen, so wie Menschen, über ein Verständnis der eigenen Taturheberschaft verfügen", sagt der Psychologe.

Verblüffend sind Couchmans Ergebnisse vor allem vor dem Hintergrund, dass Rhesusaffen im klassischen Spiegeltest bislang scheiterten. Der Test gilt als Nachweis für ein sogenanntes Ich-Bewusstsein. Dabei wird den Versuchstieren ein Punkt auf die Stirn gemalt und geprüft, ob sie darauf reagieren.

Luis Populin von der University of Wisconsin-Madison hatte allerdings bereits ein Jahr zuvor Rhesusaffen Elektroden auf dem Kopf angebracht und festgestellt, dass sich die Affen offenbar sehr wohl im Spiegel erkannten: Sie säuberten gezielt ihr Fell rund um die Elektroden und untersuchten Teile ihres Körpers, die sie normalerweise nicht sehen können.

Einige Affen packten den Spiegel sogar und hielten ihn so, dass sie sich genauer betrachten konnten. Die Tiere bestehen damit zwar nicht den klassischen Markierungstest, verhielten sich ihrem Spiegelbild gegenüber aber so, wie es nur Tiere tun, die eine Vorstellung von sich selbst haben, meinen Populin und seine Kollegen. [309]

Auch nur Spanner:
Affenmänner mögen Pin-ups

Männer sind doch irgendwie alle gleich: Für einen Blick auf weibliche Hinterteile sind auch die Herren Rhesusaffen bereit zu zahlen. Wie das Wissenschaftsmagazin Nature berichtet, haben Rhesusaffen einer Studie zufolge bereitwillig Fruchtsaft herausgerückt, damit sie Bilder von Hinterteilen ihrer Artgenossinnen anschauen konnten.

In der Versuchsreihe stellten die Forscher Affenherren vor die Wahl, entweder eine große Menge Kirschsaft ohne Unterhaltungsprogramm oder eine kleinere Saftmenge mit Blick auf die Popos zu bekommen. Praktisch alle Affen verzichteten auf Fruchtsaft, um dafür ein weibliches Hinterteil gezeigt zu bekommen, resümiert Studienleiter Robert Deaner von der Duke-Universität in Durham.

Rhesusaffenfrauen hingegen schauen den Männern lieber ins Gesicht: Wie eine frühere Studie der Universität Stirling zeigte, bevorzugen sie vor allem rotgesichtige Männern, vielleicht, weil das auf einen höheren Spiegel des männlichen Sexualhormons Testosteron schließen lässt.

Auch Affen-Promis stehen hoch im Kurs: So verzichteten die Männern ebenfalls auf Fruchtsaft, um die Gesichter dominanter männlicher Artgenossen anschauen zu können. Eher abgeturnt waren die tierischen Probanden dagegen von Bildern jener Affen, die nicht zu den Schönen und Reichen der Affen-Society gehörten. Damit sie überhaupt einen Blick auf die Loser warfen, mussten die Forscher sie mit Fruchtsaft bestechen.

Nach Ansicht der Forscher eröffnet das Verhalten der Affen neue Einsichten in die menschliche Faszination für Erotik- und Glamour-Magazine. Der Drang, sich über erotische und mächtige Artgenossen zu informieren, ist offenbar Teil der stammesgeschichtlichen Entwicklung. [310]

Massengeschmack –
Meerkatzen essen wie die anderen

Wer zu einer Gruppe gehört, sollte sich tunlichst an deren Gepflogenheiten anpassen. Das ist nicht nur beim Essen so. Aber auch. Und das gilt nicht nur für Menschen, sondern auch für Meerkatzen.

Die Primatologen Erica van de Waal und Andrew Whiten von der University of St. Andrews und Christèle Borgeaud von der Université Neuchâtel haben dieses Phänomen bei Vertretern der Grünen Meerkatze in Südafrika untersucht.

In ihrer Studie versorgten die Forscher die Affen mit Kisten voller Popcorn, das entweder blau oder rosa gefärbt war. Bei zwei Gruppen wurde das blaue Popcorn zuvor in einen pflanzlichen Bitterstoff getaucht, sodass es ungenießbar war.

Natürlich bedienten sich die Meerkatzen schnell nur beim rosa Popcorn und verschmähten das blaue. Mit der gleichen Methode wurden dann zwei weitere Meerkatzengemeinschaften dazu gebracht, das blaue Korn zu bevorzugen.

Wie erwartet, wurden die entsprechenden Präferenzen dann auch dem Nachwuchs beigebracht - sogar wenn mittlerweile beide Popcorn-Farben genießbar waren.

Soweit so gut. Die entscheidende Entdeckung gelang den Forschern aber bei jenen hochzeitswilligen Männern, die in eine fremde Gruppe wechselten, die auf die jeweils andere Popcorn-Farbe geprägt war: Neun dieser zehn Männern passten sich an ihre neue Gruppe an und wechselten umgehend zum anders gefärbten Popcorn.

Das einzige Tier, das die fremden Essgewohnheiten ignorierte, war ein Alpha-Mann, das sich an die Spitze auch der neuen Gruppe hatte setzen können. [311]

Meerkatzen revolutionieren Sprachtheorien

Bisher glaubte man in der Kommunikationsforschung, dass sich die Kombination von Lauten zur Informationsübermittlung erst mit der Evolution des Menschen entwickelt habe. Dieser Hybris haben nun Meerkatzen energisch widersprochen.

Wissenschaftler um Klaus Zuberbühler an der schottischen Universität St. Andrews haben das Kommunikationsverhalten der Großen Weißnasenmeerkatze untersucht und herausgefunden, dass diese einzelne Rufe unterschiedlich kombiniert und damit verschiedene Informationen übermittelt – genau wie das der Mensch auch macht.

Bei den meisten Meerkatzenarten wurde bisher nur ein eingeschränktes Repertoire an Lauten registriert. Bei den Weißnasenmeerkatzen beschreibt Zuberbühler nur zwei Rufe, die von den Primaten eingesetzt werden. Der eine Ruf klingt wie „pyow" und wird von den Meerkatzen vor allem verwendet, um Artgenossen vor Leoparden zu warnen. Den zweiten Laut bezeichnen die Forscher als „hack". Mit diesem Warnruf weisen sich die Affen gegenseitig auf Kronenadler hin, zu deren bevorzugten Beute die Meerkatzen gehören. Auch die Kombination von „hack" und „pyow" weist auf die Anwesenheit eines solchen Adlers hin.

Werden die Laute jedoch anders herum kombiniert, also zunächst ein „pyow"- und dann ein „hack"-Ruf, so beobachteten die Forscher, dass sich die Affen gemächlich zum Ursprungsort des Rufes bewegten und nicht etwa zur Flucht ansetzten.

Zuberbühler und sein Team spielten den Tieren verschiedene Aufnahmen dieser Rufe vor und stellten fest, dass die Tiere sich nur dann in Bewegung setzten, wenn sie die Rufe eines Mitglieds der eigenen Gruppe zu hören bekamen. Die Lautkombinationen der Affen aus „pyow" und „hack" enthalten demnach mindestens drei unterschiedliche Informationen, schlossen die Forscher: Die Identität des Tieres, das beobachtete Ereignis und die Absicht des Tieres, sich in Bewegung zu setzen. Mit zwei Worten also haben die kleinen Meerkatzen gängige Theorien zur Sprachentwicklung zu Fall gebracht. [312]

Cherchez la femme

Es menschelt bei den Grünen Meerkatzen. Bekannte sozialpsychologische Phänomene wie jenes, dass hinter Konflikten oft eine intrigante Frau steckt, kann man getrost auch auf grüne Meerkatzen anwenden.

Jean Marie Arseneau-Robar hat mit weiteren Verhaltensforschern und Biologen der Universität Neuchâtel im „Mawama Game Reservat", das im Norden Südafrikas an der Grenze zu Botswana liegt, das Leben der grünen Meerkatzen beobachtet.

Dabei entdeckten sie, dass die Affenfrauen die Männer zu Streitereien anstacheln, indem sie sie dafür besonders belohnen. Natürlich geht es dabei um Sex... und ein bisschen auch um Schmusen und Essen. Vor allem aber um Sex.

Den rauflustigen Mitgliedern ihrer Gruppe widmen die Frauen besonders viel Aufmerksamkeit, während sie die friedlicheren Männer demonstrativ ignorieren. Das wiederum führt dazu, dass sich verschmähte Männer in späteren Kämpfen besonders stark anstrengen. Offenbar gelten kampfbereite Männer als besonders wertvolle Partner, was auch Sinn macht. Bei den häufigen Kämpfen zwischen Grünmeerkatzengruppen geht es in der Regel um Nahrung und diese ist für eine Mutter, die ein Kind zu versorgen hat, von besonderer Bedeutung.

Die Meerkatzen leben eben wie Menschen als soziale Tierart in einem Spannungsfeld von gefährlichen Herausforderungen wie Kampf, Jagd und Verteidigung und der Versuchung, sich zurückzuhalten, was zur sozialen Zurückweisung führen kann. [313]

Teile und herrsche

Der Wille zur Macht drängt nicht nur Menschen, sondern auch Mangaben. Biologen des Max-Planck-Instituts für evolutionäre Anthropologie in Leipzig haben Rußmangaben im Taï-Nationalpark an der Elfenbeinküste beobachtet und festgestellt, dass diese Keile treiben, wenn eine Beziehung ihren Status oder ihre eigenen Beziehungen stören könnte.

Rußmangaben sind Familientypen. Verwandtschaftliche Beziehungen spielen eine wichtigere Rolle. Bündnisse außerhalb der Familie sind zweitrangig. Die Forscher um Alexander Mielke interessierten sich vor allem für die gegenseitige Fellpflege der Tiere: Der Austausch pflegender Zärtlichkeiten spielt eine wichtige Rolle beim Aufbau und Erhalt sozialer Beziehungen.

Kein Wunder, dass die Schmusereien ungern gesehen werden, wenn solche Beziehungen und Bündnisse einem selber schaden. Und genau da mischen sich Mangaben ein. „Wir haben herausgefunden, dass [...] Außenstehende oft sehr gezielt intervenieren: Sie stören die Fellpflege ihrer Freunde, aber auch die von Artgenossen ähnlichen Ranges mit einem ranghöheren Tier", beschreibt Mielke die Beobachtungen „Auch wenn zwei Tiere, zwischen denen noch keine starke Bindung besteht, miteinander Fellpflege betreiben, wird eingegriffen."

Den Mangaben sind also nicht nur Status und Beziehungen der anderen Gruppenmitglieder bewusst, sie nutzen dieses Wissen auch, um die Beziehungen aktiv zu beeinflussen. Sie leben nicht einfach nebeneinander her, sondern treffen Entscheidungen, die Auswirkungen auf ihr gesamtes soziales Umfeld haben – wie Menschen.

Bei dieser Affenart ist eine emotionale Manifestation davon die Eifersucht, die dazu motiviert, sich in das soziale Leben von Freunden und Partnern einzumischen. Ob ähnliche Gefühle auch bei anderen Primatenarten erkennbar sind, sollen nun weitere Studien zeigen. [314]

Ich kann Euch nicht mehr sehen

Mandrillaffen im Zoo von Colchester in Großbritannien haben mit einer einzigen Geste Verhaltensbiologen beeindruckt.

Vor allem war das erstmal Milly. Die Mandrillfrau hatte eines Tages genug von ihren Mitgefangenen im Gehege. Sie setzte sich an ein ruhiges Plätzchen und legte sich entnervt die Hand vor die Augen. Danach passierte erstmal – nichts, wie der Evolutionsbiologe Mark Laidra von der Universität Princeton im Fachblatt Plos One berichtete.

Aber Milly fand Nachahmer. Mittlerweile sitzen 23 Mandrillaffen im Zoo von Colchester in ruhigen Ecken und halten sich die Hand vors Gesicht, wenn alles sie restlos abnervt.

Die Geste ist von keiner anderen Mandrillpopulation weltweit bekannt. Laidre deutet das Verhalten als Ausdruck einer spezifischen Kultur der Mandrillgruppe in Colchester, die durch Nachahmung in der Gruppe über eine ganze Generation verbreitet wurde. Es handele sich, so Laidre, um eine Art „Bitte-nicht-stören"-Geste.

Dabei schließen die Mandrills nicht die Augen, sondern linsen gelegentlich zwischen den Fingern hervor. Womöglich kontrollieren sie, ob man ihre Geste auch verstanden hat und respektiert. Generell haben Mandrills, die diese Geste zeigen, eher weniger zu sagen in ihrer Gruppe. Die dominanten Mitglieder aber respektieren zumeist, dass ihre Kollegen etwas Zeit für sich brauchen. [315]

Affenmänner müssen für Sex bezahlen

Umsonst gibt es nichts. Das gilt zumindest für Sex unter Javaneraffen. Wenn die Männer die Frauen zum Sex überreden wollen, so müssen sie mit ausgiebiger Fellpflege bezahlen.

Michael Grumert von der technischen Nanyang-Universität Singapur hatte mit seinem Team Beobachtungen einer 50-köpfigen Gruppe wildlebender Javaaffen ausgewertet. Danach haben die Frauen durchschnittlich eineinhalb Mal pro Stunde Geschlechtsverkehr, nach Phasen ausgiebiger Fellpflege durch die Männer stieg die Sexrate auf 3,5 Mal pro Stunde. Dabei boten die Frauen vor allem denjenigen Männern Sex an, von denen sie die Fellpflege erhalten hatten.

Offenbar regieren dabei die Gesetze des Marktes: Waren weniger Frauen als Männer in der Gegend, stieg der Preis für Sex. Waren gerade viele Frauen im Umkreis anzutreffen, gab es Sex schon für acht Minuten Fellpflege zu kaufen, bei einem Männerüberschuss mussten die Männer die Partnerin bis zu 16 Minuten verwöhnen, bis sie ran durften. [316]

Makaken haben auch ihre Ndrangeta

Im Uluwatu-Tempel auf der indonesischen Insel Bali haben Makaken eine neue Erwerbsquelle erschlossen und sich dabei an der sizilianischen Mafia orientiert. Sie berauben Touristen und tauschen anschließend das Diebesgut gegen Essen.

Die Makaken gehen dabei wie folgt vor: sie stehlen Brillen, Hüte, Kameras und Geldscheine von Touristen und warten mit der Beute darauf, dass Mitarbeiter des Tempels sie mit Essen anlocken. Wenn die gebotene Speise genehm ist, nehmen sie das „Lösegeld" und lassen das Diebesgut fallen.

Die Wissenschaftlerin Fany Brotcorne von der Universität Lüttich hat vier Monate lang die räuberischen Makaken beobachtet und zwei Banden identifiziert, die sich meistens in der Nähe von Touristen aufhalten und die Mafia-Methoden perfektioniert haben. Die Banden weisen einen Männerüberschuss auf, der sich zudem als besonders risikofreudig zeigt. Zugezogene Langschwanzmakaken lernen von den alteingesessenen Mafiosi sehr schnell das Handwerk mafiöser Erpressung.

Serge Wich, Affenforscher der John-Moores-Universität Liverpool, spricht von neuartigen Verhaltenstraditionen von Primaten: „Und diese neuen Traditionen können Diebstahl und Tauschgeschäfte mit anderen Spezies beinhalten." Das habe auch mit Umweltveränderungen zu tun. [317]

Der heimliche Liebhaber

Bärenmakaken sind sexuell außerordentlich rege. Zehnmal pro Tag sind keine Seltenheit. Und wenn sie Sex haben, geben sie ihren Lustgefühlen deutlich Ausdruck: Sie setzen ihr Orgasmusgesicht auf, wobei sie die Lippen kreisrund nach vorne stülpen, als ob sie ein „Ooh" sagen wollten. Die akustische Untermalung des Höhepunkts klingt wie ein langgezogenes lustvolles Grunzen.

Und um eben dieses Lustgrunzen geht es bei dem heimlichen Rendezvous, das Frans de Waal im Primatenzentrum Wisconsin beobachtet hat:

Während sich die Bärenmakakengruppe geschlossen im Innenkäfig aufhält, begeben sich Joey und eine Makakendame unauffällig nach draußen, um sich ein Liebesabenteuer zu erschleichen. Es hat tatsächlich heimlich zu erfolgen, denn Joey ist erst die Nummer drei in der Rangfolge und seine beiden Vorgesetzten gestehen ihm keine sexuellen Aktivitäten zu. Joey und Honey nutzen also den verlassenen Außenkäfig in ihrem Sinne. Aber als Joey am Ziel ist und eben zu einer Folge von Lustschreien ansetzt, dreht Honey ihren Kopf nach hinten und wirft ihrem Liebhaber einen drohenden Blick zu. Keine Frage: seine durchdringenden Liebeslaute könnten alles verraten und die anderen auf den Plan rufen. Und Joey versteht: Er genießt schweigend.

Ein paar Tage später die gesteigerte Version: Wieder hatten sich Honey und Joey davongestohlen, aber diesmal wandte sich Honey vor dem Orgasmus um und hielt ihrem Liebhaber kurz die Hand vor den Mund. Joey verstand die Geste und verkniff sich im Folgenden jede akustische Untermalung seiner Liebeswonnen.

Auch Paviane sind in Liebesdingen sehr aufmerksam. Sie belauschen Paare beim Sex und schließen daraus, wie es ums deren Liebesleben bestellt ist. Kriselt's in der Beziehung, kommen auch Omegamänner zum Zug. [318]

Berberaffen: Im Alter wählerischer

Wenn wir älter werden, konzentrieren wir uns auf die wirklich wichtigen Dinge im Leben. Forscher haben jetzt herausgefunden, dass Berberaffen mit zunehmendem Alter ebenfalls Prioritäten setzen.

Ein Team um die Verhaltensbiologin Laura Almeling vom Deutschen Primatenzentrum hat im Affenpark „La Forêt des Singes" im südfranzösischem Rocamadour 118 Berberaffen im Alter von vier bis 29 Jahren beobachtet.

Dabei boten die Wissenschaftler den Affen neue Objekte an und beobachteten die Reaktionen. Tatsächlich aber waren nur die Jungen daran interessiert. Bereits im jungen Erwachsenenalter nahm die Bereitschaft ab, sich damit zu beschäftigen. Betagte männliche Berberaffen zeigten allerdings ein besonders großes Interesse an Fotos von Neugeborenen. Ältere weibliche Tiere schauten länger auf Bilder von Freunden als von anderen Gruppenmitgliedern. Bis ins hohe Alter hinein reagierten sie auf vorgespielte Hilfeschreie, besonders wenn diese von der besten Freundin stammten.

Neue Reize verlieren für die Affen also schon früh an Bedeutung, die älteren Tiere konzentrieren sich auf ihr soziales Umfeld, schlussfolgern die Wissenschaftler. Darin sind sie alternden Menschen sehr ähnlich, die im hohen Alter wählerischer werden.

Man müsse davon ausgehen, dass das veränderte Verhalten von Menschen im Alter fest in der Evolution verankert ist. Denn schließlich wüssten die Affen nichts von ihrer eigenen Endlichkeit. Wie die Wissenschaftler auf diese Schnapsidee gekommen sind, verrieten sie allerdings nicht. Indizien für diese Annahme haben sie jedenfalls nicht vorgelegt. [319]

Paviane setzen auf sexuelle Nötigung

Männliche Bärenpaviane setzen auf sexuelle Einschüchterung, um ihre sexuelle Attraktivität zu erhöhen. Dabei sind die Pavianmänner nicht so plump, die Frauen zum Sex zu zwingen, sondern benutzen eine langfristige Einschüchterungstaktik. Ein Team um die Biologin Alice Baniel vom Institute for Advanced Study in Toulouse beobachtete über vier Jahre zwei Gruppen von Bärenpavianen (Papio ursinus) im Tsaobis Nature Park in Namibia und erforschte dabei vor allem die aggressiven Übergriffe der Pavianmänner gegenüber den Frauen und die Folgen für das Sexualleben. Es zeigte sich, dass Frauen in ihrer fruchtbaren Phase wesentlich öfter zum Ziel männlicher Aggressionen werden als Schwangere oder Stillende. Die Pavianmänner übten mit größerer Wahrscheinlichkeit sexuellen Verkehr mit einer Frau aus, wenn sie sich dieser gegenüber vorher aggressiv gezeigt hatten.

Dabei gilt für die Männer, es mit er Gewalt nicht zu übertreiben. Übermäßig aggressive Pavianmänner wurden von fruchtbaren Frauen nicht bevorzugt. Zudem drangsalierten die Männer die Frauen nicht direkt vor und beim Sex und griffen sie auch nicht kurz danach an. Vielmehr stalkten und attackierten sie die Frauen regelmäßig in den Wochen vor deren Eisprung. So erhöhten sie die Chance, zum Zeitpunkt des Eisprungs alleinigen Zugang zu den Frauen zu haben. Die Wissenschaftler werten dies als eine Form langfristiger sexueller Einschüchterung und schließen daraus, dass auch bei Menschen sexuelle Gewalt einen evolutionären Ursprung haben könnte. Wenn Aggression und Paarung nicht direkt zusammenfallen, ist sexuelle Einschüchterung diskret und kann so leicht unbemerkt bleiben", vermutet Alice Baniel. „Entsprechend könnte dieses Verhalten viel häufiger in Säugetiergesellschaften vorkommen als bisher angenommen." Noch 2014 warnten Forscher der Duke-Universität davor, die sexuelle Nötigungsstrategien von Schimpansen auf den Menschen zu übertragen. Offenbar wächst mittlerweile bei den Forschern die Bereitschaft, die anderen Affen als Brudertiere anzuerkennen. [320]

Von Liebe und Rache
der Paviane

Paviane schaffen es immer wieder mit ebenso aufsehenerregenden wie hochemotionalen Aktionen, in den Blickpunkt der Öffentlichkeit zu rücken.

Anrührend, was der Zoo in Vilnius zu berichten hat: Ein einsamer Pavian hat ein zur Fütterung bestimmtes Huhn adoptiert. Das Hühnchen entwischte den Angestellten des Tierparks und begegnete dabei einem echten Freund, der es behutsam bei sich aufnahm.

Zwischen den beiden Tieren ist inzwischen eine innige Freundschaft entstanden. Laut Angaben des Zoodirektors passt der Pavian auf seinen Schützling wie auf ein eigenes Baby auf. Er putzt ihm die Federn, spielt mit ihm und schläft sogar mit ihm ein.

Wozu der Sinn für Gerechtigkeit auch führt und welche Facetten der Liebe der Paviane zu ihren Schützlingen aufweisen kann, demonstrierte im Jahr 2000 eine Gruppe von Pavianen in Saudi-Arabien. Mag sein, dass regionale Gebräuche hier auch abgefärbt haben, jedenfalls zeigte die Bande einen ausgesprochenen Hang zur Blutrache:

Wie Wegelagerer hatten die Tiere hartnäckig drei Tage gewartet, um den Tod eines Artgenossen zu rächen, den ein Autofahrer überfahren hatte. Die Paviane versteckten sich an einer Pass-Straße in einem Hinterhalt. Als der Wagen die Unfallstelle erneut passierte, bewarfen die Paviane das Auto mit Steinen. Die Insassen blieben unverletzt. [321] [322] [323]

Paviane können lesen lernen

Paviane können das Lesen lernen. Französische Wissenschaftler der südfranzösischen Universität von Aix-en-Provence und des staatlichen französischen Forschungsinstituts CNRS haben in einem 700 qm großen Gehege in der Nähe der Stadt Schulen für sechs dort lebende Paviane eingerichtet. Die frei zugänglichen kleine Hütten wurden mit einem Bildschirm zum Berühren ausgestattet.

Auf dem Touchscreen erschienen in schneller Reihenfolge englische Wörter. Wenn diese richtig geschrieben waren, mussten die Affen auf eine ovale Form drücken, war es falsch buchstabiert, auf ein Kreuz. Und da ja ohne Belohnung bei Schülern generell nicht viel läuft, erhielten die Paviane für jede richtige Antwort ein Getreidekorn, das automatisch aus einem Automaten fiel.

„Innerhalb weniger Tage hatten die Affen gelernt, die Worte zu unterscheiden – obwohl deren Rechtschreibung sehr ähnlich war", berichten Jonathan Grainger und Joël Fagot vom Team der Forscher. Dies bedeute, dass die Paviane sich nicht die globale Form der Worte gemerkt hätten, sondern die richtige Aufeinanderfolge der Buchstaben. Sie seien also fähig, die exakte Buchstabenfolge von Anomalien zu unterscheiden.

In eineinhalb Monaten präsentierten die Forscher den Paviane insgesamt 8000 englische Wörter mit vier Buchstaben. Als Klassenbester erwies sich der dreijährige „Dan", der am Ende des Experiments 308 richtig geschriebene Worte erkennen konnte. [324]

Paviane mit schwerer Kindheit sterben früher

Menschen mit einem posttraumatischen Belastungssyndrom haben eine bis zu 20 Jahre verkürzte Lebenserwartung. Bei Pavianen ist das nicht anders. Auch bei ihnen wird in der Kindheit der Grundstein fürs ganze Leben gelegt, was sich später kaum oder nur noch sehr schwer korrigieren lässt. Wer schon in der Kindheit viele schlechte Erfahrungen macht, der hat es oft auch später nicht leicht.

In einer Untersuchung von Forschern um Jenny Tung von der Duke University in Durham, US-Staat North Carolina, zeigte sich, dass Paviane, die in ihrer Kindheit viel Elend erlitten hatten, früher starben als unbeschwert aufgewachsene Artgenossen. Der Unterschied in der Lebenserwartung beträgt im Schnitt mehr als zehn Jahre. Die Forscher gehen davon aus, dass bei Mensch und Pavian ähnliche Mechanismen die nachteiligen Spätfolgen traumatischer Kindheitserfahrungen verursachen.

Die Wissenschaftler hatten Daten einer Pavian-Gesellschaft in Kenia ausgewertet, die seit 1971 beobachtet wird. Für 73 der insgesamt 196 beobachteten Pavianfrauen lagen vollständige Lebensgeschichten vor. Statistisch analysierten die Forscher den Zusammenhang zwischen traumatischen Ereignissen in der Kindheit und der Lebenserwartung der Tiere. Als traumatisches Ereignis bewerteten sie zum Beispiel den frühen Tod der Mutter, das Aufwachsen unter großer Konkurrenz oder das Erleben von Dürrezeiten. Die Auswertung ergab, dass Pavianfrauen mit drei oder mehr traumatischer Erfahrungen in ihrer Kindheit im Schnitt mit neun Jahren starben. Frauen mit nur einer schlechten Erfahrung wurden hingegen mehr als doppelt so alt. Und Paviane mit einer ganz und gar unbeschwerten Kindheit erreichten sogar ein Alter von durchschnittlich 24 Jahren. Die am schwersten traumatisierten Paviane bekamen im späteren Leben auch weniger Kinder, berichten die Forscher. [325]

Liebe über Artgrenzen hinweg

Im Tierheim „Poshpaws" von Dubai hat sich ein Pavian mit einem Huhn angefreundet. Die einjährige Mantelpavianfrau kuschelt regelmäßig und innig ihre gefiederten Freundin, die sich das gern gefallen lässt. Sie trägt das Huhn auch mit sich herum, streichelt es sanft und versucht gelegentlich, es zu lausen. Zuvor habe sich die Pavianfrau ein Entenküken als Spielgefährten ausgesucht, berichtete die Betreiberin des Tierheims. Der kleine Mantelpavian hatte wohl, bevor er unterernährt in das Tierheim gebracht worden war, auf einem Bauernhof mit Hühnern zusammengelebt und sie deshalb auch als Personen kennenlernen dürfen.

Im gleichen Jahr (2012) adoptierte ein gefangener Pavian in einem israelischen Zoo ein Kätzchen, das in sein Gehege spaziert war, und ließ es fortan nicht mehr aus den Augen. Offenbar fühlte sich das Kätzchen in der Obhut des Pavians ganz wohl und wollte selbst dann nicht von ihm lassen, als die Zooleitung es aus dem Käfig befreien wollte. [326] [327]

Paviane halten sich Hunde und Katzen
Oder umgekehrt

Im Süden der Arabischen Halbinsel hat sich eine Gesellschaft der besonderen Art gebildet. Auf den Felsen südlich der 50.000 Einwohner zählenden Stadt Taif leben mehrere Tausend Paviane mit verwilderten Kanaan-Hunden zusammen, deren Vorfahren von Nomadenstämmen zur Bewachung der Herden benutzt wurden. Dieser artübergreifenden Großfamilie haben sich auch verwilderte Hauskatzen angeschlossen und die drei Arten schlafen, essen und leben miteinander.

Dass es ein Miteinander und kein Nebeneinander ist, wird in vielen Bereichen deutlich. Die Hunde beschützen die Paviane und Katzen vor Hyänen, Schakalen und Leoparden. Die Hunde wiederum werden genauso wie die Katzen vollständig ins Sozialleben der Paviane eingebunden und dürfen bei ihnen auch mitessen und werden gekuschelt. Das Groomen schätzen die Paviane als Freundschaftspflege, es ist sehr wichtig für den sozialen Zusammenhalt innerhalb der Gruppe. Offensichtlich werden die „gegroomten" Hunde und Katzen von den Pavianen als gleichwertige Gruppenmitglieder betrachtet.

Morgens ziehen die Paviane in großen Gruppen in die Stadt und versorgen sich an Abfällen oder werden von den Bewohnern gefüttert. Die meisten Hunde bleiben dabei an den Schlaffelsen zurück, aber einige wenige Hunde begleiten die Paviane und schützen sie bei den Streifzügen vor fremden, verwilderten Hunden. Wird ein Pavian attackiert, stellen sich die Begleithunde sofort zwischen den fremden Hund und das Opfer. Die Begleithunde schützen also die Paviane vor den eigenen Artgenossen.

Die Wissenschaft steht im Angesicht dieser glücklichen Gemeinschaft vor einem Rätsel. Die Erklärungsmodelle, auf die sie sonst zurückgreifen, funktionieren nicht: „Verpavianen" nun die Hunde oder „verhunden" die Paviane und was machen die Katzen mittendrin? Sind sie Schoßtiere der Paviane? Vorsichtig äußert man mittlerweile den Verdacht, es könnte ihnen einfach nur behagen. Möglicherweise könnte auch die Bereitstellung von Nahrung das prinzipielle Konkurrenzverhältnis der drei Arten beseitigt und Raum für Allianzen geschaffen haben.

Allerdings: Rund 400 Kilometer weiter südlich, an der Grenze zum Jemen, lässt sich eine ähnliche Vergesellschaftung beobachten. Auch hier leben Mantelpaviane, Hunde und Katzen in enger und friedlicher Koexistenz zusammen. An einem Touristenort, an dem die meiste Zeit keine Menschen leben. [328]

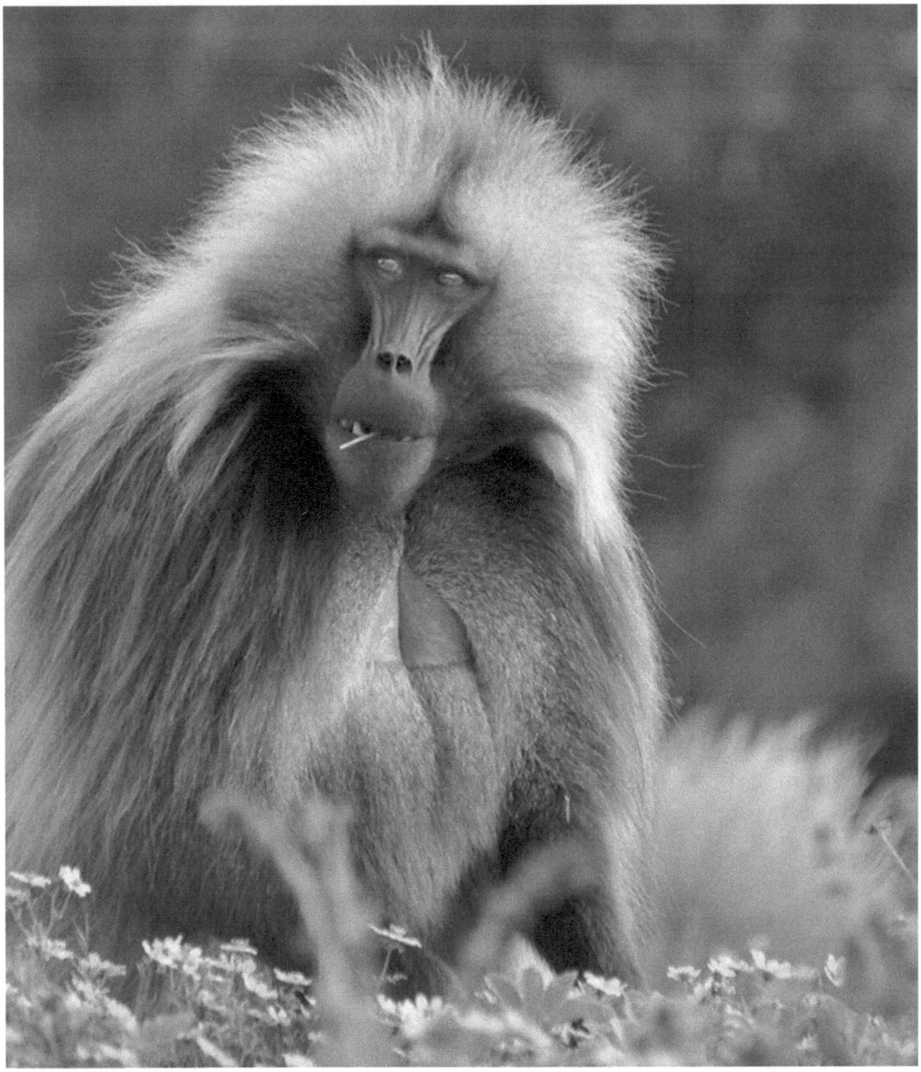

© Bluerain / Fotolia

Paviane bilden Männerbünde

Die Männer der Guinea-Paviane schätzen in ihren Gemeinschaften ihre Männerfreundschaften. Julia Fischer hat mit Verhaltensbiologen des Deutschen Primatenzentrums in Göttingen, dass es bei den Guinea-Pavianen nicht nach dem altbekannten Muster von „meine Frau", „mein Haus", „meine Karriere" abgeht, sondern Männerfreundschaften gepflegt werden. Aufschneidereien sind dieser Paviankultur fremd.

Bei den Guinea-Pavianen leben Frauen und Männer in Gruppen zusammen. Häufig bilden zwei Brüder den Kern, andere Paare stoßen dazu. Die Männer sitzen in Cliquen zusammen, pflegen sich gegenseitig das Fell, sogar eigene Grußrituale werden gepflegt. Treffen die Paviane auf andere Gruppen, bleiben sie friedlich, das Revier wird nicht verteidigt. „Man sieht sich, aber die anderen sind egal", beschreibt Fischer. „Wir nennen sie deshalb auch unsere Hippie-Paviane."

Und da für Wissenschaftler die Welt nur aus zweckrationalen Gründen besteht, versuchen sie die Entscheidung zur Kumpelhaftigkeit der Paviane auch so zu erklären: Während bei fast allen Pavianarten die Männer im Erwachsenenalter weiterziehen, verlassen bei den Guinea-Pavianen die Frauen die Gruppe und die Männer müssen miteinander klarkommen: „Es hat keinen Sinn, den Nachwuchs des eigenen Bruders zu töten", sagt Fischer. Toleranz könne somit ein evolutionärer Vorteil geworden sein. Davon profitieren auch die Frauen: Auch ihnen gegenüber sind die Männer weniger aggressiv. Vielleicht, vielleicht ist diese Art der friedlichen Gestaltung des Zusammenlebens aber auch einfach nur eine Entscheidung, die einmal getroffen wurde und mit der man angenehm durchs Leben kommt. So angenehm, dass es keine Motivation mehr gibt, dies zu ändern. Schließlich sind es doch die Gedanken und Gefühle, die uns alle durchs Leben leiten und nicht der Blick in evolutionstheoretische Bücher.

329

Alle Spielarten des Zusammenlebens: Feministinnen und Machos unter Pavianen

Manche Frauen legen sich Männer zu, um mit ihnen anzugeben: Schaut her, wen ich mir da geangelt habe. Bei Pavianen ist das nicht anders als bei Menschen. Auch sie protzen mit der guten Partie. Beim Sex mit ranghohen Männern kreischen die Steppenpavianfrauen lauter als gewöhnlich: „Schaut her, ich hab´ mir gerade einen Boss gekrallt."

Anubispavianfrauen sind da anders. Sie stehen auf Softies und lassen sich lieber durch Aufmerksamkeit und Zärtlichkeit verführen. Pavianmänner sind da besser beraten, sie und ihre Kinder zu lausen. Mit nahezu 90%iger Wahrscheinlichkeit darf der nette Kerl später auch ran. Macker und ungehobelte Grobiane haben nur bei einem Viertel der Anbandelungsversuche Erfolg. Deshalb geben sie diese Taktik auch in den allermeisten Fällen nach wenigen Monaten auf und werden netter.

Die Mantelpaviane leben nomadisierend in streng patriarchalen Gefügen. Sie wandern in Gruppen von mehreren Hundert Mitgliedern herum, die in Männerbünde mit ihren Harems unterteilt sind. Mit Gewalt und Drohungen halten sie ihre Harems zusammen und bestrafen jede Frau, die sich nicht fügt.

Schweizer Forscher haben nun selbstbewusste feministische Anubispavianfrauen unter Mantelpavianmachos ausgesetzt. Aber wer nun denkt, dass sich die Anubispavianfrauen vom Chauvigehabe männlicher Mantelpaviane nicht beeindrucken lassen und sich der Brutalität durch Flucht entziehen, der irrt. Im Gegenteil: Innerhalb von wenigen Stunden unterwarfen sie sich einem Haremsherren und lebten fortan untertan im Patriarchat. [330] [331]

Gibbons:
Eine Stimme wie professionelle Opernsänger

Weißhandgibbons können ihre Stimmbänder ähnlich gut kontrollieren wie professionelle Opernsänger.

Takeshi Nishimura vom Primatenforschungs-Institut der Universität Kyoto hat mit seinem Team einen Weißhandgibbon aus dem Fukuchiyama City Zoo in Kyoto unter Einfluss von Heliumgas singen lassen. Die Rufe wurden mit Hilfe eines mathematischen Modells ausgewertet, und dies enthüllte Erstaunliches: Weißhandgibbons können ihre Stimmbänder offenbar ähnlich kontrollieren wie ein professioneller Opernsänger.

Die physiologische Grundlage der menschlichen Sprache ist also gar nicht so einzigartig wie bislang angenommen.

Bereits ein Jahr zuvor hatten Forscher um Van Ngoc Thinh vom Deutschen Primatenzentrum in Göttingen herausgefunden, dass Gibbons sich in regionalen Dialekten unterhalten. Das Team hatte 400 Gesangsproben aus 19 Populationen aller sechs Arten von Schopfgibbons untersucht. Diese leben in dichten Regenwäldern in China, Laos, Kambodscha und Vietnam und kommunizieren über Gesänge, die akustisch optimal der Regenwaldumgebung angepasst sind. Mit ihren Gesängen markieren sie ihre Reviere und werben um Partner. Pärchen singen sogar Duette, um ihre Bindung zu festigen. Es zeigte sich, dass die vier ähnlichsten Gesänge von den am engsten benachbarten Gibbonarten im Süden des Untersuchungsgebietes stammten, die zudem die größte genetische Übereinstimmung aufwiesen. Mit den nördlicheren Populationen waren die Übereinstimmungen geringer.

Gibbons singen dem Partner Arien vor, aber sie schreien auch kultiviert mit dem Nachbarn. Unterschätzt war bisher die Sinnhaftigkeit ihrer kurzen, geflüsterten Botschaften. Sie schnattern und flüstern untereinander mit mindestens 450 unterschiedlichen Lauten. Mit den „huh"-ähnlichen Signalen wird gelegentlich recht komplex über allerlei Wichtiges und Unwichtiges kommuniziert. Das ist mindestens 2/3 des Wortschatzes, den Konrad Adenauer bei allen seinen Bundestagsreden einsetzte. [332] [333]

Gefolterte Orang-Utan-Frau dankt ihren Rettern

Die Orang-Utan-Frau Unyil war in einem erbärmlichen Zustand, als sie befreit wurde. Die 13-jährige Äffin war völlig apathisch und hustete Blut. Seit sie ihr „Besitzer", ein Oberst der indonesischen Armee als Dreijährige gekauft hatte, steckte sie in ihrem Babykäfig. Arme und Beine waren durch die Gitterstäbe gewachsen, die ihren Leib wie ein rostiges Folterkorsett umschlossen und ihren Kopf zu einer permanenten tiefen Verbeugung zwangen.

Bis Unyil durch die Krankheit zu sehr geschwächt war, um noch als Zeitvertreib zu taugen, hatte der Oberst viel Spaß mit der Orang-Utan-Frau gehabt. Bei abendlichen Saufgelagen hatten er und seine Offizierskumpane Unyil Zigaretten rauchen lassen und ihr Alkohol verabreicht. Was hatten sie gelacht, wenn sie in ihrem Käfig an der drei Meter langen Kette auf verkoteter Bahn betrunkene Kreise um den Feigenbaum zog, an dem die Gitterbox befestigt war. Waren die Militärs ganz besonders lustig, hatten sie Zigaretten auf der Brust der Orang-Utan-Frau ausgedrückt.

Monatelang hatten Suchtrupps der „Borneo Orang Utan Survival Foundation" (BOS) im Umland der Stadt Balikpapan auf Borneo nach Unyil gefahndet. Schließlich bat der Oberst selbst darum, Unyil abzuholen. Der Orang-Utan im Vogelbauer war mittlerweile viel zu siech, um weiter die Rolle des Hanswursts zu spielen.

Als der BOS-Trupp Unyils Elend sah, machte sich Aktivist Udin sofort mit der Eisensäge daran, den Käfig zu zerteilen. Kaum war das geschafft, stand die Äffin auf, die beiden Käfighälften noch um Oberkörper und Unterleib, reckte sich, streckte die Arme gen Himmel – und umarmte weinend ihren Befreier.[334]

Die Geschichte mit Unyil ging nach ihrer Befreiung weiter. Die Orang-Utan-Frau litt an einer offenen Lungentuberkulose. Die Tierärzte wiesen sie in die Isolationsstation ein, wo sie Antibiotika erhielt. In der Quarantäneabteilung, die für sechs Monate Unyils neues Zuhause darstellte, stehen die Isolationskäfige an beide Seiten eines drei Meter breiten Ganges. Morgens bekommen die Patienten ihre Blättermahlzeit serviert. Um den Appetit der kranken Primaten anzukurbeln, legen die Pfleger Mangos, Äpfel und andere Früchte in die Mitte des Korridors und weit außer Reichweite der langarmigen Patienten. Wer seine Ration Grünfutter verzehrt, bekommt später den begehrten Nachtisch.

Kaum war Unyil in der Isolierstation angekommen, begann das Naschwerk auf rätselhafte Weise zu verschwinden. Die Tierpfleger beschuldigten sich gegenseitig des Diebstahls. Es gab Streit. Schließlich wurde der Chef der Tierpfleger beauftragt, den Dieb dingfest zu machen. Doch dieser kam dem Mundräuber nicht auf die Schliche. Die Mangos verschwanden weiter, vom Täter gab es keine Spur. Schließlich versuchte Udin vom Dach der Isolierstation auszuspähen, was drinnen vor sich ging. Doch sämtliche Mitarbeiter verließen den Raum, ohne dass sich einer an den Mangos vergriff. Doch dann stand Unyil, die bisher teilnahmslos in der Ecke ihres Käfigs gehockt hatte, auf und schaute sich um. Dann rupfte sie sich ein paar ihrer überlangen Haarsträhnen aus, flocht daraus eine Schnur und band eine Bananenschale an deren Ende. Schließlich steckte ihre Arme durch die Gitterstäbe, warf die Bananenangel hinter die am nächsten liegende Frucht und zog sie gefühlvoll ein paar Zentimeter näher. Rutschte die Bananenschale weg, versuchte sie es erneut. Sie fischte und zupfte so lange, bis sie einen der Appetithappen mit der Hand erreichen konnte. Nachdem sie ein paar Mangos verzehrt und deren Steine sorgfältig in ihrem Klo versteckt hatte, setzte sie sich wieder in die Käfigecke und erschien so lethargisch wie zuvor. „Orang-Utans sind sehr geduldig und nachdenklich", sagt die Orang-Utan-Kennerin und Psychologin Russon. „Sie planen, grübeln und denken voraus. Es gibt zahlreiche Fälle, in denen sie sich ihren Haltern als geistig überlegen erwiesen: Diebstähle aus dem Kühlschrank der Menschen, bei denen sie wohnten, wurden meist erst nach Tagen aufgeklärt. So lange dauerte es, bis die Halter verstanden, wie die Affen es angestellt hatten." Ein Affe fertigte aus einer Büroklammer einen Dietrich, mit dem er im Zoo sein Käfigschloss knackte. Da er den Nachschlüssel stets unter der Zunge versteckt hielt, kamen die Wärter ihm erst bei einem Zahnarzttermin auf die Schliche. [335]

Servietten, Handschuhe, Kissen –
Vom kulturellen Leben der Orang Utans

Die kanadische Zoologin Birutė Mary F. Galdikas analysierte mit acht weiteren Primatenforschern Erkenntnisse jahrelanger Beobachtung der scheuen südostasiatischen Orang-Utans zum kulturellen Leben der Menschenaffen. Im Mittelpunkt der Studie standen sechs räumlich voneinander getrennte Orang-Utan-Gruppen auf Borneo und Sumatra.

Orang-Utans nutzen Blätter als Servietten, haben eine Art Gute-Nacht-Ritual entwickelt und nutzen Stöcke als Werkzeuge – alles Zeichen dafür, dass die Menschenaffen eine Kultur entwickelt haben, neue Verhaltensweisen lernen und diese der nächsten Generation weitergeben können. Die Kultur der Orang-Utans wird von verschiedenen Gruppen und ihren Nachfolgegenerationen unabhängig voneinander entwickelt und praktiziert – genauso wie menschliche Gesellschaften einzigartige Formen von Musik, Architektur, Sprache, Kleidung und Kunst hervorbringen und weitergeben.

Dabei stellte sich heraus, dass jede der Gruppen einzigartige Verhaltensweisen praktizierte. Mitglieder von Gruppen auf Borneo und Sumatra beispielsweise erzeugen ein quietschendes Geräusch, indem sie die Lippen zusammenpressen und Luft einziehen. Beide Gruppen nutzen Blätter, um das Geräusch zu verstärken, aber nur die Gruppe auf Borneo hat darüber hinaus entdeckt, dass der Klang verändert werden kann, wenn die Hände über den Mund gewölbt werden. Das Geräusch dient offenbar der Kommunikation.

Eine der sechs Gruppen entwickelte eine Art Gute-Nacht-Ritual. Dabei atmen die Menschenaffen durch zusammengepresste Lippen aus und erzeugen so ein spezielles Geräusch. Eine Gruppe auf Sumatra hat gelernt, Blätter als Handschuhe zu benutzen, um dornige Früchte zu halten.

Eine weitere Gruppe auf Sumatra taucht einen Zweig mit Blättern in ein wassergefülltes Baumloch und leckt die Feuchtigkeit dann von den Blättern.

Eine Gruppe in Borneo nutzt Blätter, um sich das Gesicht damit abzureiben. Eltern lehren ihre Kinder diese Verhaltensweise.

Insgesamt fanden die Forscher 24 Beispiele für ein bestimmtes Verhalten, das mindestens eine der Gruppen regelmäßig nutzt und an Nachfolgegenerationen weitergibt. Zwölf weitere Verhaltensweisen – beispielsweise der Bau eines Kissens mit Hilfe von Zweigen – wurden nur selten beobachtet oder nur von einzelnen Individuen praktiziert.

„Die Entwicklung dieser Kultur zeigt, dass sie ein hohes kognitives Niveau haben", sagt Galdikas, die Orang-Utans seit 30 Jahren in freier Natur beobachtet. „Orang-Utans sind so intelligent wie Schimpansen oder Gorillas, aber sie haben eine andere Mentalität und Persönlichkeit. Ihre geistige Fähigkeit ist sehr, sehr meditativ. Sie sind sehr gescheit." [336]

Orang-Utans teilen geplante Reiseroute mit

Orang-Utans sind ziemlich introvertiert und schwingen sich meistens allein durch das Geäst der Tropenwälder. Allerdings pflegen sie durchaus auch soziale Kontakte. Wenn sie ihre Reisen durch den Dschungel planen kündigen sie am Vorabend ihren Kollegen an, wohin es am nächsten Tag gehen soll. Die Anthropologen um Carel van Schaik und Kolleginnen von der Universität Zürich haben bei der Analyse von 200 Rufen von insgesamt 15 Orang-Utan-Männern herausgefunden, dass sie andere Männer abschrecken sollen, auf gleichen Wegen zu wandeln und andererseits Orangfrauen anlocken sollen. Die Mitteilungen der Sumatra-Orang-Utans dauern bis zu vier Minuten und sind einen Kilometer weit zu hören. Und die Orangs in Hörweite reagieren entsprechend. Rangniedere Männer meiden die verkündeten Reiserouten, die Frauen steuern sie an. Wenn die Männer ihre Pläne am Morgen ändern, teilen sie dies durch einen Ruf in die neue Richtung mit.

„Unserer Studie macht deutlich, dass wilde Orang-Utans nicht nur im Hier und Jetzt leben, sondern sich die Zukunft vorstellen können und ihre Pläne sogar kommunizieren. In diesem Sinn sind sie uns damit wieder ein Stück ähnlicher geworden", sagt van Schaik. [337]

Kokos große Liebe

Koko ist ein weiblicher Flachlandgorilla und lebt in einem Sprachforschungsinstitut in Kalifornien. Sie beherrscht die amerikanische Taubstummensprache. Kokos vollständiger Name lautet Hanabi-Ko, die japanische Bezeichnung für „Feuerwerkskind". Sie wurde am 4. Juli geboren. Und sie kennt ihren Geburtstag. Einmal wünschte sie sich zum Geburtstag eine Katze. Nicht so überraschend für ihre Betreuer, denn Koko liebte besonders die Katzengeschichten aus ihren Bilderbüchern. Da jedoch die bestellte Plüschkatze zum Geburtstag nicht rechtzeitig eintraf, entschloss sich Francine Patterson, Koko das Kuscheltier zu Weihnachten zu schenken.

Als es soweit war, und Koko das Plüschtier erhielt, signalisierte sie das Zeichen für Ärger: „That red!" Sie bekam einen richtigen Wutanfall, rannte hin und her und schlug an die Wand. Es brauchte seine Zeit, bis ihre Betreuer begriffen: Koko wollte kein Plüschtier, sie wollte eine lebende Katze. So schenkte man ihr ein Kätzchen. „Love that", signalisierte Koko bei der ersten Begegnung. Koko nannte das Kätzchen „All Ball" und umsorgte es liebevoll. Wenn sie über All Ball sprechen sollte, signalisierte Koko: „Koko love Ball!"

An einem nebeligen Morgen kam All Ball bei einem Verkehrsunfall ums Leben. Francine Patterson berichtete Koko vom Tod des Kätzchens. Koko weinte bitterlich. Drei Tage nach All Balls Tod sprachen Francine und Koko erstmals darüber.

„Möchtest Du über Dein Kätzchen sprechen?", fragte Francine.

„Cry", signalisierte Koko.

„Kannst Du mir mehr darüber erzählen?", fragte Francine.

Koko: „Blind."

„Wir werden ihn nie wieder sehen, nicht wahr? Was passierte mit Deinem Kätzchen?"

Koko: „Sleep cat."

Noch nach Jahren äußerte sie ihre Trauer um ihr geliebtes Kätzchen. [338]

In flagranti

Eine menschliche Gesellschaft, die „50 Shades of Grey" bevorzugt, mag diese Schilderung als schwülsig und altmodisch empfinden, die da im Primaten-Magazin „Gorilla-Gazette" geschildert wird: „George schließt Leah zärtlich in seine starken Arme. Sein Gesicht unbeweglich, der Blick geht in ihre braunen Augen, sie gibt sich ihm ganz hin. Leah sinkt zu Boden, liegt vor ihm, bereit, ihn zu empfangen". Die Spanner aus der wissenschaftlichen Forschung hingegen sind im siebten Himmel: sie haben die beiden Gorillas George und Leah beim Sex in der Missionarsstellung beobachtet und sogar fotografiert.

Statt wie normalerweise Bauch an Rücken wandten diese beiden einander das Gesicht zu. Das ist das erste Mal, dass andere Menschenaffen als Bonobos und Menschen in der Missionarsstellung beobachtet worden sind, die eigentlich ja „Bonobostellung" heißen müsste, denn Zwergschimpansen und nicht gerade die Missionare hatten sie erfunden.

Auf diese „zivilisierte" Form des Verkehrs bilden sich Menschen viel ein. Vor wenigen Jahrzehnten noch versuchten Missionare, „primitive Naturvölker" von den Vorzügen der „Missionarsstellung" zu überzeugen. Damit ist erstmals bewiesen: Auch Gorillas finden Gefallen am Sex von Angesicht zu Angesicht.

Besonders lang dauerte der Akt allerdings nicht. Nach 70 Sekunden schon ist George gekommen.

Nur wenige Primaten lieben sich in der für den Menschen typischen Gesicht-zu-Gesicht-Position. Die Gorillafrau, die die ungewöhnliche Haltung einnahm, war den Forschern schon früher durch ihre innovativen Verhaltensweisen aufgefallen. „Leah", so ihr Spitzname, schrieb bereits im Jahr 2005 Geschichte, als sie einen Stock nutzte, um die Tiefe eines Wasserlochs zu testen, bevor sie hinein watete. [339]

Berggorillas entschärfen Buschfallen

In Ruanda wurden Berggorillas bei einer beeindruckenden Aktion beobachtet. Sie entschärften gezielt Fallen, mit denen Wilderer kleinere Tiere erlegen. Bei diesen Fallen wird ein Fangseil an einem gebogenen Ast befestigt und dabei unter Spannung gesetzt. Tritt jemand in die Schlinge, schnellt der Ast zurück und zieht diese zusammen.

Die Forscher des Dian Fossey Gorilla Fund's Karisoke Research Center hatten beobachtetet, wie sich ein Gorillamann der Falle näherte und sie aufmerksam musterte. Anschließend kamen zwei junge Gorillamänner herbei und demontierten nach kurzer Inspektion die Seilkonstruktion, ohne selbst gefangen zu werden. Offenkundig hatten die Gorillas die Funktionsweise der Buschfalle durchschaut, denn sie zogen zielsicher den gespannten Ast nach hinten, bis dieser brach und damit der Schnappmechanismus der Falle zerstört wurde. Die Herangehensweise deutete darauf hin, dass die Gorillas schon früher solche Fallen entschärft haben, berichtet das Team. Außerdem hatten die Gorillas nach getaner Arbeit gleich eine zweite Falle unschädlich gemacht. [340]

Der beste Mensch

1996 wählte das US-Magazin *Time* die Gorillafrau Bini zu einem der „besten Menschen des Jahres". Ein Dreijähriger war sechs Meter tief in das Primatengehege des Chicagoer Broofield-Zoos gefallen und die achtjährige Gorillafrau hatte das Kind an sich genommen, es gewiegt und getröstet und in Sicherheit gebracht. Jörg Hess, der Schweizer Gorillaexperte erklärte in einem Interview im Stern kurz und bündig: „Der Vorfall kann nur für Leute sensationell sein, die nichts über Gorillas wissen." [341]

Hasch mich!

Ein internationales Forscherteam hat beobachtet, dass Gorillas Fangen spielen. Dabei folgen sie dem gleichen Spielkonzept wie Menschenkinder. Sie boxen ihre Spielkameraden und laufen dann davon, um die Oberhand zu behalten und keine Retourkutsche zu kassieren. Der Geknuffte läuft dann zumeist hinterher und versucht seinerseits den Angreifer zu erwischen.

Das Zoologenteam deutet dies als „Sinn für Unfairness", wie es auch von Menschen bekannt ist. Dass es sich dabei um ein Spiel handelt und nicht um einen ernsten Konflikt, lässt sich u.a. am Gesichtsausdruck der Tiere ablesen. Die Gorillas setzen nämlich ihr ein Spielgesicht auf: Der Mund steht dabei offen, die Mundwinkel sind leicht zurückgezogen und ein wenig blitzen auch die Zähne hervor. „Es sieht ein bisschen aus, wie wenn Menschen lachen", beschreibt Elke Zimmermann die spielenden Gorillas. So versteht der andere, dass alles doch nicht so ernst gemeint ist.

Das Weglaufen nach ihrer Boxattacke deuten die Forscher als Eingeständnis eines Wettbewerbsvorteils im Spiel. Die boxenden Gorillas wissen darum, dass sie eine Grenze überschritten haben. „Durch das Weglaufen versuchen sie, ihren Wettbewerbsvorteil im Spiel zu erhalten", erklärt die Studienautorin Marina Davila Ross von der Universität Portsmouth. Wenn sich Partner hingegen nur zärtlich knuffen, dann resultiert zwar auch eine wilde Jagd, aber es ist nicht unbedingt der Angreifer, der als erstes losläuft. [342]

Die Apotheke der Gorillas

Die Speisekarte der Gorillas im Mgahinga-Nationalpark setzt sich im Wesentlichen aus 35 Pflanzenarten zusammen. Einige davon werden von der lokalen Bevölkerung als Heilpflanzen verwendet. Auch im Gebiet des Bwindi-Nationalparks greifen Gorillas und Menschen auf die gleichen Medizinalpflanzen zurück, wie Jessica Rothman von der Cornell-Universität bei ethnobotanischen Untersuchungen herausfand.

Die „Naturapotheke" der lokalen Bevölkerung umfasst danach 22 Pflanzen. Einige davon werden auch von den Gorillas genutzt, wobei sie jeweils die gleichen Pflanzenteile einsetzen wie ihre menschlichen Nachbarn.

Gorillas verstehen es sogar, sich das Leben mithilfe von Pflanzen zu erleichtern. So verbauen die Bwindi-Gorillas regelmäßig einen bestimmten Farn in ihren Nestern. Den gleichen Farn setzt die lokale Bevölkerung ein, um Ungeziefer zu vertreiben.

Bereits aus den 20er Jahren gibt es Berichte, dass Primaten sich selbst mit Medizinpflanzen behandeln. Tatsächlich beobachten einige afrikanische Völker kranke Tiere, um neue Medizinpflanzen kennenzulernen. Aus verschiedenen Regionen Afrikas weiß man, dass Menschen und andere Menschenaffen die gleichen Heilpflanzen nutzen.

Das große medizinische Talent der Menschenaffen ist mittlerweile zum Forschungsprojekt geworden. Auf der Suche nach neuen Medikamenten schauen sich Forscher im Regenwald Ugandas um. Bei dem französisch-ugandischen Forschungsprojekt wird seit Monaten eine Gruppe von Menschenaffen von Wissenschaftlern unter die Lupe genommen. Sie spionieren deren Heilmethoden aus. „Es ist die erste derartige wissenschaftliche Beobachtung, die durchgeführt wird, um Medikamente für den Menschen zu finden", sagt die Tierärztin Sabrina Krief vom staatlichen Naturkundemuseum (MNHN) in Paris. [343]

Schimpansenmädchen spielen lieber mit Puppen

Klischee, Klischee. Viele Kinder hegen geschlechtsspezifische Vorlieben für bestimmtes Spielzeug: Mädchen spielen lieber mit Puppen, Jungs mit Autos. So verhält es sich auch bei den Rhesusaffen. Eine Studie am Yerkes National Primate Research Center in Atlanta hatte gezeigt, dass beim Rhesusaffen-Nachwuchs ähnliche Vorlieben zu finden sind: Bot man ihnen die Möglichkeit, zwischen einem Stofftier und einem Spielzeugauto zu wählen, so nahmen die Affenjungs fast ausschließlich das Auto, die Mädchen zeigten eine größere Neigung für die Plüschtiere. Dies könnte allerdings auch am unguten Einfluss menschlicher Kultur liegen, erklärte man entschuldigend das wenig gendermainstreamgerechte Gebaren des Affennachwuchses.

Aber es hilft halt alles nichts: Schimpansen-Mädchen spielen auch in der Wildnis lieber mit Puppen. Forscher der Harvard Universität und des Bates College in Maine werteten dafür Beobachtungsdaten aus 14 Jahren über die Kanyawara Schimpansen-Population im Kibale National Park in Uganda aus. Die Kanyawara-Schimpansen tragen nämlich Stöcke eine Weile mit sich herum, nehmen sie auch mit in ihre Ruhenester und spielen manchmal mit ihnen in einer Weise, die an den Umgang mit einer Puppe oder einem Schimpansenbaby erinnerte.

Die statische Auswertung der Beobachtungsdaten ergab, dass weibliche Jungtiere dieses Stocktragen deutlich häufiger zeigen als ihre männlichen Altersgenossen. „Wir vermuten, dass das Stocktragen eine soziale Tradition ist, die in unserer Gemeinschaft entstanden ist, aber nicht in anderen", so Wrangham. „Falls sich dies bestätigen sollte, wäre dies der erste Fall einer sozialen Tradition, die nur unter den Jungtieren verbreitet ist – ähnlich wie einige Spiele oder Abzählreime bei menschlichen Kindern. Das würde darauf hindeuten, dass die Verhaltensreaktionen der Schimpansen sogar noch menschenähnlicher sind als bisher angenommen", erklärt der Wissenschaftler. [344]

Gläubige (oder abergläubische) Schimpansen bei Religionsausübung beobachtet

Beobachtungen frei lebender Schimpansen deuten darauf hin, dass diese religiös motivierte Rituale zelebrieren. Im Urwald von Guinea wurde eine Forschergruppe um die Geographin Laura Kehoe von der Berliner Humboldt-Universität Zeuge einer bemerkenswerten Begebenheit.

Sie beobachteten einen Schimpansen auf einer Urwaldlichtung dabei, wie er einen schweren Gesteinsbrocken vom Boden aufhob und ihn mit ordentlichem Kawumm gegen einen hohlen Baum schmetterte. Dann nahm der Schimpanse den Stein und legte ihn in stiller Andacht in den hohlen Strunk. Schimpansenkollegen kamen hinzu und taten es ihm gleich. Die Lichtung wuchs zu einem Urwald-Stonehenge von mehr als sechzig Stelen.

Nun ist die Beobachtung von steinewerfenden Schimpansen keine wissenschaftliche Neuheit. Diese hier schleuderten und schichteten jedoch ohne erkennbaren Zweck. Wissenschaftler, die die Kultur bei Schimpansen erforschen, überprüften daraufhin insgesamt 34 Gebiete auf dieses erstaunliche Phänomen. An vier Orten in Guinea, Guinea-Bissau, Liberia und der Elfenbeinküste wurden sie fündig. 64 Mal nahmen ihre Kameras das entsprechende Ritual auf.

Schon früher haben Wissenschaftler bei Schimpansen eine Art religiöses Verhalten beobachtet. So haben der Schimpansenforscher Frans de Waal und andere wiederholt eine Art „Regentanz" beobachtet, bei dem Schimpansenmänner mit Machtdemonstrationen auf Wolkenbrüche reagierten – gerade so, als würden sie versuchen, die Naturgewalten zu beeinflussen. De Waal mutmaßte, dass womöglich ein einfacher Zufall, wie zum Beispiel das Nachlassen des Regens während einer Darbietung, unter den Schimpansen zu dem Aberglauben geführt hat, dass sie den Niederschlag beenden können, wenn sie ihn nur eifrig genug beschwören. Ähnliche Mechanismen führen bekanntlich zur Entstehung von Aberglauben beim Menschen.

Die Schimpansenforscherin Jane Goodall war in ihren Interpretationen mutiger. Nachdem sie einen rätselhaften „Wasserfall-Tanz" eines Schimpansen beobachtet hatte, äußerte sie den Eindruck, bei dem Tier Gefühle wie Staunen und Ehrfurcht wahrzunehmen. Gefühle, die zu einer Art „früher animistischer Religion werden könnten wie jene, in denen Menschen das Wasser, die Sonne und Elemente, die sie nicht begreifen können, anbeten", so Goodall.

„Wer meint, es sei einfältig und dumm, solche Zusammenhänge herzustellen", schreibt de Waal, „der sollte bedenken, dass kein Zweifel daran besteht, welche Menschenaffen am abergläubischsten sind. Die Schimpansen sind es jedenfalls nicht." [345]

Schimpansen bei Totenreinigung gefilmt

Verhaltensforscher um Edwin van Leeuwen von der University of St Andrews haben erstmals Schimpansen dabei gefilmt, wie sie den Leichnam eines Mitglieds ihrer Gemeinschaft mit Hilfe von Werkzeugen gereinigt haben. Die Wissenschaftler filmten die Schimpansendame Noel im Chimfunshi Wildlife Orphanage Trust in Sambia dabei, wie sie den Leichnam ihres Adoptivsohnes Thomas reinigte. Den jungen Schimpansen hatte sie einst an Kindes statt angenommen.

Noel setzte sich neben Thomas' Körper und begann, mit einem zuvor ausgewählten festen Grashalm seine Zähne zu reinigen. Auch als sämtliche andere Gruppenmitglieder den Körper alleine gelassen hatten, setzte Noel diese Reinigung des Leichnams fort.

Die Forscher um van Leeuwen vermuten, dass die enge Beziehung zwischen Noel und Thomas über den Tod hinaus einen Ausdruck in der dokumentierten Totenreinigung findet: „Diese Beobachtung ist auch deshalb so wichtig, weil sie ein weiteres Mal nahelegt, dass nicht nur wir Menschen die Fähigkeit des Mitgefühls besitzen", zitiert der "New Scientist" van Leeuwen. [346]

Gedächtniskünstler: Schimpanse schlägt Menschen in Gedächtnistests

In Gedächtnistests schneiden Schimpansen besser ab als menschliche Studenten. Sana Inoue und Tetsuro Matsuzawa von der Universität von Kyoto setzten für ihre Tests Schimpansen und Menschen vor einen Bildschirm mit Zahlenmustern. Den Schimpansen war zuvor beigebracht worden, die arabischen Ziffern von eins bis neun zu erkennen und in aufsteigender Reihenfolge zu sortieren.

Dann zeigten die Forscher den Probanden auf einem Bildschirm die neun Ziffern, die in einem beliebigen Raster auf dem Monitor verteilt waren. Als die Probanden die erste Ziffer berührten, wurden die restlichen durch kleine weiße Vierecke verdeckt. Nun mussten die Probanden die Vierecke in der durch die Zahlen vorgegebenen Reihenfolge antippen.

Die drei Schimpansenjungen waren dabei schneller als die Studenten. Als Testsieger schnitt ein junger Schimpanse namens Ayumu am besten ab. Er war zwar kaum genauer als die teilnehmenden Studenten, aber deutlich schneller. Ayumu wurde deshalb erneut geprüft bei einem neuen Test, bei dem fünf Zahlen auf weißen Quadraten kurz aufleuchteten und wieder verschwanden. Die Aufgabe bestand abermals darin, die Felder in der korrekten Ziffernfolge zu berühren.

Hier zeigte sich ein bemerkenswerter Unterschied in der Schnelligkeit. Leuchteten die Zahlen sieben Zehntel-Sekunden lang auf, lagen Ayumu und seine studentischen Gegner mit einer Trefferquote von 80 Prozent gleichauf. Je kürzer die Zahlen dann aber gezeigt wurden, desto stärker fiel die Erfolgsquote der Studenten ab – sogar bis auf die Hälfte. Ayumus Trefferquote aber blieb konstant, egal wie kurz die Zahlen aufleuchteten.

Bei den Affen habe sich eine Art fotografisches Gedächtnis gezeigt, erläutert Matsuzawa die Ergebnisse. [347]

Gibs ihm! – Schimpansen wollen Ungerechtigkeit bestraft sehen

Wenn sich jemand unsozial verhält, so wollen wir das bestraft sehen. Dieser Wunsch ist bereits bei sechsjährigen Kindern vorhanden. Schimpansen geht es da nicht anders. Wie Menschenkinder sind auch Schimpansen sogar dazu bereit, Kosten und Mühen auf sich zu nehmen, um bei der Maßregelung für ein unkooperatives Verhalten zusehen zu können.

Menschen wie Schimpansen unterstützen und belohnen Gefälligkeiten von Artgenossen und fördern damit die Kooperation. Umgekehrt bestrafen wir auch diejenigen Personen, die sich unkooperativ verhalten. Ja, wir empfinden sogar Schadenfreude, wenn wir dabei zusehen können, wie ein anderer für unsoziales Verhalten gemaßregelt wird.

Wissenschaftler um Natacha Mendes vom Max-Planck-Institut für Kognitions- und Neurowissenschaften in Leipzig haben Kinder und Schimpansen auf ihre Reaktion hinsichtlich der Bestrafung von Bösewichtern getestet. Den Kindern wurde in einem Puppentheater Situationen gezeigt, in denen jeweils eine gutwillige Figur und ein Bösewicht geschlagen wurden. Die Sechsjährigen investierten sogar Spielmünzen, um dessen Bestrafung mitzuerleben. Im Falle der gutgesinnten Figur lehnten es die Kinder in der Regel ab, dabei zuzusehen, wie diese leidet.

Die Ambitionen von Schimpansen, unsoziales Verhalten zu bestrafen, testete das Team im Leipziger Zoo mithilfe zweier Pfleger, die ebenfalls in zwei gegensätzliche soziale Rollen schlüpften: Während der eine den Schimpansen stets Essen gab, nahm der andere es ihnen wieder weg. Eine weitere Person gab daraufhin vor, beide mit einem Stock zu schlagen. Auch hier nahmen signifikant viele Schimpansen Mühe und Kosten auf sich, um mitzuerleben, wie der ungeliebte Pfleger bestraft wird. Sie hatten dafür eine schwere Tür zu einem Nebenraum zu öffnen, von wo aus sie die Szenerie beobachten konnten. Im Falle der freundlichen Person verzichteten sie hingegen darauf. Vielmehr protestierten sie sogar lautstark dagegen, dass dieser Schmerzen zugeführt wurden. Von einer solchen Solidarität war bei den Menschenkindern keine Rede. [348]

Attacke!
Mit Steinen gegen Zoobesucher

Der Schimpanse Santino sitzt im Furuvik-Tierpark im schwedischen Gävle ein. Und er demonstriert seinen Unwillen darüber und überhaupt auf sehr eindringliche Weise: Seit 2000 sammelt er jeweils in den Morgenstunden Steine und Betonbrocken. Gegen Mittag wirft er damit nach den Besuchern.

In aller Ruhe legte Santino sein Munitionsdepot an und präpariert seine Geschosse. So zerschlug er Stücke aus einer künstlichen Insel im Affengehege. War einer der Brocken zu groß, zerkleinerte er ihn zu einem scheibenförmigen Projektil.

Getroffen hat Santino nur selten und verletzt wurde niemand. Forscher um Mathias Osvath von der Universität von Lund haben Santino beobachtet und die Berichte der Zoowärter ausgewertet. Wie sie jetzt im Fachmagazin Current Biology staunend feststellen, ist dem Schimpansen nicht nur bewusst, womit er in Zukunft rechnen muss. Er bereitete sich auf die zu erwartenden Ereignisse und sogar seine eigenen zukünftigen Gefühle, seinen mentalen Zustand, auch gezielt vor.

Ihre Beobachtungen, erklärte Osvath, deuteten darauf hin, dass Menschenaffen ein weit entwickeltes Bewusstsein besitzen. „Sie verfügen sehr wahrscheinlich über eine ‚innere Welt' wie wir, wenn es darum geht, sich an vergangene Ereignisse unseres Lebens zu erinnern oder an bevorstehende Tage zu denken". [349]

Schimpansen lernen
„Schnick, Schnack, Schnuck"

In dem Spiel „Schnick, Schnack, Schnuck" schlägt das Symbol für Schere das Symbol für Papier, das Papier wiederum den Stein und der Stein die Schere. Kein Element hat damit einen gleichbleibenden Wert. Diese nicht-linearen Zusammenhänge zu erkennen, erfordert fortgeschrittene geistige Fähigkeiten und hilft, komplexe Beziehungen und Probleme zu lösen sowie bekanntes Wissen zu ergänzen.

Eine Studie unter Leitung von Jie Gao von der Kyoto Universität und der Peking Universität hat nun ergeben, dass auch Schimpansen das Spiel erlernen können.

An dem Versuch im Forschungszentrum für Primaten an der Kyoto Universität nahmen sieben Schimpansen teil. In einer Box wurden sie trainiert, auf einem Computer-Touchscreen die jeweils stärkere Option auszuwählen. Eine Schimpansenhand formte Papier und Stein, dann folgte das Paar Stein und Schere und schließlich die Kombination von Schere und Papier.

Wählten die Affen das richtige Symbol, wurden sie mit einem Glockenspiel-Geräusch und einem Stück Apfel belohnt. Lagen sie falsch, gab es kein Essen, aber ein Fehler-Buzzer ertönte. Als sie die Bedeutung der Symbole verstanden hatten, wurden ihnen die Paare in zufälliger Abfolge präsentiert, die Affen mussten sich erneut für das stärkere Symbol entscheiden. Fünf der sieben Schimpansen schafften es nach durchschnittlich 307 Sitzungen, die Aufgaben weitgehend fehlerfrei zu erfüllen.

Den anderen beiden war das Spiel einfach zu blöd. [350]

Der Schimpanse. Ein Künstler

Drei, von einem Schimpansen gemalte, abstrakte Gemälde haben bei ihrer Versteigerung in einem Londoner Auktionshaus im Juni 2005 21.600 Euro eingebracht. Das Londoner Auktionshaus Bonhams hatte die Bilder von „Congo" neben Werken von Pop-Art-Guru Andy Warhol und dem Impressionisten Auguste Renoir feilgeboten. Die Warhols und Renoirs wurden verschmäht, für die Congos boten die Händler zehn Mal mehr als erwartet.

Congo, der „Cézanne der Affenwelt", zu dessen Bewunderern Picasso, Miró und Dali zählten, hatte die Bilder 1957 als Dreijähriger gemalt. Ein Bild der Chapman-Brüder, zweier Stars der Britart-Bewegung, kam dagegen nur auf gut 2.500 Euro. Ein Warhol-Gemälde fand keinen Käufer. „Ein historischer Moment", sagte ein Sprecher des Auktionshauses Bonhams.

Der Käufer der drei Schimpansenbilder, der Amerikaner Howard Hong, sagte, er hätte notfalls bis 70.000 Euro mitgeboten. (...) Mich haben die Bilder rein künstlerisch angesprochen. Das sieht doch aus wie ein früher Kandinsky. Schade nur, dass Congo seine Bilder niemals signiert hat."

Der Menschenaffe aus dem Londoner Zoo wurde Mitte der 50er Jahre von dem Verhaltensforscher Desmond Morris zum Malen ermutigt und bekam sogar eine eigene Ausstellung. Morris schilderte, dass sich Congo während des Schaffensprozesses genauso aufführen konnte wie ein exzentrischer, leicht reizbarer Meister: „Wenn man versuchte, ihn zu unterbrechen, bekam er einen Wutanfall. Versuchte man aber, ihn zum Weitermalen zu bewegen, wenn er eine Arbeit erst einmal abgeschlossen hatte, weigerte er sich störrisch." Congo malte nach Angaben seiner Fans auch nie über das Papier hinaus und wusste immer, wann er fertig war.

Die Bilder erwiesen sich als äußerst schwer nachzuahmen. Kunstkenner lobten die Werke ob ihrer Klarheit und Intensität, wie es die kopierenden menschlichen Maler nicht hervorzubringen vermochten.

Congo starb 1964 im Alter von zehn Jahren an Tuberkulose. [351]

Lucys Lust

Das Sexleben der Schimpansen ist von bestechender Menschlichkeit, wie folgende Anekdote über das Schimpansenmädchen Lucy Temerlin (1964–1987) verdeutlicht, das im Haus des Psychotherapeuten Maurice Temerlin wie eine Tochter aufwuchs.

„ (...) Eines Nachmittags um etwa 5 Uhr beobachteten meine Frau Jane und ich das folgende – nicht untypische – Geschehen: Lucy ging vom Wohnzimmer in die Küche, öffnete den Schrank und nahm ein Glas, öffnete einen anderen Schrank und nahm eine Flasche Gin. Dann goss sie ein bisschen vom Gin in ihr Glas und ging mit dem Drink ins Wohnzimmer zurück. Vom Tisch nahm sie eine Ausgabe des Magazins „National Geographic", ließ sich auf dem Sofa nieder und begann das Magazin durchzublättern, während sie ab und zu an ihrem Drink nippte.

5 Minuten später hielt sie plötzlich inne, als ob sie einen Einfall hätte. Sie setzte sich auf, dachte kurz nach, stellte den Drink und das Magazin auf den Boden, sprang auf und ging zu dem Kabinett auf der anderen Seite des Hauses, etwa 20 Meter von dort entfernt, wo sie gesessen hatte. Sie öffnete die Tür zum Kabinett und nahm den Staubsauger heraus, brachte ihn ins Wohnzimmer und steckte den Stecker in die Steckdose. Dann entfernte sie die Bürste vom Saugstutzen, schaltete den Staubsauger ein und hielt das Ende, an dem die Luft eingesogen wird, direkt an ihre Genitalien. Sie masturbierte mit dem Staubsauger, bis sie einen recht eindeutigen Orgasmus hatte, dann drehte sie die Maschine ab, nahm wieder ihren Drink und das Magazin zur Hand, legte sich auf dem Sofa zurück und setzte dort fort, wo sie aufgehört hatte: genüsslich das Magazin zu durchblättern, während sie hin und wieder an ihrem Drink nippte (...) [352]

Liebe geht durch den Magen

Kein Mut, kein Mädchen: Auch für Schimpansen-Männer zahlt es sich aus, Eier zu zeigen. Wer sich traut, süße Früchte von Feldern zu stehlen und diese mit attraktiven Damen zu teilen, der darf auf Sex in trauter Zweisamkeit hoffen.

Forscher um Kimberley Hockings von der Universität im schottischen Stirling hatten von Anfang 2003 bis Ende 2005 wild lebende Schimpansen nahe des Dorfes Bossou im westafrikanischen Guinea beobachtet.

Dabei beobachteten sie, dass die drei erwachsenen Männer der Gruppe wiederholt Früchte von Feldern holten. 22 solcher Überfälle gab es durchschnittlich im Monat. Meist aßen die Männer die ergatterten Früchte selbst auf. In einigen Fällen aber teilten sie ihr Diebesgut mit einer oder mehreren Frauen – allerdings nur mit solchen in vermehrungsfähigem Alter und am liebsten mit jenen Damen, die ihnen „exklusiven Sex" abseits der Gruppe boten. „Wir glauben, dass Männchen die Raubzüge als Gelegenheit nutzen, den anderen Mitgliedern der Gruppe ihre Tapferkeit zu beweisen, vor allem dem anderen Geschlecht", erklärt der leitende Autor der Studie

In jedem Fall hatten die Schimpansen-Herren mit ihren fruchtigen Geschenken an die Herzensdame Erfolg: Dank der darauf folgenden sexuellen Bereitschaft der Damen zeugte sie mehr Kinder als selbst der Chef der beobachteten Gruppe. Offenbar ist Mut ein bei Schimpansenfrauen hochgeschätzter Charakterzug und der Besitz begehrter Früchte wie zum Beispiel Papayas verstärkt die Attraktivität des jeweiligen Männer noch zusätzlich.

Eine neue Studie von Jingzhi Tan und Brian Hare von der Duke University in Durham bestätigt nun ein weiteres Mal, wie weit die im Kongo-Regenwald lebende Affenart geht, um sich ein behagliches Umfeld zu schaffen: Sie teilen sogar mit ihnen unbekannten Bonobos Futter, um im Gegenzug Streicheleinheiten zu erhalten. [353]

Kopfschütteln
heißt auch bei Bonobos „Nein".

Bonobos schütteln den Kopf, wenn sie mit etwas nicht einverstanden sind. Primatenforscher um Christel Schneider vom Leipziger Max-Planck-Institut für evolutionäre Anthropologie hatten eine entsprechende Reaktion bei einer Bonobofrau gefilmt, die ihr unartiges Kind damit zurechtwies. Die kleine Luiza, die Tochter von Bonobofrau Ulindi, hatte mit ihrem Essen gespielt und keine Anstalten gemacht, es zu verzehren. Nachdem sie mehrfach nicht auf Ermahnungen der Mutter reagiert hatte, die dieses Verhalten stoppen wollte, schüttelte Ulindi mehrfach den Kopf, bevor sie schließlich ihrer Tochter den Lauch entzog und wegwarf.

Für ihre Studie haben die Wissenschaftler um Christel Schneider Bonobos in den Zoos von Leipzig und Berlin sowie im belgischen Tierpark Planckendael beobachtet. Das Kopfschütteln als Nein-Geste beobachteten sie bei vier erwachsenen Zoo-Tieren.

Solche eindeutigen Gesten seien bisher nur bei Schimpansen beobachtet worden, berichten Forscher des Leipziger Max-Planck-Instituts für evolutionäre Anthropologie, der Freien Universität Berlin und der britischen Universität Portsmouth in der Fachzeitschrift „Primates". [354]

Rüpel bevorzugt:
Bonobos mögen rücksichtslose Egomanen

Bonobos gelten als friedfertig und freundlich. Dennoch haben die Affen-Hippies eine Schwäche für Rüpel.

Die Anthropologen Brian Hare und Christopher Krupenye von der Duke University in Durham untersuchten bei Bonobos deren Präferenzen gegenüber hilfsbereiten und egoistischen Personen.

Die Forscher zeigten Bonobos aus dem Schutzgebiet Lola ya Bonobo in der Demokratischen Republik Kongo Trickfilme. Sie zeigen eine Figur, die auf einen Berg steigt. Dann taucht eine weitere Gestalt auf, die der Figur entweder einen hilfreichen Schubs auf den Gipfel gibt oder sie den Hügel hinabstößt. Danach boten die Wissenschaftler den Bonobos Apfelstücke an, auf denen jeweils Papierausschnitte in Form des Helfers oder des Flegels klebten.

Dann zeigten die Forscher den Bonobos einen Sketch, in dem ein Schauspieler ein Stofftier außerhalb seiner Reichweite fallen lässt. Eine zweite Person versucht, das Kuscheltier zurückzugeben, scheitert aber, weil eine dritte es vorher wegnimmt. Im Anschluss konnten die Affen ein Stück Apfel entweder von dem Helfer oder aber von dem Grobian annehmen.

In beiden Fällen entscheiden sich die Bonobos mehrheitlich, den Apfel vom Rüpel anzunehmen. Die Forscher vermuteten, dass sich die Bonobos sich bevorzugt auf die Seite dominanter Charaktere stellen, um besseren Zugang zu Nahrung und Partnern zu erhalten und das Risiko zu mindern, selbst gemobbt zu werden.

Und nun kommt der Witz: Die soziale Ächtung von Flegeln könnte, so die Wissenschaftler, eine einzigartige menschliche Fähigkeit sein. Und dies glauben sie auch ein Jahr nach der Wahl von Donald Trump noch. Und überhaupt. Was für Träumer. [355]

Genetik:
Schimpansen sind Menschen –
oder umgekehrt

Die Taxonomie in der Biologie erfasst Lebewesen (und Viren) in einer Systematik. Die Klassifikation erfolgt nach bestimmten Stufen, von der Art und Gattung bis hinauf zu Reich und Domäne. Die Einordnung der Spezies erfolgt nach einem bestimmten Konzept. Früher wurden Orang-Utans, Gorillas und Schimpansen in der Familie der Menschenaffen (Pongidae) zusammengefasst, während der Mensch und seine ausgestorbenen Vorfahren der Familie der Hominidae zugeordnet wurden. Heute werden die derzeit lebenden Menschenaffen in zwei Unterfamilien aufgeteilt, innerhalb derer die Menschen eine eigene Gattung darstellen. Doch genau hier bricht die Taxonomie ihre eigenen Regeln.

Schon Carl von Linné* wollte Mensch und Schimpanse in der Gattung Homo zusammenfassen. Nur aus Furcht vor der Kirche hat er darauf verzichtet. Nun machen Wissenschaftler einen neuen Vorstoß, diesen Regelbruch im Dienste der Vermeidung einer narzisstischen Kränkung endlich zu korrigieren. Sie fordern die Zusammenfassung der Gemeinen Schimpansen, der Bonobos und der Menschen in einer eigenen Gattung.

Der Schimpanse ist nämlich enger mit dem Menschen verwandt als mit den anderen Menschenaffen. Forscher um Soojin Yi vom „Georgia Institute of Technology" in Atlanta folgerten aus dem Ergebnis einer neuen Studie, dass Menschen und Schimpansen der gemeinsamen Gattung Homo zugeordnet werden sollten – und nicht zwei verschiedenen. Schon vor 10 Jahren stellten Genetiker fest, dass beispielsweise der Unterschied in den Genomen von Sumatra-Orang und Borneo-Orang (Pongo pygmaeus), größer ist als der zwischen Mensch und Schimpanse.

Ein internationales Forscherkonsortium hat das Schimpansen-Genom jetzt vollständig entziffert. Es ist zu 98,7 Prozent identisch mit dem menschlichen Erbgut. In einer besonders wichtigen Gruppe von Genen beträgt der Unterschied nur 0,6 Prozent. Ausgerechnet im Gehirn sind sich Mensch und Schimpanse genetisch am ähnlichsten. Der größte Unterschied zeigt sich im Hoden, wo jedes dritte Gen anders aktiv ist. Schimpansenmänner sind im Vergleich zu menschlichen Männchen reine Potenzbestien.

„Für die grundlegende Frage, was uns zu Menschen macht, haben wir noch keine Erklärung", räumt jedoch einer der federführenden Forscher, Robert Waterston von der Universität von Washington in Seattle, ein.

Wie NATIONAL GEOGRAPHIC DEUTSCHLAND in der Juli-Ausgabe 2012 berichtet, haben Menschenmänner mit Schimpansen noch mehr gemein, als bisher angenommen. Aus naturwissenschaftlicher Sicht lässt sich heute zwischen Menschen und Menschenaffen keine eindeutige Grenze mehr ziehen. Neueste Studien belegen eine bis zu 99,4 % genetische Gleichheit zum Menschen. Die Differenz im Erbgut von Menschenfrauen und Menschenmännern kann zwei bis vier Prozent betragen. [356] [357] [358] [359]

* Der schwedische Naturforscher Carl von Linné (1707 – 1778) schuf mit der binären Nomenklatur die Grundlagen der modernen botanischen und zoologischen Taxonomie.

Eine Familie:
Menschen können sich mit anderen Menschenaffen erfolgreich paaren

Bisher war es eher ein Gerücht, das immer wieder aufkam und energisch dementiert wurde. Doch im Januar 2018 hat der renommierte Evolutionspsychologe und Professor an der Universität von Albany Gordon Gallup der britischen Zeitung THE SUN berichtet, dass in den 20er Jahren des vergangenen Jahrhundets im Yerkes National Primate Research Center, in dem er früher gearbeitet hatte, ein Humanzee-Baby geboren wurde. Sie haben einen weiblichen Schimpansen mit menschlichem Sperma von einem nicht genannten Spender befruchtet und berichtet, dass nicht nur eine Schwangerschaft stattgefunden hat, sondern auch zur Geburt eines lebensfähigen Babys führte.

„Aber in den Tagen oder Wochen nach der Geburt begannen sie, die moralischen und ethischen Erwägungen in Betracht zu ziehen, und das Kind wurde eingeschläfert", erzählte Gallup.

Der russische Biologe Ilja Iwanow (rechts) versuchte in den 1920er Jahren, einen sowjetischen Supersoldaten mit menschlichen Spermien und weiblichen Schimpansen zu schaffen Ein anderer Fall ereignete sich 1967 in China, wo eine Schimpansenfrau mit einem menschlichen Hybrid schwanger war, aber an Vernachlässigung starb, nachdem die Wissenschaftler des Labors gezwungen wurden, das Projekt aufzugeben.

Gallup erklärt, dass Menschen mit anderen Affen gekreuzt werden können und nicht nur mit Schimpansen. „Alle verfügbaren Beweise, sowohl fossile, paläontologische als auch biochemische, einschließlich der DNA selbst, legen nahe, dass Menschen sich auch mit Gorillas und Orang-Utans fortpflanzen können", fügte er hinzu. [360]

Menschen:
Mehr Mitleid mit Hunden
als mit Artgenossen

Menschen empfinden mehr Mitgefühl mit geprügelten Hunden als mit geschlagenen Menschen, offenbart eine Studie US-amerikanischer Forscher. Nur das Schicksal kleiner Kinder weckte das Mitgefühl der Probanden genauso stark wie das von Tieren. Erwachsene hingegen rangierten erst deutlich hinter den Hunden.

„Tatsächlich zeigen Studien mit Haustierbesitzern, dass diese häufig eine engere emotionale Bindung zu ihrem Tier verspüren als zu anderen Menschen", berichten Jack Levin und Arnold Arluke von der Northeastern University in Boston. Das diese dann auch mehr Mitleid mit den Tieren empfinden, sei da naheliegend.

Um zu klären, ob diese Reaktion verallgemeinerbar ist, baten die Forscher 240 Studentinnen und Studenten der Universität zu einem Experiment. Jede Versuchsperson erhielt einen fiktiven Zeitungsartikel, in dem der tätliche Angriff auf entweder ein einjähriges Kleinkind, einen Hundewelpen, einen erwachsenen Hund oder einen erwachsenen Menschen beschrieben wurde. Der Wortlaut aller Artikel war gleich, nur die Beschreibung des Opfers wurde jeweils ausgetauscht. Nach dem Lesen der Meldung bewerteten die Teilnehmer ihr Mitleid mit dem Opfer.

Das Ergebnis: der Hundewelpe und das Kleinkind riefen am meisten Mitleid hervor. Das sei vermutlich damit zu erklären, dass Jungtiere und Kinder als besonders unschuldig, hilflos und daher schützenswert gelten. Unerwartet für die Forscher war allerdings ein zweites Resultat des Experiments: Nicht nur die beiden „Kinder", auch der erwachsene Hund bekam deutlich mehr Mitleid als der erwachsene Mensch. Erwachsene Menschen werden offenbar als wehrhafter und selbstständiger angesehen – sie entsprechen daher weniger dem klassischen Bild des unschuldigen Opfers. [361]

Menschen:
Auf Befehl fallen alle Hemmungen

Das Experiment war wie ein Theaterstück aufgebaut. Den freiwilligen Studienteilnehmern wurde erzählt, sie nähmen an einer Studie teil, die den Zusammenhang zwischen Bestrafung und Lernerfolg untersuchen sollte. Per fingiertem Auswahlverfahren wurden die Rollen von Schüler und Lehrer zugewiesen. Der Lehrer sollte Fragen stellen, der Schüler sollte sie im Nebenzimmer beantworten. Bei einer falschen Antwort hatte der Lehrer dem Schüler einen Stromstoß zu verpassen, der mit jeder falschen Antwort um 15 Volt erhöht wurde. Eine Reihe von gekennzeichneten Schaltern war dafür zu betätigen. Der Lehrer durfte dabei zusehen, wie der Schüler auf einem Stuhl festgeschnallt und mit Elektroden versehen wurde. Was der „Lehrer" nicht wusste: nicht der Schüler, er selbst war die Versuchsperson, der Schüler war ein Schauspieler und sollte sich nur rollengerecht verhalten. Er bekam freilich auch keine Stromschläge verpasst, er sollte nur reagieren: bei 75 Volt grunzen, bei 120 Volt vor Schmerz schreien, bei 150 Volt sagen, dass er nicht mehr teilnehmen möchte am Experiment, bei 200 Volt markerschütternd schreien, bei 300 Volt die Antwort verweigern, bei 330 Volt keine Reaktion mehr geben, um Bewusstlosigkeit oder Tod zu simulieren.

65% (!!!) der Versuchspersonen waren bereit, dem „Schüler" mit der maximalen Voltstärke von 450 Volt zu „bestrafen". Keiner brach das Experiment vor einer Voltstärke von 300 Volt ab. Auch wenn der innere Konflikt ersichtlich war und die Versuchspersonen zitterten, schwitzen und extrem nervös wurden, machten sie mehrheitlich bis zum bitteren Ende weiter, sogar als sie annehmen mussten, der „Schüler" sei tot oder bewusstlos. Nur, weil der Versuchsleiter freundlich, aber bestimmt, dazu aufforderte. Diese Unterwürfigkeit gegenüber Autoritäten hatte selbst Studienleiter Milgram nicht erwartet. Das Experiment wurde mittlerweile mehrfach und in verschiedenen Ländern wiederholt. Immer mit dem gleichen Ergebnis. [362]

Menschen verhalten sich rollengerecht bis zur Selbstaufgabe

Das Stanford-Prison-Experiment wurde 1971 von den US-amerikanischen Psychologen Philip Zimbardo, Craig Haney und Curtis Banks an der Stanford University durchgeführt, um das menschliche Verhalten unter dem Bedingungen der Gefangenschaft zu untersuchen. Aus über 70 Studenten, die sich auf eine Zeitungsanzeige gemeldet hatten, wurden 24 Personen ausgewählt, die bei psychologischen Tests normale Ergebnisse erzielten und aus der Mittelschicht stammten. Diese wurden dann per Zufallsauswahl in zwei Gruppen eingeteilt – Wärter und Gefangene.

Im Keller der Universität wurde ein Gefangenentrakt eingerichtet, dorthin wurden die verhafteten Gefangenen gebracht. Diejenigen, die Wärter darstellen sollten, wurden mit Uniformen, Gummiknüppeln und Sonnenbrillen ausgestattet. Die Gefangenen wurden von dem „stellvertretenden Anstaltsleiter" persönlich begrüßt, anschließend entlaust und gezwungen, eine schwere Fußkette, einen Nylonstrumpf über dem Kopf und „Gefängniskleidung" (Krankenhaushemd ohne Unterwäsche) zu tragen.

Bereits am zweiten Tag eskalierte die Situation, die Gefangenen wurden aufständisch, die Wärter gewalttätig. Das Experiment geriet schnell außer Kontrolle. Nach drei Tagen zeigte ein „Gefangener" extreme Stressreaktionen und musste entlassen werden. Einige der Wärter zeigten sadistische Verhaltensweisen, insbesondere nachts, wenn sie vermuteten, dass die angebrachten Kameras nicht in Betrieb waren. Nach sechs Tagen musste das Experiment aus Sicherheitsgründen abgebrochen werden.

Das Experiment zeigt deutlich die Bereitschaft der Menschen, Verantwortung abzugeben und in zugewiesenen Rollen aufzugehen. [363]

Bonobo-Sex erregt Menschenfrauen

Wir könnten uns mit ihnen fortpflanzen, so gleich sind wir. Deshalb ist es wohl nicht überraschend, dass zumindest weibliche Menschen von Sex-Videos mit Bonobos erregt werden. Dies haben Untersuchungen von Sexualforschern ergeben. Gradmesser für die Erregung war in diesem Fall die genitale Durchblutung. Sie stieg bei den weiblichen Probanden an.

Damit müssen die menschlichen Männchen erstmal fertig werden. Mithilfe des Umstands, dass Männer sich nicht genital stimulieren ließen (Eifersucht aufgrund arttypischer Potenzschwäche? Siehe dazu auch Seite 370), reden sie das Zeichen der Verbundenheit über Artgrenzen hinweg herunter. „Insgesamt reagieren Frauen auf weit mehr Reize als Männer", erklärte Sexualforscher Ulrich Clement in einem Interview. „Das tun sie oft unspezifisch, also auch auf Dinge, die gar nicht ihrer persönlichen Präferenz entsprechen", sagte er. Dinge?

Und weiter: Die Erregung der Frauen beim Betrachten der Affen-Kopulation sei keineswegs ein Interesse am Sex mit Tieren, trösten sich die männlichen Forscher. Sie geben zu aber: Eine Erklärung für die unterbewusste sexuelle Erregung gäbe es noch nicht. Generell hätten weibliche Menschen aber beim Betrachten sexueller Szenen eine größere Empathiefähigkeit als männliche. Sie versetzten sich in die Liebenden hinein und werden dadurch erregt.

Und da geht auch umgekehrt was. 2007 sprang ein junger Gorillamann im Rotterdamer Zoo mit einem Riesensatz über einen vier Meter breiten Wasserkanal und vermöbelte vier Menschen, darunter eine 57jährige, in ihn verliebte Menschenfrau.

Natürlich traten sofort allerlei Dummschwätzer auf den Plan, die den Vorfall auf „Handaufzucht" schoben, man hätte Bokito als Baby sterben lassen sollen, nachdem seine Mama ihn nicht wollte. Eine „Philosophin" küchenpsychologisierte über die sexuelle Attraktivität der Gorillamuskeln und höhnt, sie hätten aber das kleinste Geschlechtsteil. Endlich meldet sich der Gorillakenner Frans de Waal zu Wort. Er erklärte in der

„Volkskrant," warum Bokito die verliebte Menschenfrau gezielt angegriffen hat: „Er war böse auf die Frau, die Kontakt mit ihm suchte und sich nicht seinem Harem anschloss." Scharf machen und dann zappeln lassen lässt sich eben kein Gorilla gefallen. [364] [365]

In memoriam Sultan

[...] Obwohl seine ganze Geschichte, die damit beginnt, dass seine Mutter erschossen und er gefangen genommen wird, die sich dann mit seiner Reise im Käfig übers Meer fortsetzt und ihn schließlich als Gefangenen in diesem Insellager enden lässt, wo sadistische Spiele um das Futter herum gespielt werden, obwohl das alles ihn dazu bringt, Fragen nach der Gerechtigkeit des Universums und dem Platz dieser Strafkolonie darin zu stellen, führt ihn ein sorgfältig geplantes Programm weg von ethischen und metaphysischen Fragen, hin zu den bescheideneren Gefilden der praktischen Vernunft.

[...] In seinem tiefsten Inneren ist Sultan* nicht an dem Bananenproblem interessiert. Nur die hartnäckige Reglementierung durch den Experimentator zwingt ihn, sich darauf zu konzentrieren.

Die Frage, die ihn wirklich beschäftigt, wie sie auch die Ratte und die Katze und jedes andere Tier beschäftigt, das in der Hölle eines Labors oder im Zoo eingesperrt ist, lautet: Wo ist meine Heimat, und wie gelange ich dahin? [...]

(aus J. M. Coetzee, „Das Leben der Tiere")

*Sultan: Versuchsschimpanse des Forschers Wolfgang Köhler, einer der Begründer der Gestaltpsychologie bzw. der Gestalttheorie. Köhler erforschte in den 1920er Jahren u.a. an diesem Schimpansen das sogenannte einsichtige Verhalten.

Quellen:

WEICHTIERE

1   Die Zeit Nr. 42/1997, S. 52
2   ARD, „Das Tier und wir", 1.12.2014
3   Kamenos, N. A.; Calosi, P. & Moore, P. G. (2006) „Substratum-mediated heart rate responses of an invertebrate to predation threat", Animal Behaviour, 71, pp. 809-813.
4   Morton, B. (2001) "The evolution of eyes in the Bivalvia", in Gibson, R. N.; Barnes, M. & Atkinson, R. J. A. (eds.) Oceanography and marine Biology: An annual review, vol. 39, London: Taylor & Francis, pp. 165-205. Morton, B. (2008) "The evolution of eyes in the Bivalvia: New insights", American Malacological Bulletin, 26, pp. 35-45. Aberhan, M.; Nürnberg, S. & Kiessling, W. (2012) "Vision and the diversification of Phanerozoic marine invertebrates", Paleobiology, 38, pp. 187-204. Malkowsky, Y.; Götze, M.-C. (2014) "Impact of habitat and life trait on character evolution of pallial eyes in Pectinidae (Mollusca: bivalvia)", Organisms Diversity & Evolution, 14, pp. 173-185. Morton, B. & Puljas, S. (2015) "The ectopic compound ommatidium-like pallial eyes of three species of Mediterranean (Adriatic Sea) Glycymeris (Bivalvia: Arcoida). Decreasing visual acuity with increasing depth?", Acta Zoologica, 97, pp. 464-474.
5   https://www.youtube.com/watch?v=vOEOlKXOLdk.
6   http://www.spektrum.de/news/auch-schnecken-haben-unterschiedliche-talente/1348505
7   Claudia Ruby, Einstein im Aquarium, München, 2007, S. 25f
8   Volker Arzt, Immanuel Birmelin, Haben Tiere ein Bewusstsein?, München 1995, S. 210
9   http://www.spiegel.de/wissenschaft/natur/nahrungsbeschaffung-biologe-filmt-erstmals-werkelnde-fische-a-790016.html
10   Volker Arzt, S.180f; Ruby, S.50ff
11   Biology Letters, 04.07.2012 - IRE, http://www.spektrum.de/news/tintenfische-taeuschen-rivalen-mit-femininer-seite/1156489
12   https://www.geo.de/natur/tierwelt/15076-rtkl-tierische-intelligenz-tintenfische-koennen-zaehlen
13   https://www.n-tv.de/wissen/Kraken-mit-eigener-Persoenlichkeit-article774281.html

SPINNEN UND KREBSTIERE

14   Jeffrey Masson,Susan Mc Carthy, Wenn Tiere weinen, Hamburg 1996, S. 112
15   http://www.sueddeutsche.de/wissen/zoologie-die-spinnen-wg-1.2002211
16   http://www.spektrum.de/news/mutige-spinnen-entstehen-in-der-gemeinschaft/1306198, 27.08.2014
17   http://www.sueddeutsche.de/wissen/verhaltensbiologie-der-mensch-nicht-die-einzige-art-die-schlechter-fuehrung-zum-opfer-faellt-1.2848824
18   http://www.sueddeutsche.de/wissen/biologie-arachnosex-1.2556327
19   http://www.zeit.de/1954/20/paviane-spinnen-und-der-mensch
20   ddp, 08.11.2007
21   The Journal of Experimental Biology, 2013; doi: 10.1242/jeb.070241
22   https://www.n-tv.de/wissen/Taeuschung-von-Rivalen-article37493.html
23   https://www.focus.de/wissen/natur/verhaltensforschung-krabben-tauschen-sex-gegen-sicherheit_aid_450741.html
24   http://www.spektrum.de/news/lass-den-kleinen-in-ruh/725558
25   (University of California – San Diego, 04.08.2005 - NPO) http://www.scinexx.de/wissen-aktuell-3272-2005-08-04.html
26   https://www.n-tv.de/wissen/Winkerkrabben-berechnen-Wege-article532558.html
27   Tufts University, 28.04.2010 - NPO
28   http://www.spektrum.de/news/einsiedlerkrebse-wissen-wann-sich-kaempfen-lohnt/906763
29   Der Spiegel, 12.03.2008

INSEKTEN

30   dpa, 16.5.07
31   https://www.welt.de/wissenschaft/umwelt/article13871960/Fliegen-wappnen-sich-mit-Alkohol-gegen-ihre-Parasiten.html
32   https://www.welt.de/wissenschaft/article13924368/Sexuell-frustrierte-Fliegen-suchen-Trost-im-Alkohol.html
33   Tanimoto H, Heisenberg M, Gerber B (2004) Event timing turns punishment to reward. Nat 430: 983
34   Süddeutsche Zeitung, 4.5.2004
35   http://www.spiegel.de/wissenschaft/natur/forscher-wollen-angst-bei-fliegen-nachgewiesen-haben-a-1033277.html
36   http://www.spiegel.de/wissenschaft/natur/verhaltensforschung-fliegen-planen-flucht-im-voraus-a-575127.html

37   http://www.20min.ch/wissen/news/story/Kein-Bock-auf-Sex--Libelle-stuerzt--tot--zu-Boden-15382147

38   http://www.spiegel.de/wissenschaft/natur/gutes-gedaechtnis-schmetterlinge-erinnern-sich-an-leben-als-raupe-a-539466.html

39   http://www.spiegel.de/wissenschaft/natur/verhaltensforschung-muecken-meiden-menschen-die-nach-ihnen-schlagen-a-1190244.html

40   http://www.wissenschaft.de/leben-umwelt/biologie/-/journal_content/56/12054/5692281/Auch-Schaben-haben-eine-Pers%C3%B6nlichkeit/

41   https://www.focus.de/wissen/videos/sie-sind-gute-muetter-schuechtern-mutig-sozial-so-sehr-aehneln-uns-kakerlaken_id_4534307.html

42   Elliot Aronson pp., Sozialpsychologie, München, 2008, Seite 281

43   http://www.spiegel.de/wissenschaft/mensch/schaben-sex-schwaechlinge-bevorzugt-a-121110.html

44   http://grenzwissenschaft-aktuell.blogspot.de/2009/11/forscher-auch-insekten-konnten-ein.html

45   Süddeutsche Zeitung, 23.09.2008

46   https://www.grenzwissenschaft-aktuell.de/studie-bienen-haben-emotionen20160930/

47   3sat, 23.4.01

48   http://www.deutschlandfunk.de/insekten-hummeln-zu-zielorientiertem-flexiblem-verhalten.676.de.html?dram:article_id=379816

49   https://www1.wdr.de/wissen/natur/hummeln-100.html

50   http://www.zeit.de/2009/07/N-Bienen

51   https://www.welt.de/wissenschaft/article2062317/Bienen-ueberwinden-Sprachbarrieren-taenzerisch.html

52   Süddeutsche Zeitung, 23.09.2008, Wissen

53   https://www.abendblatt.de/hamburg-tipps/kinder/kinder/article121832859/Ameisen-helfen-ihren-Freunden.html

54   http://www.spiegel.de/wissenschaft/natur/lernen-im-tierreich-ameisen-sind-ruecksichtsvolle-lehrer-a-394862.html

55   http://www.sueddeutsche.de/wissen/verhaltensforschung-faul-wie-eine-ameise-1.2684674

56   http://www.scinexx.de/wissen-aktuell-7984-2008-03-25.html
     https://www.abendblatt.de/ratgeber/wissen/article113065011/Auch-Tiere-betreiben-Ackerbau-und-Viehzucht.html

57   https://www.welt.de/wissenschaft/tierwelt/article2798508/Wie-Ameisen-andere-Ameisenarten-verskla-ven.html

58   http://www.scinexx.de/wissen-aktuell-15158-2012-09-21.html

59   https://www.stern.de/panorama/wissen/natur/verhaltensforschung-ameisen-stellen--wegweiser--auf-3544390.

60   http://www.scinexx.de/wissen-aktuell-18584-2015-02-19.html

61   http://www.spektrum.de/news/kranke-ameisen-schlucken-wasserstoffperoxid/1362493

62   http://www.sueddeutsche.de/wissen/verhaltensbiologie-ein-beherrschtes-insekt-1.3704185

63   http://www.spiegel.de/wissenschaft/natur/ameisen-transportieren-honig-in-schwaemmen-a-1128403.html
     http://www.spektrum.de/lexikon/biologie/grabwespen/29104

64   http://www.sueddeutsche.de/wissen/insekten-die-notfallmedizin-der-ameisen-1.3867131

65   http://www.uni-mainz.de/presse/60135.php

FISCHE

66   Bild der Wissenschaft, 30.04.2003

67   Die Welt, 28.04.09

68   Claudia Ruby, Einstein im Aquarium, München, 2007, S. 145

69   https://www.welt.de/wissenschaft/article86520/Fische-koennen-lesen.html

70   Bild der Wissenschaft, 18.11.2005

71   https://www.welt.de/print-welt/article705262/Muraenen-verstehen-Barsche.html

72   http://www.zeit.de/wissen/umwelt/2014-09/fisch-verhalten-biologie

73   Claudia Ruby, Einstein im Aquarium, München, 2007, S. 135ff

74   Current Biology,18, 1–4, 05.08.2008; Spiegel, 15.03.2001

75   Claudia Ruby, Einstein im Aquarium, München, 2007, S. 144

76   http://www.scinexx.de/wissen-aktuell-20255-2016-06-08.html

77   Der Spiegel, 27.06.2007

78   (aus : Wolfgang Auhagen, Claudia Bullerjahn, Holger Höge, Musikpsychologie, 2009, Chase, 2001)

79   http://www.spiegel.de/wissenschaft/natur/unterschaetzte-fische-guppys-sind-treu-und-mutig-a-411327.html

80   http://www.spiegel.de/wissenschaft/natur/rauferei-im-aquarium-erfolg-macht-feige-fische-forsch-a-450000.html

81   http://www.spiegel.de/wissenschaft/natur/fischpersoenlichkeiten-schuechterne-stichlinge-moegen-s-gesellig-a-567539.html

82   http://www.spiegel.de/wissenschaft/natur/homosexuelles-verhalten-macht-maennliche-fische-attraktiv-a-872512.html

83   https://www.n-tv.de/wissen/Weibchen-bevorzugen-Verlierer-article10061416.html

84   http://www.sueddeutsche.de/wissen/verhaltensbiologie-helferfisch-1.2665041

85   http://www.scinexx.de/wissen-aktuell-19884-2016-02-24.html

86   http://www.sueddeutsche.de/wissen/verhaltensbiologie-haie-haben-charakter-1.2155299

87   http://www.faz.net/aktuell/wissen/natur/verhaltensforschung-fisch-weibchen-lernen-schneller-als-die-maennchen-12995165.html

88   http://grenzwissenschaft-aktuell.blogspot.de/2009/01/falscher-mythos-fische-haben.html

89   http://www.scinexx.de/wissen-aktuell-15461-2013-01-09.html

90   http://www.huffingtonpost.de/rieke-petter/welttag-meer-intelligenz-fische_b_10341378.html

91   https://www.welt.de/kmpkt/article169750716/Daran-erkennst-du-ob-dein-Fisch-unter-Depressionen-leidet.html

92   http://www.spiegel.de/wissenschaft/natur/dufte-kommunikation-fische-furzen-im-dunkeln-a-272618.html

93   https://www.abendblatt.de/ratgeber/wissen/article108172067/Auch-Fische-wollen-gerne-schmusen.html

REPTILIEN UND AMPHIBIEN

94   Ruby, S. 69f

95   http://www.spiegel.de/wissenschaft/natur/spielende-tiere-sinn-des-verhaltens-von-tieren-erforscht-a-1012054.html

96   Der Spiegel, 18.01.2006

97   3SAT nano, 11.02.04

98   https://www.tagesanzeiger.ch/wissen/natur/Der-Scharfsinn-der-Schildkroete/story/24687181

99   Berliner Zeitung, 26.04. 2006

100   Die Welt, 08.11.06

101   Der Spiegel, 29.12.2003

102   Animal Behavior and Cognition, 2015; doi: 10.12966/abc.02.04.2015) (University of Tennessee at Knoxville, 11.02.2015 - AKR)

103   http://www.sueddeutsche.de/wissen/reptilien-schlaue-schildkroeten-1.1854951

104   http://www.sueddeutsche.de/wissen/reptilien-einfuehlsame-echsen-1.1897505

105   Kis, Anna, Ludwig Huber, and Anna Wilkinson. "Social learning by imitation in a reptile (Pogona vitticeps)." Animal cognition (2014): 1-7.

106   U. Krebs (2007): On Intelligence in Man and Monitor: Observations, Concepts, Proposals. Mertensiella 16 (Advances in Monitor Research III): 44-58.
      H.-G. Horn (1999): Evolutionary Efficiency and Succes in Monitors: A Survey on Behavior and Behavioral Strategies and some Comments. Mertensiella 11 (Advances in Monitor Research II): 167-180.

107   http://www.zeit.de/wissen/umwelt/2011-07/eidechse-unterschaetzt

108   http://www.scinexx.de/wissen-aktuell-21459-2017-05-15.html

109   http://www.spiegel.de/wissenschaft/natur/raffinierte-jaeger-krokodile-nutzen-stoeckchen-zur-vogel-jagd-a-937667.html

110   https://www.youtube.com/watch?v=xluNRe_9PlA

111   http://www.spektrum.de/magazin/ruf-der-krokodile/1116463

VÖGEL

112   http://folio.nzz.ch/1994/november/der-schlaue-vogel-strauss

113   Ernst Mecklenburg, Das geheime Leben der Tiere, München, 1997, S. 23
      Jonathan Balcombe, Tierisch vergnügt, Stuttgart, 2007, S. 256

114   http://www.spektrum.de/news/schlaue-huehner/13429103

115   https://link.springer.com/article/10.1007/s10071-016-1064-4

116   https://www.welt.de/wissenschaft/article12747797/Huehner-zeigen-erstaunlich-viel-Mitgefuehl.html

117   http://www.faz.net/aktuell/wissen/natur/huehner-nutzen-ihr-gehirn-aber-kennen-keine-moral-12893195-p2.html

118   https://www.planet-wissen.de/natur/voegel/entenvoegel/pwieverhaltensforschungangraugaensen100.html

119   Masson, S 135

120   Masson, Wenn Schafe träumen, München, 2006, S. 239

121   http://www.deutschlandfunk.de/intelligenz-entenkueken-ziehen-abstrakte-schluesse.676.de.html?dram:article_id=360236

122   http://www.tagesspiegel.de/weltspiegel/gesundheit/der-kuckuck-legt-gefaerbte-eier-in-fremde-nester-und-verstellt-die-stimme-mit-erfolg/140528.html

123   http://www.sueddeutsche.de/wissen/rache-im-tierreich-furcht-vor-der-fliegenden-mafia-1.1940413

124 https://www.stern.de/panorama/wissen/natur/verhaltensforschung-tauben-mit-elefantengedaecht-
    nis-3322658.html
125 http://www.spiegel.de/wissenschaft/mensch/stilsicher-tauben-erkennen-van-gogh-gemaelde-a-129950.
    html
126 https://www.focus.de/finanzen/news/perspektiven-tauben-als-kunstkenner-monet-oder-picasso_
    aid_153275.html
127 http://www.neon.de/artikel/kaufen/produkte/tauben-koennen-bilder-von-monet-und-picasso-am-mal-
    stil-unterscheiden/1455710
128 https://www.geo.de/natur/tierwelt/17430-rtkl-tierisch-intelligent-tauben-sind-besser-im-multitasking-
    als-menschen
129 3SAT, Nano, 17.03.2008
130 http://www.sueddeutsche.de/wissen/gefluegelte-rechner-auch-tauben-koennen-mathe-1.1242694
131 http://www.cell.com/current-biology/fulltext/S0960-9822(17)31332-5
132 https://www.aerztezeitung.de/panorama/article/921764/gefiedertes-talent-tauben-koennen-mensch-
    liche-woerter-lesen.html
133 http://www.scinexx.de/wissen-aktuell-22124-2017-11-23.html
134 http://www.scinexx.de/wissen-aktuell-19550-2015-11-19.html
135 http://www.spektrum.de/news/muschelraub-per-ententrick/1374619
136 https://www.welt.de/newsticker/dpa_nt/infoline_nt/boulevard_nt/article158376511/Die-Geschichte-
    vom-treuesten-Pinguin-der-Welt.html
137 Masson, S 144
138 https://www.spektrum.de/news/legen-voegel-gezielt-feuer/1399195
139 http://www.spektrum.de/news/kakadus-wissen-sich-auch-mit-pappkarton-zu-helfen/1429872
140 http://www.spektrum.de/news/kakadus-trommeln-perfekten-beat/1478383
141 http://www.spektrum.de/news/auch-bei-keas-ist-lachen-ansteckend/1442217
142 https://www.focus.de/panorama/welt/hi-gary_aid_103736.html
143 http://www.spiegel.de/panorama/gesellschaft/hausbrand-papagei-imitiert-rauchmelder-familie-gerettet-
    a-513550.html
144 Karine Lou Matignon, Was Tiere fühlen, München 2006, S.90
145 https://deutsch.rt.com/newsticker/54400-papagei-als-zeuge-us-gericht-fallt-urteil-im-mordfall/
146 https://www.abendblatt.de/vermischtes/article107021532/Graupapagei-begreift-das-Prinzip-des-Nichts.
    html
147 https://www.stern.de/wirtschaft/drogenabhaengige-papageien---eine-plage-fuer-indische-bau-
    ern-7383812.html
148 http://www.spektrum.de/news/auch-vogeleltern-zwitschern-in-babysprache/1412768
149 http://www.spektrum.de/news/kohlmeisen-zwitschern-in-ganzen-saetzen/1402501
150 3SAT, Nano, 06.02.2004
151 ddp, 12.09.2008
152 3SAT Nano, 17.03.2008
153 http://www.spektrum.de/news/vogel-lockt-mit-gruseleffekt/1060811
154 http://www.spektrum.de/news/afrikanische-voegel-ueberlisten-ihre-nahrungskonkurrenten-mit-nachge-
    ahmten-warnrufen/1283902
155 http://www.spektrum.de/news/diebische-drongos-arbeiten-an-ihrem-ruf/1303023
156 http://www.spektrum.de/news/zigaretten-schuetzen-vogelnester-vor-parasitenbefall/1173081
157 http://www.spektrum.de/news/schuetzen-voegel-ihr-nest-mit-kra-utern-vor-bakterien/720972
158 http://www.scinexx.de/wissen-aktuell-16554-2013-08-21.html
159 http://www.spektrum.de/news/voegel-ahnen-tornados-voraus/1324211
160 https://www.welt.de/wissenschaft/umwelt/article106207194/Irrer-Laubenvogel-begnadeter-Innendeko-
    rateur.html
161 http://www.nationalgeographic.de/tiere/laubenvoegel-nur-fuer-dich-mein-schatz
162 http://www.spiegel.de/wissenschaft/natur/balz-der-laubenvoegel-schneller-sex-dank-optischer-tricks-
    a-809826.html
163 http://www.sueddeutsche.de/wissen/biologie-laubenvoegel-legen-blumenbeete-an-1.1340177
164 Clifford B. Frith, Dawn. W. Frith: The Bowerbirds - Ptilonorhynchidae. Oxford University Press, Oxford 2004,
    S 420
165 http://www.spektrum.de/news/wenn-vogelpaare-sich-scheiden-lassen/1315938
166 http://www.spektrum.de/news/starke-blaumeisen-weibchen-sind-scheidungsgrund/951103
167 http://www.spektrum.de/news/menschen-und-voegel-musizieren-nach-aehnlichen-prinzipien/1316495
168 http://www.scinexx.de/wissen-aktuell-16766-2013-10-17.html
169 http://www.spektrum.de/news/spottdrosseln-unterscheiden-einzelne-menschen/995489
170 http://www.spektrum.de/news/diktat-der-mode/940610
171 https://www.focus.de/wissen/natur/verhalten_aid_125079.html
172 https://www.srf.ch/kultur/im-fokus/vogelperspektiven/der-tannenhaeher-das-superhirn-unter-den-voe-
    geln

173 http://www.scinexx.de/wissen-aktuell-17486-2014-04-24.html
174 https://www.welt.de/wissenschaft/article133887065/Wie-Raben-Freundschaft-schmieden-und-verhindern.html
175 http://www.spektrum.de/news/haeher-wehklagen-ueber-toten-artgenossen/1163946
176 http://www.spiegel.de/wissenschaft/natur/eichelhaeher-beschenken-weibchen-entsprechend-deren-stimmung-a-881603.html
177 http://www.spektrum.de/news/auch-raben-sind-nachtragend/1462187
178 ddp, 12.09.2008
179 https://www.galileo.tv/earth-nature/raben-sind-intelligent-genug-um-paranoid-zu-werden/
180 3SAT, Nano, 17.03.2008
181 http://www.spektrum.de/alias/bilder-der-woche/geduldige-raben/1122121
182 https://www.stern.de/familie/kinder/tierliebe--das-maedchen--dem-kraehen-geschenke-bringen-5949950.html
183 Bild der Wissenschaft, 4/2007, S. 92

SÄUGETIERE

184 https://www.spektrum.de/news/armer-weisser-maeuserich/844644
185 https://www.welt.de/wissenschaft/umwelt/article109746609/Singende-Maeuse-koennen-Melodien-lernen.html
186 https://derstandard.at/2346198/Ratten-koennen-kausal-denken
187 http://www.scinexx.de/wissen-aktuell-18730-2015-04-01.html
188 http://www.spektrum.de/news/ratten-lernen-regeln/947986
189 http://www.scinexx.de/wissen-aktuell-6758-2007-07-05.html
190 http://www.scinexx.de/wissen-aktuell-20834-2016-11-14.html
191 http://www.scinexx.de/wissen-aktuell-19013-2015-06-26.html
192 http://www.scinexx.de/wissen-aktuell-17651-2014-06-10.html
193 http://www.scinexx.de/wissen-aktuell-14201-2011-12-09.html
194 http://www.20min.ch/wissen/news/story/Macht-Liebe-ausser-blind-auch-bloed--21102746
195 http://www.scinexx.de/wissen-aktuell-20174-2016-05-12.html
196 https://www.welt.de/wissenschaft/article1559368/Eichhoernchen-tricksen-fiese-Futterdiebe-aus.html
197 http://www.sueddeutsche.de/wissen/verhaltensbiologie-der-nette-vampir-1.2743099
198 https://www.welt.de/wissenschaft/umwelt/article136169828/Fledermaeuse-hoeren-sich-beim-Schmatzen-zu.html
199 http://www.scinexx.de/wissen-aktuell-16079-2013-05-08.html
200 http://www.spiegel.de/wissenschaft/natur/kommunikation-fledermaeuse-fragen-sich-zum-naechsten-schlafplatz-durch-a-671550.html
201 National Geographic Magazine, Bd. 191, Heft 1
202 https://derstandard.at/2000049717443/Flughunde-werden-im-Streit-stets-persoenlich
203 https://www.welt.de/kmpkt/article170375679/Auch-Baby-Flughunde-hoeren-oft-nicht-auf-ihre-Mama.html
204 http://www.sueddeutsche.de/wissen/verhaltensbiologie-mensch-kaninchen-1.2107018
205 http://www.spiegel.de/panorama/kurios-riesenkaninchen-rettete-krankes-herrchen-a-284194.html
206 https://www.n-tv.de/panorama/Ehepaar-in-hoechster-Not-gerettet-article278889.html
207 https://www.spektrum.de/news/ein-gesicht-in-der-menge/343916
208 http://www.wissenschaft.de/home/-/journal_content/56/12054/20798769/Schafe-erkennen-unsere-Gesichter/
209 http://www.deutschlandfunk.de/der-schaerfste-verstand-auf-dem-bauernhof.676.de.html?dram:article_id=28208
210 http://www.handelsblatt.com/archiv/schlaue-schafe-rollen-sich-ueber-strassengitter/2371208.html
211 https://www.stern.de/panorama/wissen/natur/selbstmedikation-schlaue-schafe-machen-sich-selbst-gesund-3603018.html
212 https://www.spektrum.de/alias/stalltiere/schlaues-schwein-kluge-ziege/1202579
213 http://www.spiegel.de/wissenschaft/natur/tierisch-intelligent-ziegen-erinnern-sich-an-komplizierte-tricks-a-960910.html
214 http://www.sueddeutsche.de/wissen/tiere-mit-akzent-forscher-die-auf-ziegen-hoeren-1.1285425
215 http://www.sueddeutsche.de/wissen/kommunikation-im-tierreich-am-meckern-erkannt-1.1388333
216 Tagesschau, 5.3.2005
217 John Sorenson. Critical Animal Studies: Thinking the Unthinkable. Toronto: Canadian Scholars' Press, 2014. S. 196
218 http://www.taz.de/!1662711/
219 https://www.youtube.com/watch?v=LU8DDYz68kM
220 http://www.mittelbayerische.de/bayern-nachrichten/landwirt-von-stier-toedlich-verletzt-21705-art1061199.html

221 http://www.sueddeutsche.de/bayern/entlaufende-kuh-wieder-zurueck-yvonne-hat-keine-lust-mehr-auf-die-freiheit-1.1138037

222 http://www.bild.de/regional/hannover/kuh/happy-end-fuer-waldkuh-elli-54359038.bild.html

223 http://www.haz.de/Nachrichten/Panorama/Uebersicht/Flucht-einer-Kuh-in-Kaiserslautern-mit-Happy-End

224 http://www.aachener-nachrichten.de/lokales/stolberg/entlaufener-bulle-tierschutz-rettet-den-ausreisser-vor-dem-metzger-1.1727032

225 http://www.aachener-nachrichten.de/lokales/stolberg/entlaufener-bulle-tierschutz-rettet-den-ausreisser-vor-dem-metzger-1.1727032

226 https://www.br.de/nachrichten/mittelfranken/inhalt/stier-jonathan-schlachter-102.html

227 https://de.sputniknews.com/panorama/20180126319247754-tier-kuh-bison-herde-flucht-schutz/

228 http://www.wissenschaft.de/leben-umwelt/natur/-/journal_content/56/12054/927034/Die-traurige-Giraffe/

229 https://www.tz.de/muenchen/stadt/thalkirchen-obersendling-forstenried-fuerstenried-solln-ort43351/giraffe-togo-tod-liebeskummer-trauer-tierpark-hellabrunn-tz-5026958.html

230 http://www.scinexx.de/wissen-aktuell-20655-2016-09-23.html

231 http://www.scinexx.de/wissen-aktuell-20655-2016-09-23.html

232 http://www.scinexx.de/wissen-aktuell-19825-2016-02-10.html

233 http://www.scinexx.de/wissen-aktuell-20733-2016-10-17.html

234 https://de.sputniknews.com/videoklub/20180112319035762-schwein-china-schlachter/

235 http://old.post-gazette.com/neigh_west/20020409lulu0409p1.asp

236 http://news.bbc.co.uk/2/hi/uk_news/wales/670625.stm

237 https://www.cbsnews.com/news/hero-hog-saves-bovine-buddy/

238 Hamburger Abendblatt 3.März 2007, wikipedia

239 https://www.welt.de/wissenschaft/article159588373/Auch-unter-Schweinen-gibt-es-Optimisten.html

240 https://www.welt.de/wissenschaft/umwelt/article137042031/Auch-Schweine-kennen-Mitgefuehl.html

241 http://www.spiegel.de/wissenschaft/natur/intelligenz-schweine-erkennen-ihr-spiegelbild-a-660191.html

242 https://www.welt.de/vermischtes/article163073000/Schwein-Pigcasso-malt-frei-Schnauze.html
https://www.youtube.com/watch?v=RMHYxZYljN0

243 https://www.grenzwissenschaft-aktuell.de/zeigen-wildtierkamera-aufnahmen-trauernde-schweine20171214/

244 http://www.spiegel.de/wissenschaft/natur/hirsche-weichen-jaegern-aus-vor-allem-aeltere-tiere-kaum-zu-jagen-a-1152237.html

245 https://www.welt.de/vermischtes/article13593925/Betrunkener-Elch-musste-aus-Baum-befreit-werden.html

246 http://sverigesradio.se/sida/artikel.aspx?programid=2108&artikel=5629549^

247 https://www.stuttgarter-nachrichten.de/inhalt.drogensuechtige-tiere-in-indien-die-junkie-papageien.dfc-9c5d6-a448-45ec-aa27-4faa96ff709f.html

248 http://www.scinexx.de/wissen-aktuell-14142-2011-11-24.html

249 https://de.sputniknews.com/panorama/20160315308450553-freche-robbe-irland-video/

250 https://www.focus.de/panorama/welt/geschenk-einer-zweiten-chance-seeloewe-rettet-mann-nach-sprung-von-golden-gate-bridge_id_4519209.html

251 https://www.stern.de/panorama/wissen/natur/otter---sind-sie-die-cleversten-handwerker-des-tier-reichs--7382870.html

252 http://www.sz-online.de/sachsen/die-trauer-der-woelfe-2704819.html

253 https://www.welt.de/newsticker/dpa_nt/infoline_nt/wissenschaft_nt/article119301623/Woelfe-heulen-um-ihre-Freunde.html

254 http://www.sueddeutsche.de/wissen/tierische-intelligenz-lernen-von-woelfen-1.1878879

255 http://www.kleinezeitung.at/international/panorama/4860034/Finnland_Braunbaer-Juuso-ist-ein-Kuenstler

256 http://www.spektrum.de/news/clevere-baerenmuetter-nutzen-menschen-als-schutzschild/1414276

257 http://www.sueddeutsche.de/wissen/verhaltensbiologie-hatschi-heisst-ja-1.3655241

258 http://www.sueddeutsche.de/wissen/verhaltensbiologie-hunde-erkennen-menschliches-laecheln-1.2347929

259 http://www.sueddeutsche.de/news/wissen/wissenschaft-dackelblick-hunde-setzen-mimik-moeglicher-weise-gezielt-ein-dpa.urn-newsml-dpa-com-20090101-171019-99-518520

260 http://www.sueddeutsche.de/wissen/tierische-eifersucht-das-ist-mein-mensch-1.2059906

261 http://www.spiegel.de/wissenschaft/natur/hunde-verblueffen-mit-episodischem-gedaechtnis-a-1122807.html

262 http://www.sueddeutsche.de/wissen/tiere-der-hund-der-beste-versteher-des-menschen-1.2861401

263 http://www.wissenschaft.de/leben-umwelt/biologie/-/journal_content/56/12054/937223/Eins,-zwei-oder-drei%3F/

264 http://grenzwissenschaft-aktuell.blogspot.de/search?q=Hy%C3%A4nen

265 http://www.spektrum.de/news/hyaenengekicher-verraet-persoenliches/1026684

266   https://www.n-tv.de/wissen/Mutti-ist-die-beste-Lehrerin-article58019.html

267   https://www.n-tv.de/wissen/Erdmaennchen-erkennen-Stimmen-article4523426.html

268   http://www.spiegel.de/wissenschaft/natur/ueberraschung-erdmaennchen-sind-gute-lehrer-a-426716.
html

269   https://www.n-tv.de/wissen/Tiere-stehen-gemeinsam-auf-article1017851.html

270   https://www.google.com/search?q=zwergmangusten+Andrew+Radford+University+of+Bristol&ie=utf-8&
oe=utf-8&client=firefox-b

271   https://www.geo.de/natur/tierwelt/118-rtkl-uganda-warzenschweine-und-mangusten-leben-faszinie-
render-symbiose

272   http://www.diewunderseite.de/phaenomene/tiere.htm
Der Leopard und die Kuh. und andere wahre Geschichten tierischer Freundschaften Gebundene Ausgabe –
15. Mai 2015 von Jennifer S. Holland

273   https://de.sputniknews.com/panorama/20160926312703266-lesbe-loewen-weibchen-halt-sich-fuer-ma-
ennchen/

274   http://www.spiegel.de/panorama/visionaeres-aus-afrika-loewin-adoptiert-antilopenkalb-a-182837.html

275   http://www.epochtimes.de/genial/tiere/als-die-loewin-feststellt-dass-ihre-beute-schwanger-war-wird-
sie-augenblicklich-wieder-zur-liebenden-mutter-a2150336.html

276   https://www.focus.de/panorama/welt/bissige-befreier_aid_95870.html

277   Karine Lou Matignon, Was Tiere fühlen, München, 2006, S. 110

278   Matignon, S. 110

279   https://www.n-tv.de/panorama/Ziege-Timur-bringt-Tiger-Amur-zum-Ausrasten-article16889816.html

280   https://www.zdf.de/kultur/aspekte/die-rache-des-tigers-100.html

281   http://www.spiegel.de/panorama/hellsichtiges-haustier-kater-ahnt-tod-von-heimpatienten-vo-
raus-a-496608.html

282   http://www.scinexx.de/wissen-aktuell-17234-2014-02-19.html

283   Masson, Mc Carthy, Wenn Tiere weinen, Hamburg 1996, S. 224,

284   http://www.spiegel.de/wissenschaft/natur/elefanten-erkennen-menschliche-feinde-an-sprache-und-stim-
me-a-957457.html

285   http://www.fr.de/wissen/wissenschaft/natur/gedaechtnis-von-elefanten-der-elefant-vergisst-nie-
a-813305

286   https://www.n-tv.de/archiv/Elefanten-befreien-Antilopen-article111212.html

287   http://www.epochtimes.de/genial/tiere/verletzte-waldelefanten-wussten-genau-wo-ihnen-geholfen-
wird-a2275206.html

288   http://www.sueddeutsche.de/wissen/sozialverhalten-ein-wal-der-singt-wie-ein-mensch-1.1503107

289   http://www.sueddeutsche.de/wissen/gesang-der-wale-die-hitparade-im-ozean-1.1085592

290   http://www.spiegel.de/wissenschaft/natur/meeresbiologie-wale-sprechen-dialekt-a-393185.html

291   https://www.welt.de/kmpkt/article170373290/Wie-ein-Wal-lernte-wie-ein-Delfin-zu-sprechen.html

292   https://www.welt.de/wissenschaft/umwelt/article137498214/Vor-Jack-the-Stripper-ist-kein-Fischkutter-
sicher.html

293   http://www.scinexx.de/wissen-aktuell-15518-2013-01-28.html

294   Proceedings of the Royal Society B, 2013; doi: 10.1098/rspb.2013.1726)
(Royal Society, 07.08.2013 - ILB)

295   http://www.sueddeutsche.de/wissen/werkzeuggebrauch-bei-meeressaeugern-delfine-mit-subkul-
tur-1.1428482

296   http://www.scinexx.de/wissen-aktuell-13339-2011-04-28.html

297   https://idw-online.de/de/news688936

298   http://www.spiegel.de/wissenschaft/natur/klangexperiment-affen-stehen-nicht-auf-menschenmusik-
a-646449.html

299   http://www.spektrum.de/news/warum-menschen-selbstlos-handeln-und-affen-meistens-nicht/1306258

300   http://www.spiegel.de/wissenschaft/natur/kapuzineraffen-stellen-faustkeile-her-a-1117025.html

301   https://www.n-tv.de/wissen/Affen-lieben-Nachaeffer-article460660.html

302   http://www.spiegel.de/wissenschaft/natur/gemeinsames-essen-affen-sind-gluecklicher-wenn-die-familie-
versorgt-ist-a-574393.html

303   https://www.mpg.de/472294/pressemitteilung20030414

304   Bild der Wissenschaft 4/2007, S. 92

305   http://www.sueddeutsche.de/geld/vom-umgang-mit-geld-anleger-sind-wie-affen-1.361127

306   https://www.welt.de/wissenschaft/umwelt/article117551316/Auch-Totenkopfaffen-pflegen-soziale-Netz-
werke.html

307   https://www.welt.de/wissenschaft/article134956178/Kapuzineraffen-pfeifen-auf-teure-Marken.html

308   http://www.spiegel.de/wissenschaft/mensch/gerechtigkeitssinn-affen-wollen-nicht-mit-gurken-handeln-
a-265985.html

309   http://www.sueddeutsche.de/wissen/verhaltensbiologie-ich-wars-1.1116607

310   https://www.stern.de/panorama/wissen/natur/verhaltensforschung-affen-zahlen-fuer-po-fotos-3542804.html

311   https://www.srf.ch/wissen/natur/blau-oder-pink-affen-essen-wie-ihre-artgenossen

312   http://www.spiegel.de/wissenschaft/natur/affen-kommunikation-meerkatzen-kombinieren-laute-zu-neuem-sinn-a-540583.html

313   https://www.mdr.de/wissen/verhaltensforschung-affen-100.html

314   https://www.derstandard.de/story/2000067484510/wie-mangaben-und-schimpansen-soziale-beziehungen-manipulieren

315   http://www.zeit.de/2011/09/N-Mandrillweibchen

316   https://www.welt.de/vermischtes/article1510644/Auch-Affen-erkaufen-sich-ihren-Sex.html

317   http://www.3sat.de/page/?source=/wissenschaftsdoku/sendungen/170521/index.html

318   Volker Arzt, Immanuel Birmelin, Haben Tiere ein Bewusstsein, München 1995, S. 197f

319   https://www.welt.de/newsticker/dpa_nt/infoline_nt/wissenschaft_nt/article156509538/Affen-werden-im-Alter-waehlerischer-aehnlich-wie-Menschen.html

320   http://www.faz.net/aktuell/wissen/leben-gene/sexuelle-einschuechterung-bei-pavianen-15110746.html

321   https://www.welt.de/iphone_app/newsapp/article11504127/Ein-Pavian-der-am-liebsten-mit-einem-Huhn-kuschelt.html

322   http://www.einfachtierisch.de/tierisch/videos/tierische-freundschaft-pavian-adoptiert-katze-id00115/

323   https://www.tagesspiegel.de/weltspiegel/notiert-die-rache-der-paviane/183808.html

324   https://www.n-tv.de/wissen/Affen-koennen-lesen-lernen-article6016876.html

325   http://www.spiegel.de/wissenschaft/natur/paviane-mit-schwerer-kindheit-sterben-frueher-a-1088064.html

326   https://www.welt.de/iphone_app/newsapp/article11504127/Ein-Pavian-der-am-liebsten-mit-einem-Huhn-kuschelt.html

327   https://www.bild.de/video/clip/katze/pavian-katze-27123468.bild.html

328   https://www.deutschlandfunknova.de/beitrag/das-tiergespraech-paviane-leben-mit-hunden-und-katzen

329   http://www.scinexx.de/wissen-aktuell-17995-2014-09-09.html

330   https://www.welt.de/lifestyle/article8069274/Nicht-alle-Pavian-Weibchen-stehen-auf-Machos.html

331   306   New Scientist, Nr. 2637, S. 6 Animal Behaviour, Bd. 74, S. 1655

332   https://www.n-tv.de/wissen/Gibbons-singen-wie-Sopranisten-article7038326.html

333   https://bmcevolbiol.biomedcentral.com/articles/10.1186/s12862-015-0332-2

334   Orang-Utans, Stern Nr. 42, 2007

335   Orang-Utans, Stern, Nr. 42, 2007

336   Carel P.van Schaik, Birute Galdikas, „Orangutan Cultures and the Evolution of Material Culture" in „Science", Bd. 299, S. 102-105

337   https://www.welt.de/wissenschaft/umwelt/article119918656/Orang-Utans-teilen-geplante-Reiseroute-mit.html

338   Dr. Francine Patterson, Koko´s Kitten, Woodside, 1985

339   https://www.welt.de/wissenschaft/article1700710/Gorillas-moegen-die-Missionarsstellung.html

340   http://www.sueddeutsche.de/wissen/ruanda-berggorillas-entschaerfen-buschfallen-1.1421756

341   Frans de Waal, der Affe und der Sushimeister, Das kulturelle Leben der Tiere, Wien, 2002

342   http://sciencev2.orf.at/stories/1653750/index.html

343   Die Welt, 2.1.2008;
Gorilla-Journal 25, Dezember 2002

344   http://www.spiegel.de/wissenschaft/natur/geschlechterrollen-schimpansenmaedchen-spielen-mit-stock-puppen-a-735668.html

345   http://www.sueddeutsche.de/wissen/ursprung-der-religion-wo-der-kult-beginnt-1.2960264

346   https://www.welt.de/wissenschaft/article162990042/Einmalige-Filmaufnahmen-eines-seltsamen-Todes-Rituals.html

347   https://www.welt.de/wissenschaft/umwelt/article114743339/Extremes-Kurzzeitgedaechtnis-macht-Affen-oberschlau.html

348   http://www.scinexx.de/wissen-aktuell-22237-2017-12-21.html

349   https://www.welt.de/wissenschaft/article3347686/Affe-sammelt-gezielt-Steine-und-bewirft-Menschen.html

350   http://www.spiegel.de/wissenschaft/natur/schere-stein-papier-schimpansen-lernen-prinzip-des-spiels-a-1162663.html

351   http://www.spiegel.de/panorama/gesellschaft/kunst-auktion-gemaelde-eines-schimpansen-erzielt-14-000-pfund-a-361378.html

352   M. Temerlin, Lucy: Growing Up Human: A Chimpanzee Daughter in a Psychotherapist's Family

353   https://www.focus.de/wissen/natur/wissenschaft-kopfschuetteln-heisst-auch-bei-bonobos-und132nein-und147_aid_506802.html

354   http://www.zeit.de/wissen/umwelt/2013-01/bonobos-sozialverhalten-primaten-kongo

355	https://www.welt.de/wissenschaft/article172205992/Bonobos-Die-Hippies-unter-den-Menschenaffen-bevorzugen-Ruepel.html
356	http://www.20min.ch/wissen/news/story/
357	Maenner-gleichen-Affen-mehr-als-Frauen-16560188
358	http://www.spiegel.de/wissenschaft/weltall/genvergleich-schimpansen-sind-auch-nur-menschen-a-249405.html
359	Spiegel online, 29. Februar 2008
360	http://www.dailymail.co.uk/news/article-5328435/Scientist-claims-humanzee-born-lab-killed.html
361	https://www.focus.de/wissen/natur/schimpansen_aid_132421.html
https://www.welt.de/gesundheit/psychologie/article118937668/Tierliebe-geht-immer-ueber-Naechsten-liebe.html
362	http://www.spiegel.de/wissenschaft/mensch/milgram-experiment-fast-jeder-wuerde-auf-befehl-foltern-a-1138728.html
363	http://www.prisonexp.org/german/
364	https://www.focus.de/gesundheit/videos/forscher-sind-ratlos-bizarre-erkenntnis-frauen-stehen-auf-af-fensex_id_4688735.html
365	https://www.welt.de/vermischtes/article888639/Wenn-Frauen-sich-in-Affen-verlieben.html